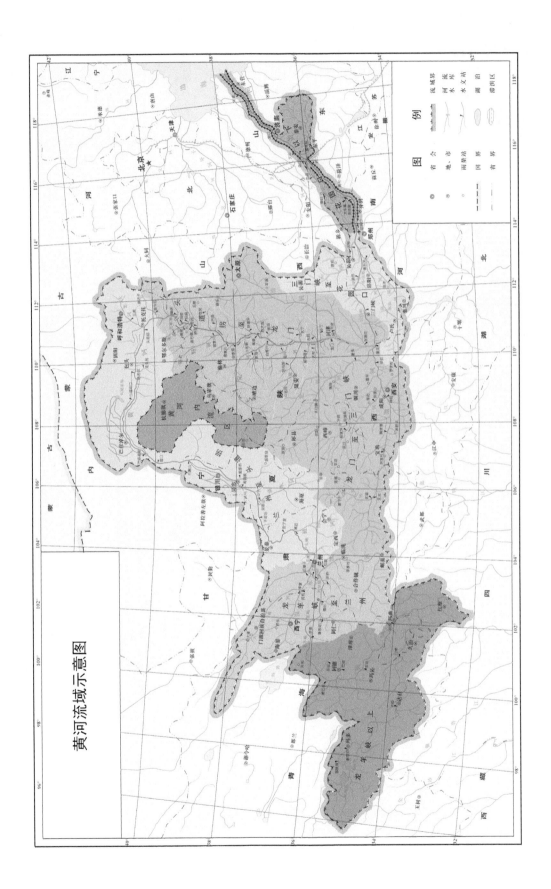

黄河流域示意图

大河上下
黄河治理与水资源合理利用

刘民权　乔光华　李婉君　林　杰　等　著

科学出版社

北　京

内 容 简 介

20世纪70年代，黄河断流现象频发，"八七"分水方案应运而生，在我国水利史上具有里程碑意义。方案专门为冲沙留出了约为黄河总水量三分之一的水量，将其余水量分配给了黄河供水区内的11个省（自治区、直辖市）。方案实行至今近40年，黄河断流问题早已解决，但黄河所带来的挑战远未终结，水资源供需矛盾和生态难题仍待破解。如何在全河治理的大框架下，同时结合"堵"与"疏"的治河思路，防范黄河水患和治理泥沙问题，并对黄河水资源进行有效利用，是目前黄河治理工作中的核心挑战。新时代新征程上实现高质量发展更是要求我们要充分合理地利用好黄河水资源。本书集中探讨的问题为：在黄河水资源总量极其有限，而流域内用水需求大幅攀升，且存在产水区与用水区空间分布不均并有丰枯水年之分时，如何最大限度地利用好每一滴黄河水？针对这些问题，本书提出并详细论证了"上游引水、中游补水、下游调水、全域备水"16字方针，以此形成一套完整的、同时应对以上挑战的方案，以实现黄河水资源的充分合理利用，为全流域内人民的生活、生产和生态建设服务。

本书可供与黄河治理、水资源开发和利用相关的管理者、研究者、教育者和大学生等参考阅读。

审图号：GS京（2024）2187

图书在版编目（CIP）数据

大河上下：黄河治理与水资源合理利用／刘民权等著．--北京：科学出版社，2024.11. -- ISBN 978-7-03-080143-2

Ⅰ．TV882.1；TV213.9

中国国家版本馆 CIP 数据核字第 2024UW4709 号

责任编辑：林 剑／责任校对：樊雅琼
责任印制：徐晓晨／封面设计：无极书装

科学出版社 出版
北京东黄城根北街 16 号
邮政编码：100717
http://www.sciencep.com

北京九州迅驰传媒文化有限公司印刷
科学出版社发行 各地新华书店经销

*

2024 年 11 月第 一 版 开本：787×1092 1/16
2024 年 11 月第一次印刷 印张：15
字数：330 000
定价：168.00 元
（如有印装质量问题，我社负责调换）

专家组名单

组　长
姬宝霖：内蒙古农业大学水利与土木建筑工程学院原院长、教授
副组长
黄桂田：山西大学校长，北京大学经济学院原副院长
成　员
杜富林：内蒙古农业大学经济管理学院教授，国土与自然资源信息服务创新中心专家委员会委员
郭红燕：北京大学经济与人类发展研究中心合作研究员，生态环境部环境与经济政策研究中心社会部主任、研究员
韩海燕：《人文杂志》编辑部副主编、研究员
梁　荣：内蒙古乌兰察布市凉城县水利局原党总支书记、副局长、总工程师
王　曲：北京大学经济与人类发展研究中心合作研究员，牛津大学 GLAM 社区大使和跨文化创意总监
王素霞：北京大学经济与人类发展研究中心合作研究员，生态环境部环境发展中心高级工程师
王小林：北京大学经济与人类发展研究中心合作研究员，复旦大学六次产业研究院执行院长、教授
夏庆杰：北京大学经济与人类发展研究中心主任、经济学院教授
俞建拖：北京大学经济与人类发展研究中心合作研究员，中国发展研究基金会副秘书长
展恩泽：黄河水利委员会泺口水文站副站长，原黄河水利委员会利津水文站副站长
张维迎：北京大学国家发展研究院教授
郑乃林：聊城市东昌府区广播电视局原副局长、主任编辑

本书撰写人、项目参加人

刘民权：北京大学经济与人类发展研究中心创办主任、教授

乔光华：内蒙古农业大学经济管理学院院长、教授，北京大学经济与人类发展研究中心合作研究员

李婉君：北京大学经济与人类发展研究中心助理研究员，北京大学现代农学院博士研究生

林　杰：北京大学经济与人类发展研究中心助理研究员，北京大学经济学院博士研究生

陆鹏杰：内蒙古农业大学经济管理学院博士研究生

韦霄娜：伦敦大学学院可持续资源硕士毕业生

刘梦颐：英国牛津格林学院学生

季　曦：北京大学经济与人类发展研究中心副主任、经济学院副教授

唐伟群：黄河水利委员会勘测规划设计研究院原工程师

王丽丽：北京大学经济与人类发展研究中心合作研究员，对外经济贸易大学国际经济研究院副研究员

张春梅：内蒙古农业大学经济管理学院讲师

赵睿新：山西财经大学资源环境学院副教授

三次黄河调研主要成员名单

2018 年夏内蒙古黄河调研成员名单

乔光华、姬宝霖、张春梅、陆鹏杰（内蒙古农业大学）；刘民权、李超慧、李婉君、林杰、刘睿媛、王睿 、王茜雯、韦霄娜、张亦抒（北京大学）；刘梦颐（上海复旦附中国际部）

2019 年春黄河、黄土高原调研成员名单

刘民权、李婉君、林杰（北京大学）；陆鹏杰（内蒙古农业大学）；赵睿新（山西财经大学）

2023 年春黄河、黄土高原调研成员名单

刘民权、李婉君、林杰（北京大学）；姬宝霖、陆鹏杰（内蒙古农业大学）；赵睿新（山西财经大学）；刘梦颐（牛津格林学院）

序 一

2006 年暑期的一天，在北京的一次中美学术活动上我结识了覃宴老师，他当时在美国访学，也随团来京参加了这次活动。他向我提了一个问题：既然北京和海河流域这么缺水，为什么不从托克托由西向东挖隧洞把黄河水引入桑干河，再顺流引到北京和海河流域？此前我从未认真研究过黄河，也未想到过这样的一条引水线路，当然也就回答不了他的问题，但他的问题启发了我，之后我们有了多次交流。

差不多在同一时间，原在黄河水利委员会工作并长期研究过黄河历史的唐伟群老师也来北京拜访我，动员我与他一起研究黄河问题。恰在前一年，我在北大成立了北京大学经济与人类发展研究中心，他认为这个中心可以成为一个很好的研究黄河问题的平台。

在此，我首先要感谢他们两位，把我的研究兴趣引向了黄河及其治理和水资源利用问题。

在之后的三四年时间，我们三人有过频繁的交流，其间也有当时在中心做研究的其他老师加入团队，包括俞建拖老师（现在中国发展研究基金会任职）、已故的徐大伟老师，以及后来加入中心的季曦老师（现在北京大学经济学院任职）、王丽丽老师（现在对外经济贸易大学任职）。夏庆杰老师（现为北京大学经济与人类发展研究中心主任）和王曲老师（现在英国工作）也参加了一些交流。

我们当时制订了一些初步的研究计划，也有一些产出，如唐伟群老师关于黄河历史的书稿，以及覃宴老师关于黄河改道以应对北京缺水问题的研究，但因是阶段性产出，都没有能面世。对所有这些老师的付出，我均在此表达诚挚的感谢。

再往后几年时间，相关研究暂停了，其主要原因是 2011 年日本 3·11 大地震后，我去东京亚洲开发银行研究所参加了关于灾害风险管理的研究。另外，团队成员对黄河研究的重心也缺乏统一的认识。

2014 年回到北京后，摆在我面前的问题就是是否继续进行与黄河相关的研究。我关注的中心问题是：我国广大的华北地区缺水严重，制约了该地区内人民的生产、生活和生态建设。黄河是该地区的最大水源，但其年径流量的近五分之二是用来冲沙的，最终流入大海。难道我们就不能把这部分水量也充分利用起来，服务于流域（包括其供水区）内人们的生产、生活和生态建设？

值得一个人研究的问题有很多，但上述问题，其意义之大，是我不能轻易忽视的。之后我又邀请了唐伟群和季曦老师重拾研究，以及赵睿新老师加入团队，但这一设想未能如愿。原因之一是各自的工作压力，但最大原因还在于，即使我们四人全力合作，研究力量和知识储备仍显得过于单薄。

问题看起来很简单，即怎样才能转换 200 亿 m³（约黄河常年径流量的五分之二）冲沙水的用途，使之服务于流域内人们的生产、生活和生态建设，但要找出一个切实可行的方案，需要广泛的专业知识。其中包括对黄河全流域地形、地貌、地质和历年水文、气象情况的了解；对黄土高原——黄河主要输沙区的水土流失及其原因、目前在该地区开展的各项水土保持工作已取得的进展和面临的瓶颈情况的掌握；对我国历史上和目前的治河方略成功与不足之处的认识；以及关于与其他水源（如南水北调）衔接和配合的知识。没有更多和专业跨度更大的研究力量，单靠三四个人的合作，是难以成功的。

契机来自 2018 年。当时我在北京大学讲授人口健康课，班上有 20 多个学生。北京大学的一个优势是学生可以旁听许多不同专业的课，因而学生一般都掌握不少跨专业的知识和研究能力。不妨培养和调动学生们来开展这项有意义的研究——这就是我当时的想法！与此同时，我也想到了在内蒙古农业大学任职的乔光华老师。我和乔老师此时已认识多年，他还是我们中心的合作研究员。当即我与乔老师取得了联系，并去内蒙古农业大学拜访了他，与他谈了我的研究设想。当天乔老师又介绍我认识了同在内蒙古农业大学的杜富林老师和水利专家姬宝霖老师。

在此，我要特别感谢乔光华老师和姬宝霖老师，没有他们对我研究设想的肯定和之后提供的各种合作和支持，目前呈现在读者面前的这份研究成果，是难以实现的。同时要感谢杜富林老师带我第一次走访了托克托县和万家寨水库；还要感谢参加 2018 年内蒙古黄河调研（凉城、岱海、万家寨水库、乌海海勃湾水利枢纽、磴口三盛公水利枢纽、乌梁素海）的北京大学学生，其中李婉君和林杰全程留了下来，与团队一起完成了目前的这份成果。还要感谢参与 2018 年调研并为调研提供各种支持的内蒙古农业大学师生张春梅老师和陆鹏杰同学，其中陆鹏杰同学后续参与了这份研究成果中部分章节的撰写。

之后，研究团队基本稳定。继 2018 年暑期内蒙古黄河调研后，团队部分人员先后走访了当时仍在设计中、现已动工的古贤水库库区和吴堡（2019 年春），黄河河口、利津水文站、榆林、窟野河和无定河、西安及渭河、（再访）内蒙古准格尔旗和清水河县（2023 年春），山东聊城运河、英国泰晤士河及周边运河（2024 年夏）。在此我要感谢组织、带领和接待我们走访这些地方的老师、领导和朋友：姬宝霖、乔光华、黄桂田、赵睿新、张维迎、贾建永、车晓莹、王世忠、郑乃兰、陈浩、展恩泽、董瑞、赵宏飞、韩海燕、林殿利、李淑华、郑乃林、郑乃行。

2018 年暑期之前，我和部分原团队成员也零星走访了银川及固原（2007 年），汾河（2008 年），郑州花园口（2009 年），兰州、临洮和洮河（2010 年），桃花峪（2015 年），洛阳及伊洛河（2016 年），开封及黄河下游（2017 年）。在此一并感谢吴海鹰、唐伟群、季曦和已故徐大伟老师组织、带队和接待了这些走访。

从 2018 年算起，这份研究成果的完成又经历了较长时间，跨越了三年新冠疫情。其中前几章初稿完成较早，之后多次做了修改并更新了部分数据，但仍有一些数据没有完全更新到最近年份，在此谨请读者包涵。各章的最初稿和之后的不少修改版本也曾多次在内蒙古农业大学讨论过，在此感谢姬宝霖老师和其他内农大老师的评论和指导。疫情期间团队成员也多次通过视频会议讨论过各部分初稿、修订版本及下一步修改方案。由于各章初稿完成和修改的时间不同，尽管我们全力加以避免，但还是可能会出现各章前后内容不完全一致的问题，也请读者多多原谅。

　　以不同方式参加本研究的团队成员构成广泛，除了稳定参与的成员外，还有许多学者和政府部门领导通过提供咨询、评论和建议，以及协助组织各次走访，提供了宝贵的支持。为此，本研究项目专门设立了一专家组，由内蒙古农业大学姬宝霖老师任组长，北京大学经济学院原副院长、现任山西大学校长黄桂田老师为副组长，其他成员见名单。

　　需要指出，除专家组成员外，本研究还从其他学者和政府官员处直接或间接地得到了许多支持，在此不一一列出姓名，但同样要感谢他们的付出。

　　参与本研究成果的写作，除了封面署名的四位主要作者外，还有陆鹏杰、韦霄娜和刘梦颐，他们分别参与或完成了第 7 章部分内容（陆鹏杰）、附录 A 关于黄河治理历史全文（韦霄娜）、附录 G 关于泰晤士河和英国运河全文（陆鹏杰、刘梦颐）的写作。华亮文、王丽丽、郑乃林、赵睿新、季曦和俞建拖帮助校阅和评论了书稿全文或部分章节。在此一并感谢他们的辛勤付出。

　　最后要说的是，虽然我们力求在书中做到分析无误、证据充分、结论准确，但疏漏之处在所难免。另外，本书的出版主要是为了推动大家从一条全新的思路去探讨黄河治理和水资源利用问题，虽然书中用了"方案"乃至"规划"等词语，但并不是说本书的内容已构成一个完整的"方案"乃至"规划"。相反，如果本书提出的思路是可取的，它离形成一个从社会经济和工程角度来说是实际的、可操作的方案或规划，还有漫长的距离，需要更多学者、专业技术人员和政府官员更多更细致的研究和论证。本书的出版旨在开启这一探索。

　　成果最终载入本书的研究从 2006 年算起到现在已跨越整整 18 年。由于我本人参与了整个过程，所以由我来撰写此序言，以追索它的起点、过程，以及致谢前期和后期许多人的付出。

刘民权
2024 年 10 月

序二

黄河是我国北方最大的河流，是中华民族的母亲河，它不仅孕育了中华文明，还是沿河各大城市和乡村几亿人民重要的生产生活生态用水来源，在我国社会经济发展中发挥着至关重要的作用。改革开放以来，随着沿黄河流域经济的发展和人口的增加，用水需求激增，水资源供需矛盾日益突出，合理利用黄河水资源成为一个重大课题。20世纪70年代以来，黄河断流现象频发，给沿河地区农业、工业和生态环境带来了巨大的冲击。1987年实施的黄河分水方案，标志着我国水利史上的一个重要转折点。这一方案在近30年的实践中，成功缓解了黄河断流危机，然而水资源供需矛盾和生态难题依然亟待解决。在新的时代背景下，我们必须进一步思考如何在有限水资源条件下，最大限度地发挥黄河的水利效益，为经济发展和生态建设服务。

本人关注和思考这一问题还是缘于北京大学刘民权教授的启发、鼓励和支持。我与刘老师相识于2005年的一次国际学术会议，会议期间我与刘老师相谈甚欢，会后受邀成为北京大学经济与人类发展研究中心的合作研究员，这些年我们一直保持联系。2018年，刘老师邀我一起研究黄河治理以及水资源合理利用问题，那时我对黄河治理的了解并不多，但刘老师关于"黄河水资源合理利用"的独到见解和深入剖析给我留下了深刻印象，使我深刻地感受到了研究黄河水资源利用问题的重大意义。近年来，我们团队加盟刘老师课题组，一起对黄河流域的现状进行了多次实地考察和深入研究，逐渐形成了一套黄河治理和水资源管理新思路，即刘老师提出的"上游引水、中游补水、下游调水、全域备水"的十六字方案，重点是将目前用作下游冲沙的200多亿立方水，转用于全域经济发展和生态建设。该思路不仅探索了解决当下黄河用水矛盾的出路，也提出了未来黄河水资源合理分配和可持续利用可能的解决方案。这一"引、补、调、备"的思路在如下几个方面具有较大实际价值：

第一，这将在黄河上中游形成一条能够全程自流的引水线路。在黄河上游地区进行引水工程，充分利用地形优势，将水资源顺势导入受水地区，这一方案不仅能够减少沿线水利枢纽的能源消耗，降低用水成本，还能够最大程度实现水资源的效益。

第二，这可能是让山西省真正较大规模地用上黄河干流水的唯一方案。山西省作为黄河流域的重要区域，长期以来面临着工业、农业发展缺水的问题。通过合理的引水工程，能够有效缓解山西省的用水紧缺现状，进一步保障该地区的农业、工业用水和居民生活用水。

第三，方案可缓解沿河省区市的水资源短缺问题，带动流域经济的联动发展。如鄂尔多斯高原、岱海周边以及桑干河、永定河流域等地区经济发展，水资源是瓶颈。通过调水工程，这些区域可以获得稳定的水资源供给，有利于促进当地的产业发展。

第四，黄河调水方案不仅能够为海河平原提供补水，还可以在北京形成一条稳定的大河。大国首都大多会有一条大河，但北京作为我国的政治、经济、文化中心，目前没有一条大河，长期以来都面临着日益严重的水资源短缺问题。通过黄河调水工程，北京和海河流域不仅有望在未来获得更多的水资源，而且我们伟大的首都将有望重新得到一条大河。

第五，黄河流域的水资源合理利用，还能够为黄土高原地区提供大范围的生态补水，从而为解决黄土高原的水土流失问题创造条件。通过引水补水，不仅能够改善黄土高原的生态环境，还能减少黄河泥沙，将对整个黄河流域的生态产生深远的影响。

总之，黄河的治理与水资源的合理利用，不仅关乎沿河地区的经济发展，而且影响整个北方的生态安全。通过探索，相信能够找到一条平衡水资源供需矛盾、推动区域经济增长和生态治理的可持续发展路径。

最后，我要特别感谢刘民权老师的精心组织、耐心指导、忘我投入以及他团队成员李婉君、林杰等的出色工作和突出贡献，也感谢姬宝霖老师、杜富林老师、张春梅老师、陆鹏杰博士以及所有为本书提供支持和帮助的专家学者，是大家的智慧和不懈努力，使得这本专著得以面世。我也期望这本书能够在未来的黄河治理与水资源合理利用中，发挥其应有的作用。

乔光华

2024 年 10 月

目　录

第1章 引 言

黄河是中华文明的母亲河，黄河流域是中华文明的发源地，在中国辽阔的疆域上始终占据重要地位。发源于海拔约4500m的青藏高原巴颜喀拉山北麓约古宗列盆地，黄河以"S"形流入甘肃省境内，再呈"几"字形流经黄土高原，后流入华北平原，自近代以来在东营市黄河口镇境内汇入渤海，全长约5464km。黄河流域幅员辽阔，西起青藏高原，东邻渤海，南界秦岭，北至阴山，位于北纬32°~42°、东经96°~119°，绵延今青海、四川、甘肃、宁夏、内蒙古、陕西、山西、河南、山东九省（自治区）的大部或小部分地区，总面积达79.5万km²，构成我国社会经济版图中极为重要的一部分。

黄河是著名的多沙河流，黄河中的泥沙又主要来自于中游黄土高原地区。1919~1960年，黄河年均输沙量高达16亿t。黄土高原地区土质疏松多孔、地形起伏破碎、降雨集中且强烈，加之人类活动严重破坏了林草植被，造成了剧烈的水土流失，向黄河输送了大量泥沙。黄河中游河口至龙门区间来水量仅占全河的14%，来沙量却占55%（黄河上中游管理局，2011）；头道拐至花园口区间来水量约占全河的44.3%，来沙量占比高达88.2%（赵广举等，2012）。

由于地势趋向平缓，黄河在下游流速减慢，大量泥沙在此淤积，逐渐形成"地上悬河"，给下游两岸人民的生命财产安全带来巨大威胁。自古以来黄河下游就有"善淤、善决、善徙"的特点，水患频繁，给中华民族带来了深重灾难。直到1855年铜瓦厢决口后，现今的下游河道才开始形成并稳定下来。因此，下游防洪和治沙一直是黄河治理与水资源利用中至关重要的问题。

历史上人们治理黄河的思路与做法并非一成不变。针对黄河下游水患问题，我国古代在治河上就有"堵"、"疏"之争，在治河方略中或强调筑堤束水，或以"疏"为主、疏浚排洪。一般而言，各代都结合了"堵"、"疏"之策，但治河理念的侧重点会有所不同。大部分时期，对黄河治理的关注落在黄河下游洪水，缺乏对洪水根源——中游、上游来水及中游泥沙的足够认识。直到清末，针对上、中、下游全面治河的治黄方略才被提出。新中国成立后，随着黄河下游泥沙不断淤积和人们对黄河水沙规律认识的不断加深，从全流域角度出发进行系统规划和治理的思路才成为共识，解决泥沙问题才成为黄河治理的核心。在新中国成立初期，形成了以"堵"为主的"蓄水拦沙"思路，但又在经历挫折后向以"疏"为主的"蓄水冲沙"思路转变，辅之以中游大规模的水土保持建设。

几十年来，在对黄河"堵"、"疏"结合的治理下，中游入黄泥沙大幅下降，下游河道已基本稳定，黄河水患也大大减少。随着社会的进一步发展，水资源供需问题逐渐成为最主要的矛盾。

新中国成立以来，黄河流域内用水量迅速增加。20世纪七八十年代，黄河下游甚至出现断流现象。面对紧张的用水局势，《关于黄河可供水量分配方案的报告》于1987年紧急出台，后被称为"八七"分水方案。这是一部在我国水利史上具有里程碑意义的方案，黄河因此成为我国第一个有明确水资源分配方案的大河。方案留出了约为黄河水量三分之一的冲沙水后，将其余可供水量分配给了 11 个省（自治区、直辖市），除黄河流域内 9 省（自治区）外，还包括海河流域的天津市和河北省。海河流域是我国经济、政治和文化中心，然而其水资源供给却远远不能承载其经济社会的发展。20 世纪 70 年代起，海河流域便从黄河引水，是黄河下游重要的用水区之一，与黄河是血脉相连、呼吸相通的命运共同体。

"八七"分水方案实行至今已 30 多年，黄河断流的问题早已解决，然而黄河所带给我们的挑战远未终结，水资源供需矛盾和种种相关的生态难题仍待破解。如何在全河治理的大框架下，同时结合"堵"与"疏"方法，彻底治理黄河水患、根治流域内泥沙流失问题，并对黄河水资源进行更高效利用，是目前黄河治理工作的核心。新时代下实现高质量发展更是要求我们充分合理地利用好黄河水资源。本书要解决的问题即为：在黄河水资源总量极其有限，存在产水区与用水区空间分布不均并有丰枯水年之分时，如何最大限度地利用好每滴黄河水。具体而言分为三个问题：一是下游海河流域极度缺水和中游山西省用水困难的问题；二是黄土高原生态恢复需水的问题（要彻底根治黄河的泥沙问题，就必须有效推动黄土高原的生态恢复）；三是水资源年际分布不均时确保黄河全流域用水的问题。本书将尝试给出一套完整的、同时应对以上三大挑战的方案，以实现黄河水资源的充分合理利用。本章将首先介绍黄河的基本情况；然后一一阐明黄河治理的三大挑战，总述我国现行的黄河治理方略；最后给出本书的解决方案。

1.1 黄河与黄河流域

所谓"流域"，即为"由分水线所包围的河流或湖泊的地面集水区和地下集水区的总和"[①]。一般而言，河流流域集水区和用水区的范围基本一致，黄河则是一个例外。黄河下游集水区由于地上悬河的存在而极为狭窄；下游用水区却极为广阔，涵盖了海河流域、淮河流域内的许多地区。为方便对水资源配置进行分析，本书所指的"黄河流域"既包括黄河集水区，也包括黄河下游以北、极为缺水的海河流域用水区，以及同样受惠于黄河的下游以南淮河流域部分区域[②]。

对黄河全河的界定一般分上、中、下游三个部分，其中某些区间有进一步划分。黄河河源至内蒙古自治区托克托县的河口镇为黄河上游，上游流域面积 42.8 万 km²，约占全河流域面积的 53.8%，是黄河水量的主要来源区。其上半部分河源段流经高山草原，有白河、黑河等主要支流，水多沙少，流量稳定。下半部分流经峡谷平原，其中青海龙羊峡到宁夏青铜峡为峡谷段，河床狭窄，水流湍急，有洮河、湟水等支流汇入；宁夏青铜峡至内蒙古河口镇为冲积平原，河床平缓，水流缓慢，因流经荒漠草原或荒漠地区而基本没有支

---

① 参见：全国科学技术名词审定委员会.2007.地理学名词（第 2 版）.北京：科学出版社.

② 黄河下游地上悬河将华北平原分为黄淮平原与海河流域平原。由于海河流域缺水更为严重，本书将重点关注海河流域。

流汇入，但河岸两边在引黄灌溉下形成了著名的宁夏引黄灌区和河套灌区，为黄河的重要用水区。如此不同的地势也造就了上游 3000 余米的巨大落差，形成丰富的水力资源。

自河口镇至河南省郑州市桃花峪为黄河中游，流域面积 34.4 万 km^2，约占全河流域面积的 43.3%，主要水文站有龙门、潼关、三门峡等。其中河口镇至龙门的晋陕峡谷通常被称为"大北干流"，是黄河干流上最长的一段连续峡谷，山高谷深。大北干流流经的黄土高原地区，是黄河泥沙的主产区。黄土高原北起长城，南至秦岭，西抵乌鞘岭，东到太行山，包括山西省大部、陕西省中北部、甘肃省中东部、宁夏回族自治区南部和青海省东部，面积约 30 万 km^2。历史上黄土高原曾经水草丰茂，但在人类活动和自然因素的影响下，林草植被不断遭到破坏，水土流失接踵而至，最终发展成为今天黄沙漫天、千沟万壑的面貌。在这独特环境下，大量泥沙汇入黄河，使黄河与黄土脱不了干系，因而就有"治河先治沙"的说法，但要治沙就必须解决黄土高原的水土流失问题。

黄河龙门至桃花峪区间为中游下段，接纳了汾河、北洛河、泾河、渭河、伊洛河、沁河等重要支流，成为上游以外黄河第二大产水区，也是目前黄河上两大水利工程——三门峡水库和小浪底水库所在地。此区间内龙门至潼关段通常被称为"小北干流"，此处河谷展宽，河道左右摆动很不稳定。三门峡至小浪底河段则穿梭于山峦之间，为黄河干流上最后一段峡谷地带。

自桃花峪至入海口为黄河下游，主要水文站有花园口、利津等，其中花园口位于桃花峪下游约 20km 处，是距离桃花峪最近的水文站。黄河在下游流经华北平原，流速减慢，大量泥沙淤积于此形成的"地上悬河"，成为海河流域和淮河流域的分水岭。此区间汇入支流少，除大汶河由东平湖汇入外，无较大支流汇入。流域面积 2.3 万 km^2，仅占全河流域面积的 3% 左右。然而，虽然下游集水区极小，却是黄河流域内重要的用水地区。尤其是海河流域，新中国成立以来尤其是改革开放以来，经济社会发展迅猛却极为缺水，多年平均引黄水量（1998~2013 年）占其地表水源供水量的 27% 左右。

1.2　海河流域与山西省的水资源问题

黄河产水、用水的空间分布极为不均，上游、中游是主要产水区，上游兰州至头道拐区间及下游是主要用水区。从产水分布来看，1956~2016 年，黄河上游、中游地表水资源占全流域地表水资源的比例分别约 63%（307.41 亿 m^3）、36%（176.81 亿 m^3），下游该占比仅 1%（5.82 亿 m^3）①。从用水分布来看，以 2022 年为例，兰州至头道拐区间地表水耗水量占全河地表水耗水量的比例约 36%（108.65 亿 m^3），而黄河下游该占比也高达 31%（93.75 亿 m^3）。黄河下游一方面产水极少，另一方面用水需求较高，其用水安全在很大程度上依赖黄河上中游来水。

本书重点关注黄河下游以北的海河流域的用水安全。海河流域地区历史上曾是黄河流

---

① 依次用头道拐以上地表水资源量、头道拐至花园口地表水资源量、花园口至利津的地表水资源量，除以利津以上地表水资源量，分别得到上、中、下游产水占比。数据来自 2022 年《黄河水资源公报》中的 1956~2016 年多年平均值。

域的一部分，海河流域的形成与黄河下游的"善淤，善决，善徙"息息相关。大禹时期，黄河下游多汊，呈自然漫流状态，沿途接纳了由太行山流出的各支流后汇入渤海。战国时期，黄河堤防普遍兴建，黄河水流才有所收敛约束，形成统一的下游河道。但黄河下游仍为重要水灾区，在决口和摆荡中不断向东南徙流。河道每南移一次，留下来的入海故道就成为了原本汇入黄河下游的河流重新入海的河道，如此众多河流汇入黄河故道后于天津统一入海，大致形成了海河水系的前身（尹学良，1995；王伟凯，2003）。

海河流域面积 32.06 万 km²，经济地位重要，但水资源严重短缺。全流域地跨 8 省（自治区、直辖市），包括北京市、天津市的全部，河北省的绝大部分，山西省东部，山东省、河南两省的北部及内蒙古自治区和辽宁省的小部分。海河流域处于半湿润半干旱地带，秋冬季节气候干燥降水少；春季降水稀少但气温回升快，蒸发量大，往往形成干旱天气；夏季暖湿，时有旱涝发生。流域内年平均降水量 539mm，陆面蒸发量 470mm，水面蒸发量 1100mm。海河流域承载着包括京津冀都市圈在内的政治文化中心和经济发达地区，共拥有 26 座大中城市；人口约占全国的 10%，GDP 约占全国的 12.9%，在我国经济社会发展中占据极其重要的地位（王超等，2015）。同时，海河流域丰富的光热资源非常适合小麦、大麦、玉米、高粱、水稻和豆类等农作物的生长，是我国重要的粮食产区。然而，如此重要的地区却是我国最为缺水的地区，人均水资源远在国际公认的极度缺水水平以下。特别是 20 世纪 80 年代以来，全流域进入持续的枯水期，气温升高，年降水量减少，加之人类活动的影响，地表水资源量和水资源总量均有明显减少，且水资源质量明显下降，生态与环境恶化加剧。

除海河流域面临严重缺水的问题外，山西省虽地处黄河中游干流沿岸，却难以利用从旁流过的黄河水。

山西省位于黄河中游东岸的黄土高原上，为温带大陆性季风气候，全省各地多年平均降水量介于 358~621mm。全省地域南北长，东西窄，东隔太行山与河北省为邻，北与内蒙古自治区毗连，西、南则均以黄河为界与陕西省、河南省相望。山西省地跨黄河、海河两大水系。海河流域的桑干河、滹沱河大致起自山西向东流，分别流经山西省北部的大同盆地和忻州盆地。黄河主要支流之一，也是山西第一大河的汾河，在滹沱河以南大致以东北—西南流向穿过山西中部的太原盆地和临汾盆地（汾河谷地）汇入黄河。此外，长达 965km 的黄河干流流经山西西侧和南侧。然而由于山西省地势多半高耸崎岖，导致河从门前流，却难喝上水。

山西省地貌类型中，山地、丘陵约占 80%，平川河谷等仅占 20%，大部分地区海拔在 1500m 以上。总体地势分布为"两山夹一川"，东西两侧为山地和丘陵隆起，中部则有小块盆地、平原分布其间，为山西主要的经济、人口分布地区。其中东部是以太行山为主脉形成的块状山地，由北往南主要有恒山、五台山、系舟山和太行山等，山势挺拔雄伟，海拔在 1500m 以上。西部以吕梁山为主干，自北向南分布有七峰山、洪涛山和吕梁山脉所属的管涔山、芦芽山和云中山等主要山峰，海拔也多在 1500m 以上。尽管吕梁山西侧的黄河中游干流所处的晋陕峡谷海拔较低，但吕梁山东侧的大同、朔州、忻州、太原等地若想从此段黄河干流引水，需要穿越山区，人工提水，这将带来高昂的用水成本。从黄河干流向大同、太原等地区引水的万家寨引黄入晋工程即因高昂的引水成本而使其引水规模无法达到设计规模。

综上所述，下游海河流域极度缺水和中游山西省用水困难构成了黄河水资源利用的第一大挑战。

1.3　泥沙问题与黄土高原治理

黄河治理的核心在于治沙，治沙的关键在于中游黄土高原地区。根据黄河三门峡站资料，该站多年平均输沙量为 16 亿 t，最大一日输沙量竟达 7.66 亿 t（1933 年 8 月 9 日；赵文林，1996）。据推算，如三门峡以上地区发生千年以上洪水，一次洪水三门峡水库入库沙量就可达 40 亿 ~ 50 亿 t。1855 年现行河道形成以来，泥沙淤积使得下游河床每年抬高 0.05 ~ 0.10m，近几十年来甚至形成"悬河中的悬河"——二级悬河（赵文林，1996）。不解决泥沙问题，黄河下游两岸就会持续受到泥沙淤积带来的安全威胁，水资源利用也会受到水库淤积、引水含沙量大和需要留用更多水"冲沙"等问题的巨大限制。因此，要治沙就必须先从根源上解决黄土高原水土流失的问题，这是针对黄河水资源利用的第二大挑战。

历史上黄土高原曾经植被繁茂，生态良好。春秋战国时期以来，农业首先在平原地区迅速发展。然而随着人类社会不断发展壮大，平原地区的农垦、伐木和放牧等活动不断地消耗着当地的植被资源，并将这些活动不断向山地地区推进，包括黄土高原纵深地区。由于这些人类活动，加上各种自然因素，黄土高原的生态环境逐渐被破坏，其中黄河中游的森林覆盖率从春秋战国时期的 53%，下降至明清时期的 4%（马正林，1990）。没有了植被保护，土壤裸露，雨水不能就地消纳，进而冲刷土壤，造成水分和土壤同时流失。水土的流失不利于植被生长和生态恢复，进而加剧土壤侵蚀，形成恶性循环。冲走的泥沙大量进入黄河，使得黄河成为了世界含沙量第一的河流，为黄河水资源利用和防洪带来重重困难。

新中国成立以来，国家高度重视黄土高原的水土保持工作。虽然 20 世纪 70 年代以前水土保持工作收效甚微，甚至一度处于停滞状态，但此后水土保持工作蓬勃发展，各相关机构相继建立，一系列从坡面治理到沟道坝系治理，再到小流域综合治理的生态修复和水土保持工程得以实施。近几十年来，水土流失治理成效显著，相关地区生态环境已有较大的改善。据 2020 年《黄河流域水土保持公报》统计，2020 年黄河流域黄土高原水土流失面积相较于 1990 年下降了 43.51%，水土保持率[①]达到 63.44%，植被面积 42.95 万 km²，植被覆盖率达到 67%。

然而，黄土高原水土流失治理至今又遇到了新的问题。例如，在一些地区，不适宜的植被建设不但没能存水以涵养生态，反而因植物本身的耗水和蒸发而造成深层土壤干燥化，形成土壤干层。黄土高原地区夏季多暴雨，但雨水对土壤入渗补给极为有限，当植被不断消耗深层土壤水时，土壤干化形势只会愈加严重。纵使可对种植的植被类型进行调整

---

①　水土保持率指区域内水土保持状况良好的面积（非水土流失面积）占国土面积的比例，是反映水土保持总体状况的宏观管理指标。

改善，但只要植被建设基数仍在扩大，而又没有充足的水资源，就依然不能保障水土保持工作的可持续发展。归根结底，要想解决黄土高原的生态问题，就必须解决当地生态用水短缺的问题。转变黄河治理及水资源利用的思路将能有效地解决黄土高原生态需水问题，从而突破黄土高原环境治理和生态恢复工作的瓶颈。

1.4 水资源时间分布不均与战略备水

上述两大挑战均提出黄河产水和用水之间的空间分布矛盾问题，亟需予以解决。此外，黄河水资源利用的第三大挑战为水资源的时间分布不均问题。黄河流经的地区大部分是季风气候区，雨水是黄河的主要补给水源。但季风降水在年内和年际间的分布很不平衡，降水具有较大的年内和年际变化，导致黄河的径流量也具有明显的年内和年际变化。一年之内，汛期（7~10月）降水量可占全年降水量的60%~80%，且年降水量越少时年内分布越集中。从年际变化上看，黄河有明显的丰、枯水年之分，不同年份径流量变化较大。据1998~2022年《黄河水资源公报》，花园口以上天然河川径流量在2002年仅300亿 m³，2003年则有575亿 m³，到了2021年更是高达730亿 m³。而且黄河年径流量具有连丰连枯年变化的阶段性特征，近现代以来，曾出现1922~1932年连续11年枯水期、1933~1949年连续17年丰水期，以及1969~1974年连续6年枯水期（席家治，1996；穆兴民等，2003）。

黄河水资源分布在时间上的以上特点，给黄河流域内的生产生活供水带来诸多问题，一直以来都无从解决。长期以来，唯一的应对办法只是在丰水年因迫于防洪压力而将洪峰水量大量排入大海，在枯水年则因缺乏充足水量而尽可能"节衣缩食"，减少水资源用量。这些显然不是最优化的利用水资源做法。此外，水资源的时间分布不均问题也为其在空间上进行调度（引水、调水）增加了困难。对此，一个可行的解决方案是"战略备水"，即利用水利设施建设尽可能地在黄河全流域对丰水年的水资源进行大量储蓄，以备枯水年缺水时使用。然而，目前黄河流域水利设施的调节和储蓄能力还远远达不到实现真正战略备水的目标，亟需将解决黄河水资源的时间分布不均问题提上日程。

1.5 我国目前的黄河治理方略和理念

新中国成立以来，我国的黄河治理理念由初期的以"堵"为主的"蓄水拦沙"逐渐转变为后来的以"疏"为主的"蓄水冲沙"思路。新中国成立初期，国家提出"蓄水拦沙"的治沙方略。然而，由于当时对黄河水沙规律的认识不够深入，过分地相信了水利工程拦沙的能力，致使在20世纪50年代迅速上马修建的三门峡水库很快发生严重淤积，后来只好转变治沙治水方向。原来用于"蓄水拦沙"的工程逐步转变使命，成为了用于"蓄水冲沙"的工程，即利用水利工程调节水流，冲刷黄河下游河道，将泥沙输送入海。也正是基于这一思路，于20世纪80年代出台的"八七"分水方案规定了高达200亿 m³的"冲沙水"。

无论从整体治河还是局部治河格局来说，治河思路上的变化，都反映了治河重心的一次变动。如果说"蓄水拦沙"治河思路既顾及了下游，也开始兼顾中游（把沙拦在中游，建设中游），那么"蓄水冲沙"的着眼点就仅仅是下游。确实，黄河下游的安澜是当时头等重要的大事，关乎约 2 亿人民的生产生活安全（水利电力部黄河水利委员会治黄研究组，1984），但从长期和彻底治理黄河的角度来说，仅把治河重心放在下游而忽视问题的根源，显然是失之偏颇的。当然，后来对"蓄水冲沙"治理思路也添加了新的内容，包括各种中游固沙措施（修建淤地坝、植被恢复等），而且已经取得了重大成就。但采取这些措施的目的不应仅是为了下游减沙安澜，与此同时加强中游建设，才是治河的整体思路。

从"疏"与"堵"的治河角度来说，"蓄水拦沙"的重点明显地在"堵"字上，束水以用于当地的社会经济建设。反之，"蓄水冲沙"的重点则明显地在"疏"字上，即尽可能地保障下游河道畅通，以在发生洪峰时尽可能快速地把洪水排入大海。

尽管利用黄河径流输沙入海的做法在下游河道减淤方面确实发挥了不可忽视的作用，但如此大量的黄河水只用来冲沙，难道是对有限黄河径流水量的一种最佳利用吗？随着流域内社会经济的迅猛发展和对水资源需求的大幅增高，尤其是在考虑到海河流域极度缺水、山西省用水困难和黄土高原水土保持工作因缺水而不可持续的情况下，仍然规划大量黄河水用于输沙入海，能不引人发问吗？难道不能将规划中的 200 亿 m^3 冲沙水转移用途，充分地服务于流域内的社会经济发展和生态环境保护吗？

社会发展离不开水资源。如前文所述，黄河流域水资源十分紧张，这在黄河中下游，特别是海河流域，尤其突出。无论是从流域内农业主产区和能源矿产基地的建设，还是从经济欠发达地区的开发角度来说，水资源短缺对黄河全流域，乃至整个中国北方地区的经济发展，都构成了严重制约。由于地表水不足，多年来一些地区过度开采地下水，已经形成了大范围的地下漏斗区，安全隐患深，治理难度大。除了社会经济发展外，生态环境保护和改善同样需要水资源。黄土高原的水土保持工作情况复杂，治理艰难，无论是植被修复还是解决土壤干化问题，都离不开充足水资源的供应。

综上而言，一方面，流域内的经济发展和生态建设对水资源提出了更高需求；另一方面，在多年的治理之下，黄土高原水土流失问题已有所改善，河水含沙量已经有了显著减少，但仍将大量黄河水年复一年地用于输沙入海——这种失之偏颇的治河方略必须得到重新审视，这也就是本书尝试去做的。

1.6　十六字解决方案

我们认为，我国在黄河治理中需要更多地重视对水资源的"兴利"，通过蓄水、引水和调水，有效解决目前流域内产水与需水在空间和时间上的分布矛盾，尤其是把目前用于下游冲沙的 200 亿 m^3 黄河水更好地利用起来，服务于流域内社会经济可持续、高质量发展。针对上述当前黄河水资源利用中存在的三大挑战，本书提出一种可行的黄河治理和水资源利用思路，可概括为 16 个字——"上游引水、中游补水、下游调水、全域备水"。其中，在中游就地建坝蓄水拦沙，这既有利于黄土高原的生态改善，又拦截泥沙进入下游，无需再保留大量冲沙水。由此节省下的黄河水（主要来自上游），除一部分为上中游利用外，大部分可从上游引水，经鄂尔多斯高原和晋北等地自流流入海河、汾河，为京津冀晋地区的社会经济发展提供更多水资源。上游引水反过来又会减轻中游的来水压力，为中游建坝蓄水提供有利条件。在这样的规划下，下游泥沙淤积问题也自然得到解决，有利于消除洪水隐患。此外，需建设更多水利工程，在丰水年份充分储蓄富余水资源，尤其是在黄河源头地区储蓄质好量大的水资源，以加强黄河流域内的水资源调配能力，为枯水年上游引水和中下游生产生活用水提供保障。在此规划下，下游用水模式也将发生重大改变，主要由上游引水、南水北调工程调水和战略备水满足用水需求。

在此规划下，前文指出的"黄河流域及中国北方经济发展与生态建设大量缺水，与此同时大量黄河水又只被用于输沙入海而不加以利用"的矛盾便可得到解决，大大提高黄河水资源的利用率。

本书为黄河上、中、下游治理提出的规划要点如下。

（1）上游引水

黄河上游水量充沛、水质较好，最宜引水。可引黄河上游之水向东，从目前水利部规划中的黄河干流黑山峡大柳树水库经鄂尔多斯高原于山西省北部入桑干河、滹沱河，进入海河流域，部分引水可进入汾河流域。本书推荐以下两个可能的引水方案。一是从大柳树水库取水口向东北一路自流穿过鄂尔多斯高原，先抵达乌审旗苏力德苏木，随后于内蒙古自治区准格尔旗过黄河至山西省大同市入桑干河，为北线。此条线路还可经内蒙古岱海湖调蓄。二是从大柳树水库取水口至苏力德苏木（与北线一致），后从苏力德苏木向东偏北方向进入陕西省榆林市，经栏杆堡镇过黄河进入山西省忻州市岢岚县，然后打隧洞至朔州市桑干河河谷，为南线。黄河水引入桑干河后，自然就引入了海河流域。引水至山西省后，也可继续联通滹沱河和汾河，如此既可缓解海河流域的缺水，也可兼顾山西省的用水。同时，引水沿线地区也可获得广泛的经济和生态效益。

（2）中游补水

治理黄河泥沙之根本在于中游水土保持，而最近的研究表明水土保持之根本在于"保水"，所以中游不仅需要就地拦沙，还需就地蓄水、补水。可将中游降水大部分"堵"在中游，供当地使用。上游引水后，流向中游的水量也将大幅减少，中游的干支流便可通过逐级建坝，形成一个"拾级而下"的蓄水拦沙水坝系统，以充分拦蓄中游地区的降水和地表径流。在此规划下，水库内泥沙的沉积不会是个问题，反倒会帮助填充黄土高原的沟沟壑壑，减轻土壤侵蚀。而存蓄起来的水可为陕西、内蒙古、山西等地提供生产生活用水，同时促进黄土高原逐步走上"水养植被、植被保水"的良性生态循环，彻底改变当前黄河中游的穷山恶水面貌。这一方案将同时解决黄土高原的生态环境问题和黄河中游的用水问题。

（3）下游调水

上游引水、中游蓄水后，下游泥沙淤积、河道高悬的问题便迎刃而解，但仍需考虑下游的用水问题。经以上规划后，流入黄河下游河道的水量将大为减少，仅有中游下泄的一定径流、当地降水及下游金堤河、大汶河等支流之水，而目前黄河下游南北两岸区域每年都从下游河段引取不少水量。来水水量的变化将会改变下游地区原本的引取水方式。根据本书计算，新规划下，黄河下游河道供水将有一定缺口，但这将不成为问题：黄河上游向下游、海河流域地区的引水，以及南水北调工程调水的调整足以覆盖这一缺口，并提供大量额外的新增供水。

（4）全域备水

黄河受季风气候影响，径流量具有年内和年际变化大的特点。径流量时间上的不稳定将影响本书提出的黄河治理与水资源利用新规划的实施，导致枯水年份上游引水量不足设计规模、下游用水缺乏保障。所以要对黄河实施战略备水，将丰水年富余的水资源存蓄起来以供枯水年使用，保障新规划下每年水资源供应基本平稳。其中，在黄河上游尤其是靠近源头的地区备水为首选，既可保障水质，又因储水位于源头而可充分发挥战略调水的意义（可从源头向全流域任何区域调水，反之则不成立）。但上中游其他区间以及下游河道也有储水的便利条件，可考虑加以利用。战略备水将有助于实现水资源的充分利用，也为整个黄河治理与水资源利用新规划的实施提供保障。

1.7　全书各章内容指南

本书第 1 章为引言；第 2 章和第 3 章聚焦于黄河"八七"分水方案，从社会经济发展引起的用水需求增加及治沙、生态效益两方面进行分析，指出需要顺应时势对"八七"分水方案加以全面审视、调整，并提出了本书的黄河治水理念；第 4 章总结了黄土高原水土保持工作的进展和挫折；第 5 章至第 8 章提出关于黄河治理和水资源利用的新设想；第 9 章为结语。第 2 章至第 8 章具体内容如下。

第 2 章着眼于"八七"分水方案中留出的 370 亿 m³ 可供各省（自治区、直辖市）分配的水量，介绍了目前黄河流域的用水缺口情况，以及与之相伴的严重的社会经济问题和生态问题。"八七"分水方案出台距今已有 30 多年，期间相关地区的社会经济飞速发展，生产生活用水需求也随之大幅增高，与黄河水资源供给之间的矛盾越来越尖锐。严峻的水资源缺口已在这些地区导致严重的地下水超采、生态环境用水被挤占、社会经济发展受阻等种种问题。这样的形势迫切需要对"八七"分水方案进行重新审视，做出必要改变。

第 3 章着重探讨"八七"分水方案中留给冲沙的 200 亿 m³ 水，从现行黄河治水治沙思路和生态效益谈"八七"分水方案，指出对其加以改革的迫切性。在经历了新中国成立初期"蓄水拦沙"的尝试后，黄河泥沙治理方式转为了"蓄水冲沙"。但从治沙效益上看，蓄水冲沙思路下三门峡水库的运用方式转变改变了下游的水沙关系，部分地造成了下游"二级悬河"的形成。而蓄水冲沙虽能对下游河道进行一定冲刷，但不能解决"二级悬河"问题，且如今冲沙的边际效益越来越低，而成本则不断提高。从生态效益上看，蓄水冲沙入海仅仅是考虑了下游的生态问题，而忽略了黄河全流域的生态用水问题。怎样走出一条兼顾全流域经济发展和生态保护的道路，是我们当前面临的重要挑战。本书认为，需要打破"八七"分水方案中立足下游、以"疏"为主的固有治沙思路，更好地利用起冲沙用水。本书就此提出了以"堵"为主的"蓄水固沙"新思路。

第 4 章从黄河泥沙问题入手，总结黄土高原水土保持工作中取得的进展和遇到的挫折。黄河治理的根本在于治沙，而治沙与黄河中游黄土高原地区的水土保持紧密相连。新中国成立后，政府即着手开展黄土高原水土保持工作，成效非凡，但也面临严峻的挑战——严重的土壤干化。若要从根源上对黄土高原进行水土保持，就需要为该地区大量补水，而这又与黄河治理和水资源利用问题密切相关。可以说，对黄河的彻底治理离不开对黄土高原的有效治理；反过来说，对黄土高原的有效治理也离不开对目前黄河治理思路的转变。需要对两者进行统筹考虑和统一规划。

第5章着重介绍"上游引水"的思路，提出了北线和南线两个可行的方案，并以"黄河引水至晋北"和"晋北至海河流域"两部分具体说明。该方案不但可实现引黄济海（海河流域），而且可同时兼顾山西省的用水需要。由于山西省的地势总体高于周边其他地区，在目前所有的大规模引水思路和倡议中，山西省都与之无缘。本书提出的构想克服了这一难题。

第6章着重介绍本书关于"中游蓄水"的设想。在第4章关于黄土高原及黄河中游治理现状以及问题讨论的基础上，本书提出融合黄河治理、黄河水资源利用和黄土高原治理于一体的新构想。可概括为，中游干支流逐级筑坝，补充水量，充填沟壑，恢复植被，再造良性生态体系。

第7章讨论下游用水和调水问题，提供了与上游引水和中游蓄水相配套的黄河下游供水方案。该章根据目前黄河下游省份引黄水量以及南水北调供水量，核算了上游和中游新规划实施后下游地区面临的供水缺口，协同自上游引至下游的引水量，回答了下游河道水量减少后如何满足黄河下游地区用水的问题。

第8章提出了"战略备水"的概念，讨论源头备水和逐级备水方案，以应对黄河水量年际变化大的问题。战略备水既是本书最优化利用黄河水资源原则的具体表现，更是实现本书整体构想的保障。

"黄河之水天上来，奔流到海不复回！"1000多年前，诗人李白曾为黄河之水起自世界最高水塔一泻千里流经中华大地的气势所折服，同时也为如此之大的"大自然馈赠"白白流入大海而表露出了几许惆怅。若能实现本书提出的对黄河水资源利用的新构想，后人将远可不必再慨叹于黄河之水大量东逝入海，却不能更好地造福于两岸人民。华夏大地也将在母亲河的滋哺下更加绽放活力，焕发光彩！

第 2 章 重新审视"八七"分水方案

黄河是中华民族的母亲河，千百年来奔腾不息，哺育着华夏大地。近代以来，对其有限水资源的开发利用更是关乎流域内人民生活、经济社会发展、生态环境变化的重要议题。自 1987 年我国制定分水方案以来，黄河水资源"以供定需"，从此进入黄河用水定额分配的时代。30 多年来，在以有限的黄河供水量为约束条件和实现黄河水资源最优化配置的整体思路下，以分水方案为基础，逐渐形成了对黄河水量统一调度的水资源管理体系，保障了黄河下游从 1999 年起至今不再断流，提高了流域内水资源利用效率。然而，几十年过去，我国经济状况与生态环境较 20 世纪 80 年代"八七"分水方案出台的时候已有较大变化，用水需求侧的变化明显要求对分水方案做出与时俱进的改变。

长期以来，黄河防洪、治沙和用水都以黄河供水量为考虑重点，忽视了用水需求侧的变化和发展。现有对黄河水资源的研究也缺乏针对黄河流域用水需求侧结构、存在问题和利用效率等方面的深入分析。本章将从分析水资源供需态势的重要变化入手，评估"八七"分水方案的利弊，指出目前已经到了必须对黄河水资源管理方案进行调整的时候。

2.1 黄河的重要地位

黄河是我国第二长河，是我国西北和华北地区主要水源，为流域内经济发展和人民生活提供了重要支撑。黄河自西向东横贯于北方大地，流经青海、四川、甘肃、宁夏、内蒙古、陕西、山西、河南、山东九省（自治区），是其中诸多地区主要的水源。根据 2021 年《中国水资源公报》，当年宁夏、内蒙古、陕西、山西总供水量分别为 68.1 亿 m^3、191.7 亿 m^3、91.8 亿 m^3、72.6 亿 m^3。根据 2021 年《黄河水资源公报》各地黄河水取水量（包括地表水和地下水）计算可得，上述省（自治区）总供水量中黄河水资源占比分别达到 100%、58.51%、71.73%、70.79%。同时，黄河上游宁夏引黄灌区素有"塞上江南"之美誉，是全国商品粮基地之一；汾渭平原、内蒙古河套平原黄河灌区，是《全国主体功能区规划》中的农产品主产区重点发展地区；根据国家统计局数据，2022 年黄河下游山东、河南第一产业增加值分别位列全国第一、第三；黄河流域内的山西、内蒙古鄂尔多斯盆地①，是我国能源建设基地；陕西、甘肃多有铜、锌、镍、钼等矿藏，是国家矿产资源开

---

① 内蒙古鄂尔多斯盆地北起阴山、大青山，南抵陇山、黄龙山、桥山，西至贺兰山、六盘山，东达吕梁山、太行山，包括宁夏大部，甘肃陇东地区庆阳市、平凉市，陕西的延安市、榆林市及关中地区的北山山系以北区域，内蒙古黄河以南鄂尔多斯高原的鄂尔多斯市。

发布局的重要开发利用基地①。因此，黄河在我国工农业发展中有着极其重要的地位。

黄河不仅向沿岸各省供水，还向水资源短缺的海河流域供水。2008～2017 年，海河流域内北京、天津和河北三省市人均水资源量分别为 142m³、118m³ 和 220m³，均远低于国际公认的人均 500m³ 的极度缺水水平②（图 2-1）。海河流域通过从黄河调水，部分缓解水资源紧缺，如引黄入冀补淀、引黄济津等工程即将黄河水调往河北邯郸、邢台、白洋淀等地区和天津。"八七"分水方案中亦明确规划了黄河向河北、天津供水的指标。南水北调工程通水之前，海河流域外来调水完全来自引黄水量。根据《海河流域水资源公报》，1998～2013 年海河流域平均地表水供水量为 160.7 亿 m³，其中引黄水量平均为 43.23 亿 m³，占比 27% 左右。2014 年起，海河流域用上了南水北调工程引来的汉江水，但引黄水量没有减少。根据《中国水资源公报》，2021 年黄河流域向海河流域调出水资源 44.7 亿 m³，占海河流域供水总量的 12.22%。2018 年，海河流域供水来源中引黄水和南水北调引水的占比为 23.5%，超过当地地表水供水量占比③。

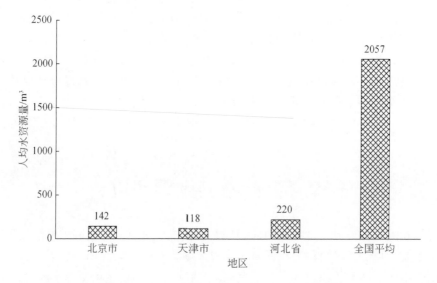

图 2-1　2008～2017 年京津冀及全国人均水资源量

注：数据来自国家统计局

---

① 《国务院关于印发全国主体功能区规划的通知》，http://www.gov.cn/zhengce/content/2011-06/08/content_1441.htm，2020 年 3 月 19 日访问。

② 20 世纪 70 年代瑞典著名水资源学者 Falkenmark 等首先将水资源与人口联系起来，由此引发了量化水资源稀缺度的相关研究，水压力指数（water stress index，WSI）开始被应用。经过不断地完善和发展，WSI 中关于不同水资源压力的人均水资源阈值划分被国际公认为衡量水资源稀缺程度的指标。其中低于人均 500m³ 为极度缺水水平。参见：Damkjaer S, Taylor R. 2017. The measurement of water scarcity: Defining a meaningful indicator. Ambio, 46 (5), 513-531.

③ 2018 年，海河流域除当地地表水源和跨流域调水水源供水外，地下水源供水占比 47.2%，其他水源（包括污水处理回用量、集雨工程供水量和海水淡化供水量）供水占比 6.5%。参见：http://www.hwcc.gov.cn/hwcc/static/szygb/gongbao2018/index.html#gystj，2020 年 3 月 19 日访问。

　　黄河水资源的重要地位显而易见，然而黄河地表水资源量并不出色[①]，且时间空间分布不均、泥沙量大、水沙异源，为黄河水资源开发利用增添复杂性和困难性。从地表水总量来看，据 2021 年《黄河水资源公报》，1956～2016 年黄河年均地表水资源量为 448.72 亿 m^3，而根据 2021 年《中国水资源公报》，同期长江地表水资源量为 9776.04 亿 m^3。时间上，黄河流域径流量季节、年际变动大，7～9 月汛期时干流径流量可占到全年的 60% 左右（席家治，1996）。据历年《黄河水资源公报》，1987～2016 年黄河花园口站以上黄河地表水量多年平均值为 442.77 亿 m^3，而 2002 年仅 300.20 亿 m^3，2018 年达 730.18 亿 m^3。空间上，据 2021 年《黄河水资源公报》，1987～2016 年黄河地表水资源大部分来自源头至兰州区间，黄河上、中、下游地表水资源占全流域比例分别约 64%、35%、1%（图 2-2）。此外，黄河清水基流主要来自兰州以上，但 90% 的泥沙来自中游（席家治，1996）。在黄河突出的重要性及独特的水文条件约束下，如何合理地充分利用黄河水资源，无疑是我国北方地区发展议题中的重中之重。

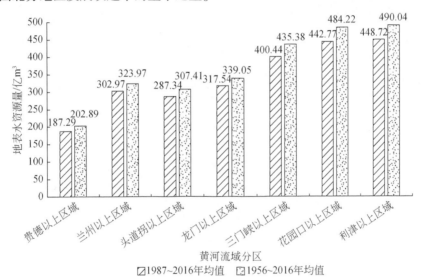

图 2-2　黄河流域多年平均地表水资源量及地区分布

注：数据来自 2021 年《黄河水资源公报》

---

　　① 一地的水资源由地表水资源和地下水资源构成。早期《黄河水资源公报》用"天然河川径流量"表示地表水资源量。天然河川径流量是实测径流量、地表水耗水量、蓄变量之和，其中实测径流量是在某水文站实际测量到的、通过该水文站的径流量，扣除其耗水量和蓄变量；地表水耗水量是地表水取水量（取自黄河流域内的全部地表水量）扣除其回归到黄河干、支流河道后的水量，是对流域内年度用水情况的客观反映；蓄变量数值通常很小。近年《黄河水资源公报》改用"天然地表水量"表示地表水资源量。通过对比这两项数据的计算过程可以发现，公报中"天然河川径流量"与"天然地表水量"的内涵是一致的。《黄河水资源公报》中，水资源总量=地表水资源量+地下水资源量–地表地下水间重复计算值，"某地以上水资源量（地表水资源量/地下水资源量）"指的是黄河源头到某地区间河段的水资源量（地表水资源量/地下水资源量）。本书所指"地表水资源量"，对应《黄河水资源公报》中的"天然河川径流量"或"天然地表水量"，有时本书亦使用"天然河川径流量"、"天然地表水量"的说法；本书所指"地下水资源量"，对应《黄河水资源公报》中的"地下水资源量"减去"地表地下水间重复计算值"；上述两指标反映的是地区内无人类活动影响情况下地表水资源和地下水资源的自然禀赋。本书所指"（地表/地下）取水量"、"（地表/地下）耗水量"，与《黄河水资源公报》的定义一致。

2.2 "八七"分水方案

黄河流域水资源供需矛盾最初显现于20世纪70年代。利津站是黄河干流最后一个水文站，位置接近黄河入海口，其实测径流量可近似于黄河入海水量，反映了黄河水资源量相对于用水需求的盈余。1950～1994年，利津站年均实测径流量为371.3亿 m^3，其中50年代、60年代分别为480.5亿 m^3、501.2亿 m^3，70年代、80年代分别为311.2亿 m^3、285.9亿 m^3，下降趋势明显。在入海水量不断减少的情况下，1972年起黄河下游曾多次出现断流现象，且年中断流的开始时间越来越早、断流的时段越来越长，断流河段不断向上游延伸，影响范围越来越大。这其中的原因，天然降水偏少和上游水库调蓄仅约占三成，而占到七成的原因是社会经济发展对黄河水资源的需求越来越高（席家治，1996）。随着黄河流域及其供水地区人口增长、经济发展和生活水平不断提高，对水资源不断高涨的需求使得黄河河道外耗水量从50年代的年均135亿 m^3 增长到80年代的年均274亿 m^3，30年间翻了一番。

拯救母亲河刻不容缓，"八七"分水方案应运而生。方案出台前，黄河水利委员会组织了大量的调查研究工作，分析了沿黄各省（自治区、直辖市）用水现状并预测了发展趋势，旨在制定各地的黄河地表水资源用水配额。1983年，沿黄各省（自治区、直辖市）提出了2000年的需水量，总计需水747亿 m^3，远高于黄河水利委员会提出的黄河可供水量，并且此时黄河水利委员会给出的水量分配中未分配河北、天津的额度（王忠静和郑航，2019）。1986年，各地在对需水量进行压缩后，提出了600亿 m^3 需水量，仍大大超过黄河的可供水量。最终，经过多方协调和综合权衡，在进一步压缩用水需求、以1980年实际用水量为参考的基础上，国家计划委员会、水利电力部于1987年出台了《关于黄河可供水量分配方案的报告》[①]，提出了在南水北调工程生效前黄河可供水量的分配方案，是为"八七"分水方案。"八七"分水方案以黄河1919～1975年平均径流量580亿 m^3 为依据，在留出约200亿 m^3 冲沙入海水量的基础上，确定了可供黄河两岸居民生活和社会经济建设的黄河地表水量（表2-1），而且将河北省和天津市也计入供水范围。

表2-1 "八七"分水方案各省（自治区、直辖市）分水量及占比

地区	青海	四川	甘肃	宁夏	内蒙古	陕西	山西	河南	山东	河北和天津	合计
年耗水量/亿 m^3	14.1	0.4	30.4	40.0	58.6	38.0	43.1	55.4	70.0	20.0	370
占比/%	3.81	0.11	8.22	10.81	15.84	10.27	11.65	14.97	18.92	5.40	100

注：资料来自《关于黄河可供水量分配方案的报告》

---

① 国务院：《国务院办公厅转发国家计委和水电部关于黄河可供水量分配方案报告的通知》。http://www.gov.cn/zhengce/content/2011-03/30/content_3138.htm，2020年3月19日访问。

"八七"分水方案制定的是各地黄河地表耗水量。根据《黄河水资源公报》，地表水耗水量是指地表水取水量扣除其回归到黄河干、支流河道后的水量，而地表水取水量是指通过工程或人工措施直接从河流干、支流获得的水量。

作为我国大江大河上第一个全流域级别的水量分配方案，"八七" 分水方案开启了黄河水量统一调度分配的时代，奠定了此后数十年黄河流域地表水资源分配管理工作的基石。方案在具体执行过程中，由管理部门根据当年黄河来水情况，按照 "同比例丰增枯减、多年调节水库蓄丰补枯" 原则，制定当年分水方案。

"八七" 分水方案通过明确水权、统一调度黄河水量与加强用水管理，有效保障了黄河入海水量。王煜等（2019）研究发现，2000～2016 年，流域内人均年用水量由 382m³ 减少到 343m³，农田实际灌溉定额由 6735m³/hm² 减少到 5520m³/hm²，万元 GDP 用水量由 638m³ 减少到 100m³，万元工业增加值用水量由 233m³ 减少到 34m³（2000 年可比价）。从 1998～2019 年的数据来看，并非每年的入海水量都达到方案预期的 200～240 亿 m³，主要是因为当年黄河地表水资源量偏小（图 2-3）。从比例来看，除极端偏枯年份，其余年份入海水量占地表水资源量的比例基本稳定在 "八七" 分水方案规定的 34%~41%；1987～2016 年入海水量占地表水资源量比例的均值为 33.15%。30 多年来，"八七" 分水方案的实施有力扭转了黄河频繁断流的恶劣形势，确保了黄河 1999 年至今不断流。

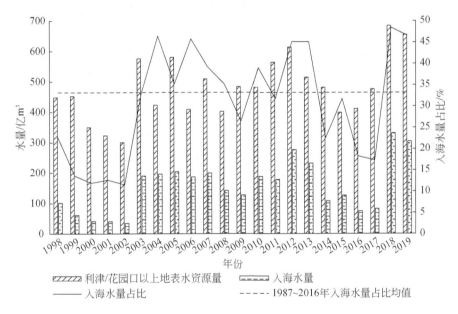

图 2-3　黄河入海水量及占地表水资源量的比例
注：数据来自历年《黄河水资源公报》

然而，30 多年来，"以供定需" 的 "八七" 分水方案在发挥作用的同时，也越来越难适应流域内快速增长的用水需求。随着经济发展和人民生活水平提升，流域内农业、工业、城市生活用水需求不断提高。尽管水资源利用效率也在上升，但上升幅度远不足以弥补巨大的水资源供需缺口。在黄河供水约束下，对用水需求的大幅抑制在阻碍经济社会发展的同时，还带来了长期的地下水超采、生态用水被挤占等生态环境问题。若想缓解这些问题，必须对目前黄河流域水资源供需状况有清晰的认识，并对供水方案作出与时俱进的调整。作为现状黄河水资源分配体系最重要基石，"八七" 分水方案已到了需要被重新审视的时候。

2.3 黄河流域水资源供需状况变化分析

要分析"八七"分水方案在当前的可行性，就要考虑黄河供水区水资源供给、需求，以及供需双方自"八七"分水方案实施以来发生的重要变化。从供给角度来看，水资源可分为地表水资源、地下水资源两大类，"八七"分水方案分配的仅是黄河地表水量，地下水资源的开发利用则不在方案的约束范围内。但是，地表水与地下水之间存在高度替代性，当地表水无法满足用水需求时，通常会转向开采地下水。因此，下文在对供水能力和用水需求进行分析时，不仅关注地表水资源，也同样关注地下水资源。

2.3.1 黄河流域供需水现状

"八七"分水方案出台不久，黄河水利委员会即对流域未来用水需求进行了预测。黄河水利委员会根据城镇生活需水、农村人畜需水、工业需水和农业灌溉需水，预测 2000 年黄河地区总需水量为每年 640 亿 m^3。所谓"黄河地区"，除黄河流域区域外，还包括鄂尔多斯内流区，下游沿黄地区引黄灌区（农业需水），以及郑州、开封、济南、东营等城市（工业及生活需水）。供水方面，在预设入海径流量约 210 亿 m^3 的前提下，通过地表水和地下水联合供水，多年平均供水量可达 620 亿 m^3，缺口水量约 20 亿 m^3，占总需水量的 3% 左右，总供水量可基本满足工农业、城乡生活需水及下游输沙用水（席家治，1996）。虽然"八七"分水方案压缩了用水需求，但在考虑到工业生产技术水平提高及用水重复利用率增加、农业节水技术推广等方面的进步，以及联合运用地表水和地下水后，方案仍适用于当时流域内社会经济发展的需要。

采用同样口径和方法，黄河水利委员会也对黄河地区 2010 年用水需求做了预测：2010 年黄河地区总需水量达 723 亿 m^3。若放松下游输沙用水务必满足 200 亿 m^3 的约束，多年平均可联合调度河川径流和地下水为 692 亿 m^3，缺水 31 亿 m^3，入海水量仅为 160 亿 m^3；而若仍按国务院分配水量指标分水，则入海水量约为 198 亿 m^3（比前一情景多了 38 亿 m^3），能基本满足 200 亿 m^3 的输沙用水目标，但社会经济发展缺水量将达到 69 亿 m^3（也相应多了 38 亿 m^3），缺水率接近 10%，届时水资源将成为制约经济发展的主要因素（席家治，1996）。

自"八七"分水方案出台以来，30 多年间我国社会经济有了日新月异的变化，工业化、城镇化有了飞速发展。王煜等（2019）指出，黄河流域 GDP 从"八七"分水方案调研基准年 1980 年的 916 亿元，猛增至 2016 年的 41 275 亿元（以 2000 年为可比价）。流域内社会经济结构和各省（自治区）的社会经济地位也发生了变化。根据国家统计局数据（公开数据最早为 1992 年），1992~2019 年，黄河流域第一产业、第二产业、第三产业增加值占地区生产总值的比例从 25.40%、42.69%、31.91%，变化至 8.49%、40.65%、50.86%（图 2-4）。与 1980 年相比，2016 年甘肃、山西、青海等省份 GDP 在 9 省区中占比减小，内蒙古、河南、陕西、山东、宁夏等省（自治区）占比则有增加（王煜等，2019）。

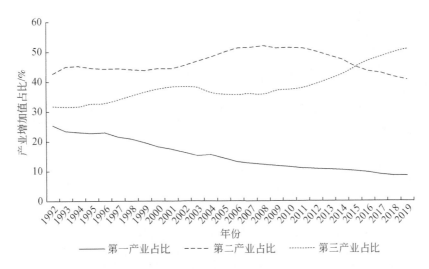

图 2-4　1992～2019 年黄河流域 9 省(自治区)分产业增加值占地区生产总值比例

注：数据来自国家统计局

与社会经济快速发展相对应的是各地用水需求的快速增长与需水结构变化。刘华军等（2020）指出，黄河流域 9 省（自治区）的用水总量从 2007 年的 1187.75 亿 m³ 上升至 2017 年的 1275.60 亿 m³，年均增长率达 0.72%，远高于全国水平（0.38%）①；废水排放量从 2007 年的 124.95 亿 t 上升至 2017 年的 180.06 亿 t，年均增长率达 3.78%，亦高于全国水平（2.31%）。分行业来看，1980～2016 年，黄河流域内农业用水占比从 87% 减小到 71.7%，工业用水占比从 7.9% 增长至 13.3%，生活用水占比从 5.1% 增长至 11.5%；农业用水占比下降的省份中，山东降幅最大；工业用水占比增加的省份中，青海、甘肃增幅不大，其他省（自治区）增加较多，其中河南增幅最大；各省（自治区）生活用水比例均呈增大趋势（王煜等，2019）。

考虑到"八七"分水方案规定的是各省（自治区）的年地表水耗水量指标，下文以《黄河水资源公报》的耗水量数据分析近年用水需求。由于黄河水利委员会官网公开可查的《黄河水资源公报》仅覆盖 1998 年及以后的年份，故本书仅分析 1998 以来的用水情况。1998～2019 年期间，黄河供水区内总耗水量整体呈上升趋势（图 2-5）。1998 年，黄河供水区总耗水量为 364.8 亿 m³，2019 年则增至 455.4 亿 m³。耗水量可划分为地表水耗水量和地下水耗水量，黄河供水区耗水量以地表水耗水量为主②。1998～2019 年，黄河供水区地表水耗水量均值为 303.8 亿 m³，整体接近"八七"分水方案规定的份额。但是，黄河供水区总耗水量还有约 1/4 来自黄河流域内的地下水，黄河供水区内地下水开发程度始终处于高位（图 2-5）。1998～2019 年，黄河供水区地下水耗水量占黄河流域地下水资源量的比例均高于 80%，在有的年份甚至接近 100%。

---

① 此处用水量不仅指取自黄河流域的水量。9 省区中除宁夏以外都可以从其他流域取水。

② 地表水耗水量指地表水取水量在扣除其回归到黄河干、支流河道的水量后的水量，地下水耗水量则指地下水取水量扣除其再入渗地下含水层和回归河道的水量后的水量。

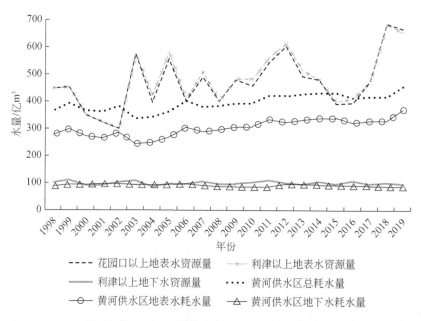

图 2-5　1998~2019 年黄河供水区按地表水、地下水分的水资源量与耗水量情况
注：数据来自 1998~2019 年《黄河水资源公报》

分地区来看，各省（自治区）实际耗水状况与"八七"分水方案的规定不是完全一致。以 2019 年为例，表 2-2 总结了黄河供水区各地社会经济概况及黄河水耗水量情况。其中黄河下游山东省地表水耗水量最大，为 97.21 亿 m³；陕西省地下水耗水量最大，为 20.29 亿 m³；总耗水量中山东省耗水量最大，为 102.8 亿 m³。将各地的地表水耗水量占当年黄河地表水总耗水量的比例，与"八七"分水方案的指标进行对比可以发现：青海、四川、甘肃、陕西、山西、河南和河北等地的指标占用低于"八七"分水方案规定的比例，其中山西、河北的低配幅度较大；宁夏、内蒙古和山东等地的指标占用则超过"八七"分水方案规定的比例，其中山东的超配幅度最大[①]。

表 2-2　2019 年黄河供水区各省（自治区）社会经济概况、黄河水耗水量与结构

地区	GDP/万亿元	年末常住人口/百万人	黄河水地表水耗水量/亿 m³	黄河水地下水耗水量/亿 m³	耗水总量/亿 m³	黄河水地表水耗水量占比/%	"八七"分水方案分水指标占比/%
青海	0.29	5.90	9.6	1.9	11.5	2.6	3.8
四川	4.64	83.51	0.2	0	0.2	0.1	0.1
甘肃	0.87	25.09	30.4	3.3	33.7	8.2	8.2

---

① 每年黄河水量分配根据当年具体来水情况和需水情况而定，故每年耗水量绝对值存在差异，因此将各地黄河地表水耗水量占流域内黄河地表水总耗水量的比例，与"八七"分水方案规定的各地黄河地表水耗水量占流域内黄河地表水总耗水量的比例进行比较，能够相对准确地描述黄河地表水在各地区之间的分配状况。

地区	GDP/ 万亿元	年末常 住人口 /百万人	黄河水地 表水耗水 量/亿 m³	黄河水地 下水耗水 量/亿 m³	耗水总量 /亿 m³	黄河水地 表水耗水 量占比/%	"八七"分水 方案分水指 标占比/%
宁夏	0.37	7.17	40.1	4.6	44.8	10.8	10.8
内蒙古	1.72	24.15	62.8	18.9	81.7	17.0	15.8
陕西	2.58	39.44	30.9	20.3	51.2	8.3	10.3
山西	1.70	34.97	32.4	14.7	47.1	8.7	11.7
河南	5.37	99.01	53.3	15.4	68.8	14.4	15.0
山东	7.05	101.06	97.2	5.6	102.8	26.2	18.9
河北	3.50	74.47	13.6	0	13.6	3.7	5.4
合计	28.09	494.77	370.5	84.7	455.4	100.0	100.0

数据来源：①国家统计局；②2019 年《黄河水资源公报》

注：2019 年《黄河水资源公报》中除狭义上的黄河流域内 9 省（自治区）外，还有河北省耗水量数据

分部门来看，农业一直是地表水耗水大户，但工业用水、生态环境用水重要性日益突出（图 2-6）。20 世纪末，黄河供水区地表水耗水超过 90% 用于农业，2019 年农业用水占比降为 72.5%。其中，农田灌溉平均耗水量约占农业用水的 73.1%，林牧渔畜用水则多年稳定在 6% 左右。1998～2019 年，工业用水占比总体略有上升，多年平均占比约为 9.5%（图 2-7）。2003～2019 年，城镇公共设施用水多年平均占比为 1.8%，城乡居民生活用水平均占比约 4.5%[①]。自 2003 年起，《黄河水资源公报》开始统计生态环境水资源利用情况，即通过人为措施调配的城镇环境用水（含河湖补水和绿化、清洁用水）和农村生态补水（对湖泊、洼淀、沼泽的补水）水量，但不包括降水、径流自然满足的水量。黄河流域多年来生态环境地表水耗水呈上升趋势，2003～2019 年多年平均占比为 4.4%，2019 年占比达 10.1%（图 2-7）。

农业用水、生态环境用水主要来自地表水，工业、城镇公共设施耗水和城乡居民生活耗水则更依赖于地下水。1998～2019 年，农业用水、生态环境用水中地表水平均占比分别为 80.5%、86.4%。1998～2019 年，工业用水中地下水平均占比约为 34.9%。2003～2019 年，城镇公共设施用水和城乡居民生活用水中地下水平均占比约为 45.75%。总的来看，1998～2019 年间各部门对地下水的依赖程度有所下降，但对地下水的依赖程度依然较高（图 2-8）。

---

① 1998～2002 年《黄河水资源公报》统计的是"城镇生活"和"农村人畜"用水，2003 年及之后改为统计"城镇公共设施"和"城乡居民生活"用水，两组概念不完全相同，故此处只计算了 2003～2019 年平均占比。如无特殊说明，后文的城镇公共设施和城乡居民生活用水多年平均值均根据 2003～2019 年数据计算得出。

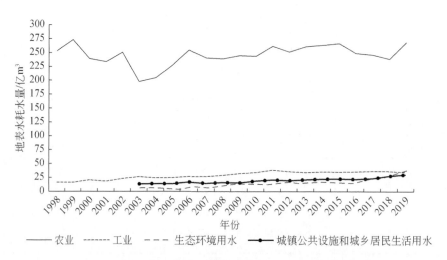

图 2-6　1998～2019 年黄河供水区分部门的地表水耗水量情况

注：数据来自 1998～2019 年《黄河水资源公报》，城镇公共设施用水、

城乡居民生活用水、生态环境用水自 2003 年开始统计

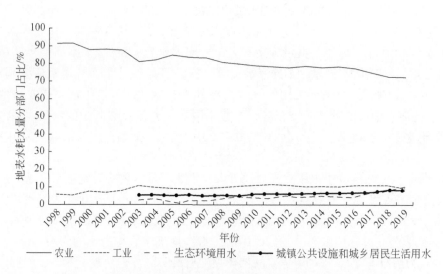

图 2-7　1998～2019 年黄河供水区地表水耗水量分部门占比情况

注：数据来自 1998～2019 年《黄河水资源公报》，城镇公共设施用水、

城乡居民生活用水、生态环境用水自 2003 年开始统计

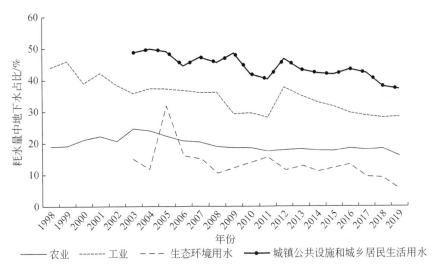

图 2-8 黄河供水区各部门的耗水量中地下水占比情况

注: 数据来自 1998 ~ 2019 年《黄河水资源公报》

2.3.2 海河流域和山西省水资源状况

"八七" 分水方案除为黄河沿岸 9 省 (自治区) 分水外, 还规定了供给海河流域的河北省、天津市的黄河地表水额度, 共计 20 亿 m³。然而尽管有这 20 亿 m³ 的引水 "接济", 海河流域水资源短缺问题仍一直存在。

"水资源承载力" 的概念反映了一定区域内的水资源可支撑的社会、经济、生态环境协调发展的规模, 对水资源承载力进行合理评价可以有效反映区域水资源承载负荷和开发利用情况。董会忠等 (2019) 选取水资源开发利用率①、城镇化率、植被覆盖率等指标, 构建由水资源供需、社会经济和生态环境三个子系统形成的水资源承载力评价体系, 对京津冀地区进行评价发现, 2005 ~ 2009 年京津冀地区水资源承载力综合评价值均小于 0.4 (评价值范围为 0 ~ 1, 数值越高, 水资源承载能力越强), 京津冀地区水资源处于严重超载状态。如此形势下, 只能依靠外水来缓解水资源压力。20 世纪末, 海河流域外来供水的规模超过 50 亿 m³, 2000 ~ 2014 年一直稳定在 40 亿 m³ 左右。南水北调通水后, 调水增幅明显, 2019 年增至 110.52 亿 m³ (图 2-9)。2019 年海河流域各类供水工程总供水量为 380.63 亿 m³, 其中当地地表水供水仅占 21.5%, 地下水占 42.2%, 其他水源占 7.3%, 而外调长江水和黄河水占到 29%, 为地下水之外的第二大水源。

在外来水的帮助下, 海河流域水资源压力有所减轻, 但部分地区水资源开发程度接近上限。韩礼博和门宝辉 (2021) 在评价 2008 ~ 2018 年海河流域内 8 省 (自治区、直辖市) 的水资源承载力情况后发现, 各地区水资源承载力整体呈上升趋势。其中, 北京上升幅度

---

① 水资源开发利用率是指流域或区域内用水量占当地水资源总量的比率, 体现水资源开发利用的程度。

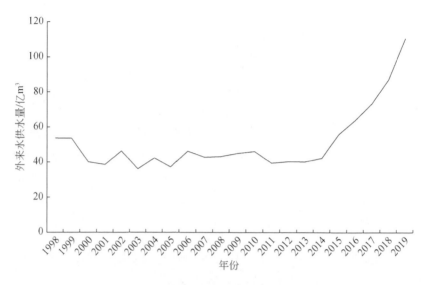

图 2-9　1998～2019 年海河流域外来水供水量

注：数据来自 1998～2019 年《海河流域水资源公报》

较大，天津、山西和辽宁基本保持稳定且整体向好，河南承载力最弱，内蒙古则保持较稳定的提升趋势，山东呈先上升后下降的趋势。尽管海河流域整体水资源承载力有所提升，但水资源开发利用率仍然较高，部分地区在 40%～70%，京津冀地区已经超过 100%。从水资源利用效率上来看，除内蒙古以外，2018 年各地万元 GDP 耗水量均在 50m³ 左右，甚至更低。这说明海河流域现状用水效率较高，但未来进一步节约用水的空间较为有限。

在黄河流域和海河流域的用水省（自治区）中，山西省因其独特的地理位置、地势地貌和资源条件而需要着重分析。

山西省地跨黄河、海河两大水系，却因地形地势限制而陷入取水成本高昂的困境。山西北部有海河流域的桑干河、滹沱河流经大同盆地和忻州盆地，中部和南部有黄河主要支流汾河自北向南穿过太原盆地和临汾盆地（汾河谷地），黄河长达 965km 的干流流经山西西侧和南侧。然而，吕梁山却将黄河干流与山西中部平原用水区阻隔开来，大大增加了利用黄河干流水资源的难度。在地形的限制下，尽管"八七"分水方案根据"山西省因能源基地发展的需要，增加用水量 50% 以上"的原则，给山西分配了每年43.1 亿 m³ 的黄河地表水耗水份额，但山西省自方案实施以来各年均未能使用这么多黄河地表水。据表 2-2 和图 2-10，山西省是黄河供水区内黄河地表水实际耗水占比与"八七"分水方案配额差距最大的地区之一（低配程度较高的还有河北省、天津市）。而且，在山西省包括但不限于黄河地表径流的所有地表水供水量中，提水比例高达 50.9%，反映了山西因地势原因而不得不采取高成本提水方式的用水局面。造成的结果是，根据国家统计局数据，近十余年山西省人均用水量最低为 164.6m³/人（2009 年）、最高也只有208.4m³/人（2021 年）。

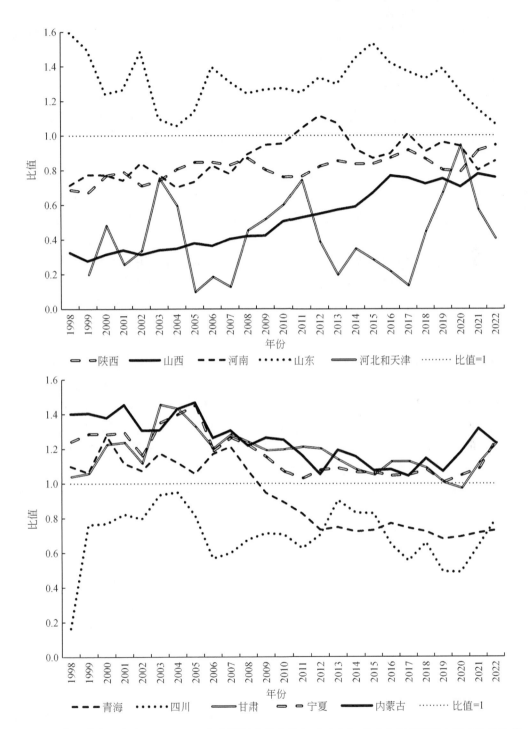

图 2-10　黄河供水区各省 1998～2022 年实际耗水量占比与 "八七" 分水方案分配耗水量占比的比值

注：数据来自 1998～2022 年《黄河水资源公报》、"八七" 分水方案。1998 年《黄河水资源公报》未公布河北和天津的有关数据。2018 年《黄河水资源公报》未公布各省黄河地表水耗水量具体数值，图中所示 2018 年比值是前后八年（2014～2017 年和 2019～2022 年）的平均值

　　水资源短缺、用水困难的山西却是对水资源需求不小的能源大省。晋北、晋中（含晋西）、晋东三大能源基地不仅是山西省经济发展的支柱，也是全国大型煤炭基地的重要组成部分。梁四宝和孟颖超（2015）研究了 2003~2012 年山西晋北火电产业水资源压力，结果表明区域水资源可利用量无法满足火电产业的水资源需求。孙娟绒（2015）预测，2030 年山西三大能源基地的总需水量将达到 58.3 亿 m³，与 2019 年山西地表水资源量（58.49 亿 m³）相差无几，水资源需求与供给之间的矛盾可见一斑。

2.4　黄河供水区缺水问题分析

　　多年来，通过对黄河用水的总量控制，实现了黄河 1999 年至今不断流的成就，但黄河供水区资源型缺水、水质型缺水和技术型缺水问题仍然突出。无法从黄河径流满足社会经济发展用水需求的沿黄各省（区）只能寻求其他出路，带来了地下水严重超采、水资源过度开发等生态环境问题。

2.4.1　资源型缺水

　　资源型缺水是指当地水资源总量少，不能满足社会发展的用水需要。水资源总量包括地表水资源和地下水资源，但当地表水资源稀缺、用水过于依赖地下水资源时，会产生严重的环境地质问题。我国地下水资源空间分布不均，以昆仑山—秦岭—淮河一线为界，约占全国国土面积 61% 的北方地区仅有全国 20% 的地下水资源（王贵玲等，2007）。北方地区中，华北平原（主要是海河流域）是地下水危机最严重的地区，该区域内地下水位的大幅下降形成了一系列降落漏斗。20 世纪 60 年代，华北平原地下水处于采补平衡期①，70 年代为漏斗形成期，80 年代以后则为严重采补失衡期，形成了世界上最大的复合漏斗，且因此伴随出现了地面沉降、地裂缝、咸水入侵、水质恶化、泉水断流等一系列环境地质问题（王贵玲等，2007）。图 2-11 反映了海河流域部分地区地下水的埋深变化。

　　黄土高原地区地下水超采现象也较为严重。2013 年陕西省开展了地下水超采区评价工作，划定了地下水超采区 15 处，总面积约为 1427.4km²。如前所述，与陕西省隔河相望的山西省作为我国重要的煤炭、能源和重化工基地，用水需求更旺盛，又由于地形限制增加了使用黄河地表水的难度，对地下水资源更为依赖。王学鲁等（2002）指出，20 世纪 90年代，太原市日超采地下水 30 多万 m³，仍缺水 30 多万 m³；大同市是全国著名的煤炭能源基地，全市日超采地下水 13 万 m³，仍缺水 11.3 万 m³；朔州市是新兴的煤炭电力工业城市，在超采地下水的情况下仍日缺水 2.4 万 m³。2000 年，山西省以 1984~1993 年为评价期开展了地下水资源开发利用规划工作，划分界定了 22 个地下水超采区，超采区总面积 10 632km²，其中严重超采区面积 5097km²。2016 年，山西省以 2001~2016 年为评价期再次对地下水超采区进行评价，发现严重超采区面积下降了 65.16%，年超采量下降了

---

　　①　采补平衡指地下水的开采量和补给量达到动态平衡。

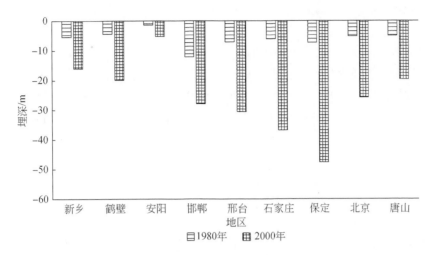

图 2-11　海河流域部分地区 1980～2000 年地下水埋深变化对比

资料来源：国务院南水北调工程建设委员会办公室，2015

13.58%，但超采区面积扩大了 16.43%，形势依然严峻（王政友，2011；陈素霞，2018）。根据《山西省水资源公报》，2019 年山西大同市郊区地下水漏斗区、运城市地下水漏斗区面积均有增大，漏斗中心埋深下降；介休市宋古漏斗区尽管面积与以往持平，但漏斗中心埋深也下降了 2.82m。

　　黄河水资源无法满足的用水需求，还会传导至海河流域，导致海河流域出现水资源开发过度、挤占生态用水、生态环境恶化等问题。由于取黄河水的难度较大，山西省更多地从海河流域的桑干河、滹沱河取水。两河河水因被过度利用而不足以维持河道正常的生态环境，加之大量污水的不达标排放，出现了断流、水质恶化等一系列生态环境问题。20 世纪 70 年代起，桑干河开始发生断流，2000 年后几乎每年都断流（邢广军和田景丽，2017）。1957～2013 年，滹沱河上游径流呈显著的减少趋势，其中 1979 年之前降水减少是径流迅速减少的主要原因，而 1979 年后工农业耗水和城镇生活用水激增成为主要原因（王盛等，2020）。海河流域的永定河是贯穿京津冀晋蒙的生态大动脉，20 世纪 60 年代以来，由于水资源过度开发等原因，永定河下游河道逐渐干涸断流，地下水位持续下降、湿地萎缩、井泉枯竭，生态环境受到严重破坏（胡新宇等，2021）。

　　上述问题还出现在同属黄河供水区的河北省。白洋淀是河北省最大的湖泊、华北平原最大淡水湿地系统，属于海河流域大清河水系。20 世纪 80 年代以来，由于气候干旱和地方经济发展需水量激增等原因，白洋淀入淀水量锐减，干淀现象频发，加之水体污染严重，生态环境遭到严重破坏（李传哲等，2021）。2017 年 10 月，引黄入冀（补淀）供水协议正式签署，目的即是恢复白洋淀的湖水生态环境。除引黄补淀外，南水北调中线工程也为白洋淀带来了长江水。如此补水下，白洋淀水位才逐步恢复。

　　除造成生态问题外，水资源供给的不足还会严重阻碍一地经济发展。王学鲁等（2002）指出，20 世纪 90 年代，山西省太原市、大同市、朔州市等地有 50% 的企业因供水不足，不得不限产限工，导致每年直接经济损失约 55 亿元、间接损失 138 亿元；许多大型企业的改扩建项目和新建项目不能按时投产甚至放弃开工建设，造成直接经济损失110亿元、间接经济损失275亿元。尽管山西省修建了引黄济晋的万家寨水利枢纽，至2011年已先后实现了对太原市和大同市的供水，但是根据实地调查，由于提水和输水成本太高，万家寨水利枢纽每年实际引水量只有工程设计引水量的1/4。水资源也是制约内蒙古经济社会发展的突出瓶颈。随着我国西部大开发战略的实施，内蒙古黄河流域地区经济社会发展迅猛，对黄河水量的需求也迅速增加。然而，仅鄂尔多斯一市，因没有用水指标而无法开展前期工作的项目就有100多个（刘钢等，2018）。

2.4.2 水质型缺水和技术型缺水

除了资源型缺水问题外，黄河供水区还存在水质型缺水和技术型缺水问题。水质型缺水是指由大量排放的废污水造成淡水资源污染而导致的水资源短缺。据2018年《黄河水资源公报》，在黄河流域内监测评估的75个省界断面中，水质恶劣（Ⅳ类、Ⅴ类和劣Ⅴ类）的断面27个，占比达36%。受评估的黄河干流重要城市供水水源地（饮用水）有15处，其中仅4处水质合格率达到100%。海河流域水质污染更为严重。据2018年《海河流域水资源公报》，海河流域全年总评估河长15495.3km，其中水质恶劣（Ⅳ类、Ⅴ类和劣Ⅴ类）的河长8891.6km，占比高达57.38%。人口剧增和经济快速发展是导致流域内生活污水和工业废水排放规模迅速上升的直接原因，是河流水质恶化的直接驱动力；而城市快速扩张带来的水资源开发利用强度提高，则降低了河流自净缓冲能力，进一步加剧了水质污染（王超等，2015）。

技术型缺水指受技术条件和管理条件所限导致的水资源利用效率低下问题。农业方面，一些灌区渠系老化失修、工程配套不完善、用水管理粗放，水资源浪费严重。郭菊娥等（2005）利用编制的黄河流域水资源投入产出表，构造了水资源利用的空间结构分解分析模型，将1999年黄河流域51部门水资源利用状况与全国的水资源利用状况进行对比，发现黄河流域水资源直接消耗系数高于全国平均水平[①]，其中主要原因是农业水资源直接消耗系数太高。全国农业水资源的直接消耗系数（m³/万元）为新鲜水1579.03，其中地表水1333.85、地下水245.18；而黄河流域农业水资源的直接消耗系数为新鲜水2162.36，其中地表水1597.17、地下水565.18，均高于全国水平。2013年，黄河流域农田有效灌溉面积达517.7万hm²，平均灌溉水利用系数为0.49[②]，其中山西、陕西和山东的灌溉水利用系数为0.60左右，而农业用水大户宁夏的灌溉水利用系数仅为0.40（侯红雨等，2013）。根据《国家粮食安全中长期规划纲要（2008—2020年）》和《全国新增1000亿斤粮食生产能力规划（2009—2020年）》，到2020年全国粮食消费量将达到5725亿kg，2030年黄河流域的粮食综合生产能力需达到525.5亿kg。为此，黄河水利委员会计划实施灌区节水工程，规划到2030年完成灌区节水改造517.3万hm²，将平均灌溉水利用系数

---

① 水资源直接消耗系数是指在生产经营过程中单位产值的耗水量。
② 灌溉水利用系数是指一定时期内灌区实际灌溉面积上有效利用的水量（不包括深层渗漏和田间流失）与渠首进水总量的比值，该系数越高，说明水资源利用效率越高。

提高到 0.61，将农田有效灌溉面积中工程节水措施的覆盖面积由 2013 年的 48.5% 提高到 89.2%，并将流域内农田有效灌溉面积发展到 579.9 万 hm² (侯红雨等，2013)。

多年来，黄河流域工业方面用水效率有了较大提高，但与全国其他地区相比，用水管理与用水技术水平仍相对落后，用水效率仍有一定差距。例如，在工业发展中，内蒙古着力提高工业水循环利用率并积极培育低耗水高附加值产业，2008～2014 年其万元 GDP 用水量、万元工业增加值用水量及人均综合用水量均有所下降，节水工作取得一定的成效。2014 年，内蒙古万元工业增加值用水量为 25m³；然而，同期江苏省万元工业增加值用水量为内蒙古的 69.6%，天津市为内蒙古的 30.4%，可见内蒙古工业用水效率仍有很大的提升空间 (德佳硕等，2016)。

2.5 从供需矛盾再看"八七"分水方案

如前文所述，自"八七"分水方案实施至今 30 多年来，黄河供水区对水资源的需求量和需求结构都发生了重大变化。王煜等 (2019) 指出，1999～2013 年除部分特枯年份外，黄河流域实际耗水量均低于计划分配耗水量，甘肃、宁夏、内蒙古及山东等地存在超指标用水，但超耗水量逐渐减小且趋于稳定；随着经济社会用水增长，2014～2017 年上述省 (自治区) 超耗水量开始增加，水资源不适应性特征开始显现。他们预测，2030 年黄河流域农业需水量与 2019 年基本持平，但工业需水量将增至 110 亿 m³ 左右，为 2019 年工业耗水量的两倍多；生活需水量将增至 60 亿 m³ 左右，为 2019 年居民生活耗水的近两倍。随着生态环境保护工作持续推进，生态环境用水也将提出更高要求。据《黄河流域水资源综合规划 (2012—2030 年)》预测，2030 年，黄河流域内人口将增长到 1.31 亿人，城市化率将提高到 59%，工业增加值将增加到 35687 亿元。即使在采取强化节水措施、调整产业结构、限制高耗水产业发展的最理想情况下，国民经济需水量仍将会有所增长，黄河流域多年平均河道外总需水量将由 2007 年的 485.79 亿 m³ 增加到 2020 年的 521.13 亿 m³ 和 2030 年的 547.33 亿 m³。《黄河流域水资源综合规划 (2012—2030 年)》结合南水北调工程拟定了未来黄河流域水资源的分配方案。以 2020 年为水资源配置规划水平年，南水北调东中线工程生效至西线一期工程生效前，黄河流域可配置给河道外的水量仅为 444.45 亿 m³，河道外缺水 76.68 亿 m³，缺水率为 14.7%；此时入海水量 187.0 亿 m³，相较于 220 亿 m³ 的输沙入海水量少 33.0 亿 m³，缺水率为 15.0%。南水北调西线一期工程等调水工程生效后，2030 水平年黄河流域自身产水加上引汉济渭[1]、南水北调西线一期等调水工程调入水量，可配置给河道外的水量为 520.76 亿 m³，河道外缺水 26.57 亿 m³，缺水率为 4.9%；此时入海水量 211.4 亿 m³，相较于 220 亿 m³ 的水量要求还少 8.6 亿 m³，缺水率 3.9% (水利部黄河水利委员会，2013)。这也说明，即使南水北调西线一期工程完工，仍然不能满足届时的用水需要。

---

[1] 引汉济渭工程从陕西省境内长江支流汉江引水至黄河支流渭河，以缓解关中地区的用水短缺问题。

在海河流域未来经济社会发展趋势以及强化节水措施的基础上，海河流域 2020 年生活、生产、生态总需水量预计为 495 亿 m³，2030 年为 515 亿 m³。尽管海河流域可配置的水源较为多元，除当地地表水和地下水（不含深层承压水）外，还有南水北调中线和东线的长江水，以及黄河水和非常规水源，但仍然无法满足用水需求。海河流域 2020 年缺水量约为 36 亿 m³、缺水率 7.3%，2030 年缺水量约为 20 亿 m³、缺水率 3.9%（户作亮，2011）。

针对由用水需求得不到满足而带来的社会经济发展和生态问题，传统思路下的措施——如严格控制和监管地下水开采，提高污水处理技术、严格监管污水排放和进行生态补水，完善农业用水管理方式、提高农业灌溉效率和提高工业水资源重复利用率等——固然重要且必须实行，但仅有这些措施是远远不够的。在总供水量不发生较大变化的情况下，随着流域内社会经济的发展，流域内因用水需求得不到基本满足而造成的各类问题仍将继续存在并有可能进一步恶化。缓解水资源供需矛盾的出路无疑是扩大水源，南水北调工程因而被寄予众望。然而除此之外，是否还有其他出路？

其实，自"八七"分水方案实施以来，很少有研究审时度势地讨论过其中最重要的问题：30 多年过去，是否还有必要年复一年地每年预留约 200 亿 m³——黄河总径流的五分之二——用于输沙入海？"八七"分水方案出台时面临的形势是，"为了保证河道淤积量每年不大于四亿吨，至少需要冲沙水量二百亿至二百四十亿立方米"，这一规划 30 多年来一直是黄河地表水资源分配的前提条件①。然而时过境迁，流域内社会经济快速发展、用水需求大幅增长，经济发展供水不足的矛盾日益突出。并且，30 多年过去，流域内冲沙入海的成本趋于上升，而效益趋于下降（详见第 3 章）。然而时至今日，我们仍在年复一年地将 200 多亿 m³ 的水资源用于冲沙入海。难道不应对其中的合理性提出疑问吗？难道大海也像我们一样，亟需得到这 200 多亿 m³ 黄河水的惠泽？新的形势需要我们重新考虑最优化配置黄河水资源的问题，需要我们重新审视"八七"分水方案在当下的合理性与可持续性，尤其是是否还有必要预留与 30 多年前一样的水资源量用于下游河道清淤和冲沙入海。

2.6 本章小结

本章在概括"八七"分水方案的历史源起与成就的基础上，探讨了方案实施以来黄河供水区水资源供需状况的变化及矛盾。一方面是严重缺水导致社会经济发展受阻、生态环境被破坏，另一方面是仍在将黄河总径流五分之二的水用于下游河道冲沙而流入大海。黄

---

① 根据制定"八七"分水方案时所做的预测与前文提到的《黄河流域水资源综合规划（2012—2030 年）》，可以概括黄河水利委员会为不同时段黄河水资源的配置所做的规划如下：一是，1987 年留下 200 亿~240 亿 m³ 冲沙水，分配 370 亿 m³ 水于其他用途；二是，以 2020 年为水资源配置规划水平年，分配 332.8 亿 m³ 水给河道外各省（自治区、直辖市），入海水量为 187.0 亿 m³（缺冲沙水 33.0 亿 m³）；三是，以 2030 年为水平年，规划分配河道外各省（自治区、直辖市）水量 401.1 亿 m³（含南水北调西线和引汉济渭引水量），入海水量 211.4 亿 m³（缺冲沙水 8.6 亿 m³）。可见，30 多年来，年均约 220 亿 m³ 的冲沙入海水量一直是水资源分配的前提条件，冲沙水、非冲沙水的比例比较稳定。

河流域是我国重要的生态屏障和重要的经济地带,追求生态保护和高质量发展亟需更充分的水资源。要实现这些目标,需要我们结合现实条件重新思考黄河水资源的最优配置问题。

本书下一章将全面介绍黄河现行的治水治沙思路,探讨其演变历史,并着重分析其治沙效益和生态效益,以进一步阐释目前黄河治理思路定式对水资源高效利用的约束。

第3章 现行黄河治水治沙思路分析

第2章从经济社会发展用水需求的角度对"八七"分水方案进行了剖析。我国在20世纪八十年代末选择了"八七"分水方案作为治黄方略，同时出于对黄河泥沙问题的考虑，方案留出了200多亿 m³ 黄河水作为下游冲沙用水，约占黄河多年平均径流量的五分之二。

黄河径流含沙量高，泥沙在下游河道淤积带来了洪涝隐患，因此治沙是黄河治理的核心。1855～1948年，黄河堤岸有70年发生了决溢[①]。其中，1933年黄河决溢104处，受灾县30个，受灾面积6592km²，受灾人口273万人，伤亡12 704人，财产损失2.07亿元（银元）。1935年黄河在山东决口，山东、江苏两省27个县受灾，受灾面积1.2万 km²，受灾人口341万人，伤亡3750人，财产损失1.95亿元（银元）。目前，黄河下游河床平均高出大堤背河地面3～5m，悬河最高的开封河段的河床已高出开封市区地平面7～8m[②]。如不设法减少河道内的泥沙，下游防洪形势不容乐观。新中国成立以来，黄河治理除考虑水资源开发利用外，更是围绕黄河下游防洪减淤而展开，这也是"八七"分水方案预留这么多水量用于冲沙入海的原因。然而，这一治理模式现在仍然合理吗？

20世纪末，黄河水利委员会补充提出，预留几乎是黄河全年径流量五分之二的水量用于冲刷下游河道，是满足下游河道生态用水的要求。本章将同时对这一理由进行分析和评论。本章3.1节首先回顾历史上黄河治河思路演变，3.2节分析现行"以水冲沙"治水治沙思路下的治理效率、给黄河下游带来的问题，3.3节从生态视角讨论现行治沙治水思路。

3.1 黄河治水治沙措施及思路演变

3.1.1 历史上的黄河治理

黄河既哺育了华夏文明，也因"善淤、善决、善徙"给两岸人民带来了无尽灾难。整个黄河流域文明的发展史，也是一部围绕黄河治水治沙而展开的人水对弈史。

先秦时期，古人治理黄河经历了从"堵"到"疏"的变化。黄河治理始于远古时期的共工治水，共工取高处泥土石块在低处修建土埂抵挡黄河洪水。至尧舜时代，黄河水灾更甚，鲧率领部众沿用共工"堵"水的方法，进一步用堤埂将主要居住区和临近的田地保

---

① http://www.yrcc.gov.cn/hhyl/hhgk/zh/xysz/201108/t20110814_103558.html,2021年9月6日访问。

② http://www.kepu.net.cn/gb/practicecenter/201001_01_htgy/liushi/dishang.html,2022年2月5日访问。

护起来。然而随着黄河流域经济社会的发展，封堵洪水的办法难以保障不断扩大的居住区和生产区，因而走向失败。鲧的儿子禹吸取了父辈的经验和教训，努力探索出了一条新的治水之路——根据水流运动的客观规律，因势利导，疏浚排洪。在鲧的基础上，大禹治水既注重把主干河道疏浚通畅以加速洪水的排泄，也注重修建工程使漫溢于河床之外的洪水和积涝回流到河槽中，"堵"与"疏"结合，颇具成效。

有确切记载的成功治水第一人为东汉王景。据《汉书》记载，公元 11 年以后，黄河泛滥，汴渠侵毁[①]，久不能修。到汉明帝时，已是"汴流东侵，日月益甚，水门故处，皆在河中"。汉明帝决心治理黄河和汴渠，于公元 69 年召王景主持治理工程。王景开凿山阜高地，破除旧河道中的阻水工程，堵绝横向串沟，修筑千里堤防，疏浚淤塞的汴渠，平息了黄河水灾，恢复了汴渠的通航能力，此后八九百年间史书上少有黄河决溢改道的记载[②]。王景另一创新之处在于在河道中立堰，蓄水从而引水以供农用。

大致从北宋起至民国末年，黄河重回频繁决堤和改道的状态。宋、金、元时期，战争频繁，统治者无暇顾及大规模治河，更有为达到军事目标而人为决堤的例子。1128 年南宋为防金兵南下在豫北决黄河，从此开始了黄河 700 多年南流夺淮入海的历史，直至 1855 年黄河再次在铜瓦厢决口而北流入渤海，从此开启了其现在的下游河道。可以说，从宋代起直至民国末，黄河的历史就这样在决堤、堵口、再决堤、再堵口，中间还穿插了几次大改道的循环中蹒跚而进。

明清及民国时期，也有为后世治河开辟重要新途径的治河尝试。首先是明代潘季驯实践的"蓄清刷黄"治河方略。潘季驯认识到了泥沙的危害，认为黄河堤防屡建屡决的根本原因在于以往的分流杀水使得水缓沙停，从而河道不断萎缩，故而决口，因此他提出了"筑堤束水，以水攻沙"的方略（杨树清，2004）。通过建立缕堤加固河槽，以加快水流冲沙；同时修筑遥堤，在有洪水时约束水势；遥堤、缕堤之间，修筑格堤。黄河洪水漫滩时，若缕堤决口，则以格堤止横流，水退沙留，可以淤滩，滩高于河，水虽高但不出岸，可以起到淤滩刷槽的作用[③]。在潘季驯的治理下，郑州以下黄河两岸堤防得到了全面完善的修整，河道基本趋于稳定，河患显著减轻。

清代靳辅延续了潘季驯的治河方法，"筑坝以障其狂，减水以分其势，疏浚以速其宣"，即采取"疏浚筑堤"的措施，将河道内所挖沙土用以修筑两岸大堤。靳辅在江苏砀山以下至睢宁间狭窄河段，因地制宜地在两岸有计划地增建许多减水坝，作异常洪水分洪之用。更为可贵的是，靳辅提出了"治河之道，必当审其全局，将河道运道为一体，彻首尾而合治之"的治河主张，不再只是关注黄河的某一河段，而是强调从整体看待问题——这代表了清代系统治河思想的萌芽[④]。

清末及民国时期，著名水利专家李仪祉结合西方先进的治水技术，开创了统筹上、中、下游全面治河的治黄方略，一改黄河治理几千年来只顾下游的传统做法。他指出治黄

---

① 汴渠是连接黄河与淮河的运河，在汉代和南北朝时都是重要运道。

② http://www.yrcc.gov.cn/hhwh/lszl/rw/gdzhrw/201108/t20110812_86272.html，2021 年 9 月 6 日访问。

③ 同②。

④ 同②。

之本在于防沙减沙，主张黄河上中游植树造林，下游开辟河道和整治河槽以使洪水安全入海，如此标本兼治才能根除黄河之患。

综上可见，几千年来治河背后的思路主要是围绕对下游洪水的"堵"与"疏"展开：封堵洪水或排泄洪水。自大禹治水以来，各种治河策略中往往"堵""疏"结合，但更强调"疏"，或束水攻沙，或疏水分洪，直到后期才开始重视全河治理而不只关注局部河段。有关黄河治理历史更为细致的回顾，参见本书附录 A。

3.1.2 新中国成立以来的治黄方略

新中国成立以来，我国十分重视黄河泥沙治理。一方面，在黄河中游黄土高原地区开展水土保持工作，希望从源头上减少入黄泥沙。然而水土保持工作难度大，技术性强，建设时间长。20 世纪 70 年代以前，黄河输沙量基本没有减少，直到 20 世纪 80 年代，水土保持工程的减沙效果才逐渐显现（李敏和朱清科，2019）。在水土保持工程发挥显著效果前，持续进入黄河的泥沙和已经淤积在河道内的泥沙仍对黄河水情安危和水资源利用构成巨大威胁。短期内，治沙仅靠水土保持还远远不够，还需要更直接地减少河道内泥沙。

新中国成立伊始，国家提出了"蓄水拦沙"的治沙方略。1952 年 1 月，黄河水利委员会在《关于编制治理黄河初步计划草案的意见》中首次明确提出"蓄水拦沙"方略。1954 年黄河规划委员会提出的《黄河综合利用规划技术经济报告》，遵循"除害兴利、综合利用"的指导方针，以"制止水土流失、消除水旱灾害，并充分利用黄河水资源进行灌溉、发电和航运"为基本任务，提出了"从高原到山沟，从支流到干流，节节蓄水，分段拦沙，控制黄河洪水和泥沙、根治黄河水害、开发黄河水利"的总体布局。1955 年 7 月，第一届全国人民代表大会第二次会议讨论并通过了《关于根治黄河水害和开发黄河水利的综合规划的决议》。按照规划，我国相继建设了三门峡、刘家峡等水利枢纽工程，加高加固了黄河下游堤防，开展了黄土高原地区水土流失治理，建设了一大批灌区，促进了黄河流域经济社会的发展。然而，在三门峡水利枢纽规划设计过程中，由于缺乏治水、治沙经验，对黄河水土流失治理的长期性、艰巨性以及泥沙问题的复杂性认识不足，对黄土高原地区水土保持措施的减沙作用过于乐观，使得三门峡水库在蓄水一年半后即发生严重淤积。近 15 亿 t 泥沙在三门峡库区淤积，导致渭河下游淤积抬高，严重威胁关中盆地的安全，水库不得不转变运用方式。

拦沙不成，转而冲沙。三门峡水利枢纽初次运用的经验教训说明短期内水土保持措施无法大量减少泥沙，一味拦沙只会使得水库变成"泥库"，治沙思路由此从"蓄水拦沙"向"蓄水冲沙"转变。1962 年 3 月，国务院决定三门峡水利枢纽运用方式由"蓄水拦沙"改为"防洪排沙"，后改称"滞洪排沙"。1963 年，时任黄河水利委员会主任王化云在《治黄工作基本总结和今后方针任务》报告中首次明确提出了"上拦下排"的治河方略，即上中游拦泥蓄水，下游防洪排沙，其中下游防洪排沙的任务由三门峡水库承担（郭书林，2020）。三门峡水利枢纽经初次改建后，库内泥沙淤积有所缓解，但是潼关以上库区与渭河淤积的局面没有改变，水库的再次改建被提上日程。1973 年，经过两次改建后的三门峡水利枢纽运用方式改为"蓄清排浑"：非汛期入库径流含沙量较低，水库下泄清水，将泥沙调蓄于库内；汛期利用一定量级的来水，保持一定下泄流量将库区泥沙冲刷出库并输送入海（李星瑾等，2017）。新运行模式下，潼关以下库区由淤积变为冲刷，渭河下游淤积速度也有所减缓，下游河道排沙能力大大提升。

然而，1975 年淮河"75·8"特大暴雨洪水再次为黄河下游防洪敲响警钟，国家针对下游防洪减淤进一步提出了"上拦下排，两岸分滞"的方略，开启了有关兴建小浪底水利枢纽工程的讨论和决策。1999 年 11 月，小浪底水库投入运用。2002 年，国务院批复《黄河近期重点治理开发规划》，明确提出"拦、排、放、调、挖"治沙思路，其中"调"指利用干流骨干工程调节水沙，使之适应河道的输沙特性，以将水库和河道的泥沙排入大海①。由此，我国开启了黄河"调水调沙"的治河实践，即利用水利工程把进入黄河下游河道的不平衡水沙关系调节为协调的水沙关系，以提高输沙入海效率，这一工作主要依靠小浪底水利枢纽完成。在此治河方案指导下，黄河流域逐渐形成了以上游龙羊峡和刘家峡、中游三门峡和小浪底等 7 座干流骨干水利枢纽为主体，以支流的陆浑、故县、河口村和东庄等水库为补充的水沙调控体系。截至 2013 年，三门峡水库拦沙 92 亿 t，为下游河道减淤约 64 亿 t（韩其为，2013）。2002 ~ 2016 年，小浪底水库调水调沙共 19 次，入海泥沙量为 9.674 亿 t（刘树君，2016）。可以说，实施该方案以来，黄河下游河道淤积状态有所缓和，主槽过流能力有所恢复，调沙减淤效果有一定提高（张金良等，2018）。

回顾新中国成立以来的黄河治河方略，治河思路由以"堵"为主转为以"疏"为主。从三门峡水库由"蓄水拦沙"改为"滞洪排沙"、"蓄清排浑"，到小浪底水库"调水调沙"，体现了治理思路向"蓄水冲沙"转变。"八七"分水方案明确提出各年预留约 200 亿 m³ 冲沙水后，冲沙水更是成为此后各项黄河规划的前提条件。

20 世纪末，流域生态问题越来越受到重视，冲沙水进一步被解读为黄河生态用水。1999 年，黄河水利委员会《黄河的重大问题及其对策》首次根据总供给与总需求进行水量平衡，将生态用水作为一个重要的用水部门，初步分析了不同类型的生态用水，认为黄河生态需水由非汛期河道基流、下游河道蒸发渗漏水量、汛期输沙用水、水土保持用水构成，非汛期河道基流 50 亿 m³，下游河道蒸发渗漏 10 亿 m³。并预测 2010 年、2030 年、2050 年汛期输沙需水分别为 130 亿 m³、120 亿 m³ 和 110 亿 m³，水土保持用水分别为 20 亿 m³、30 亿 m³ 和 40 亿 m³。综合来看，2010 年、2030 年、2050 年生态需水量总计均为 210 亿 m³。《黄河流域综合规划（2012—2030 年）》也指出，黄河下游河道多年平均汛期输沙用水量在 170 亿 m³ 左右，非汛期生态环境需水量为 50 亿 m³，所以"黄河干流河道生态环境需水量多年平均为 220 亿 m³"。原来作为输沙水量的 220 亿 m³ 径流量，演变为"黄河干流河道生态环境需水量"。

3.2　从治沙效益看现行治水治沙思路

自三门峡水利枢纽初次改变运用模式为"蓄水冲沙"至今已有 60 多年，其治沙效益

---

① "拦"为通过上中游地区的水土保持和干支流控制性骨干工程拦减泥沙；"排"为通过各类河防工程的建设，将进入下游的泥沙利用现行河道尽可能多地输送入海；"放"是在下游两岸处理和利用一部分泥沙；"挖"是挖河淤背，加固黄河干堤，逐步形成"相对地下河"。

如何？未来是否应该延续"蓄水冲沙"思路？这些都是值得商榷的问题。

事实上，尽管多年来蓄水冲沙的减沙成效总体显著，但在蓄水冲沙初期，治沙工作就出现了很大的问题。20世纪60年代以后，三门峡水利枢纽运用模式的转变极大地影响了水库下游的来水来沙条件，黄河下游河道的水沙关系极不协调，导致主河槽泥沙淤积严重，三门峡以下逐渐在"一级悬河"之上形成了"槽高于滩、滩又高于背河地面"的"二级悬河"，进一步加重了下游洪水威胁。

3.2.1　二级悬河概念及发展

"一级悬河"是指由于泥沙在河床淤积，河道高于背河地面的现象。在一级悬河的基础上，河槽和滩地的泥沙淤积可能并不均匀。当河槽主槽的泥沙淤积多，而远离主槽的滩地泥沙淤积少，就会出现平滩水位或"滩唇高程"高于临河滩面的现象，此时一级悬河内又出现了悬河，故称为"二级悬河"（图3-1）。在黄河下游许多河段，两岸大堤之内还设有生产堤，以利用部分黄河滩地进行农业生产。由于泥沙被限制在生产堤内，此时二级悬河常常表现为生产堤之间的河床高于生产堤与大堤之间的滩地、生产堤与大堤之间的滩地又高于背河地面的现象，被形象地概括为"槽高、滩低、堤根洼"。对二级悬河还有其他定义，如河槽平均河底高程高于滩地平均河底高程（胡一三和张晓华，2006；张金良等，2018），河主槽平均高程高于滩地平均高程（黎桂喜等，2005）。本书采用更普遍的"平滩水位高于临河滩面"的定义。

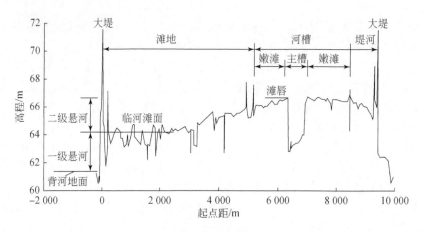

图3-1　黄河下游二级悬河示意图
资料来源：张金良等，2018

度量二级悬河的发育程度，常用"滩唇高差"这一指标，即滩唇高程与临河滩面高程之差。滩唇高差越大，则二级悬河发育程度越高。"河道纵比降"和河道断面的"滩地横比降"的差别可用于度量二级悬河危害程度的大小。河道纵比降，指河段沿水流方向的高程差与河段长度之比。滩地横比降，为平滩水位与堤河平均高程之差与滩面宽度之比。相对于河道纵比降，滩地横比降越大，意味着发生较大洪水时滩区过流量越大，洪水主流顶冲堤防的可能性越高，二级悬河的危害也就越大。

21世纪初,我国就黄河二级悬河问题展开了大量的调查研究,详细分析了黄河下游二级悬河所属河段及其状况(图3-2)。当时,黄河二级悬河最为严重的河段是下游东坝头至陶城铺河段。该河段可进一步划分为东坝头至高村段、高村至陶城铺段,前者为典型的游荡性河段,后者为游荡性转向弯曲性的过渡性河段。据黄河水利委员会2003年调查,2002年白鹤(小浪底水库下)至高村河段的河道纵比降为1.72‰~2.65‰,东坝头至高村段左岸平滩水位平均高于临河滩面1.96m,滩地横比降均值为5.15‰,右岸平滩水位平均高于临河滩面2.09m,滩地横比降均值为5.84‰,两侧河岸的滩地横比降均大于河道纵比降;高村至陶城铺河段的河道纵比降为1.15‰,左岸平滩水位平均高于临河滩面2.17m,滩地横比降均值为9.8‰,右岸平滩水位平均高于临河滩面2.15m,滩地横比降均值为10.39‰。两岸滩地横比降远超河道纵比降,二级悬河形势已经十分严峻。

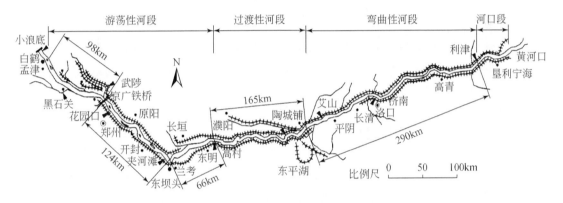

图3-2　黄河下游二级悬河沿程分段示意

资料来源:高季章等,2004

近几年,黄河下游二级悬河形势没有明显改善。张金良等(2021)对比了2000~2017年位于东坝头至高村段的杨小寨断面的套绘图,发现二级悬河问题依旧突出。借助《黄河泥沙公报》的黄河下游河段断面套绘图(图3-3、图3-4),可以了解近年来二级悬

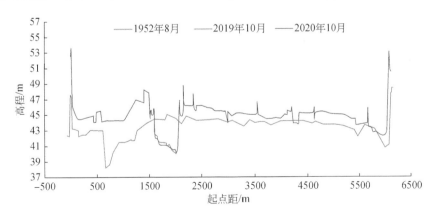

图3-3　黄河孙口断面套绘

注:数据来自2020年《黄河泥沙公报》

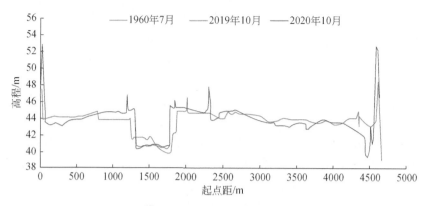

图 3-4　黄河大田楼断面套绘

注：数据来自 2020 年《黄河泥沙公报》

河的变化。从 1952 年与 2020 年的断面套绘图可以看出，位于高村至陶城铺河段内的孙口断面的二级悬河变得更为明显，而同河段内大田楼断面的主河槽河底平均高程变化不大，但二级悬河发育趋势也较为明显。

3.2.2　二级悬河的成因

河滩、河槽淤积不平衡，是导致二级悬河的直接原因。黄河含沙量大、下游河道平缓导致泥沙淤积，从而形成一级悬河，但这无法解释泥沙为何在河槽及嫩滩淤积多、在临河滩地淤积少的现象。天然情况下，由于滩地面积大，河槽面积小，如果滩槽水沙可以实现充分交换，泥沙淤积就以滩地淤积为主、河槽淤积为辅，滩地与河槽高程可以实现同步抬升，不至于出现严重的二级悬河局面。反之，如果泥沙主要淤积在河槽，河槽高程抬高速度会快于临河滩地，滩唇高度逐渐高于临河滩面并最终形成二级悬河。20 世纪 50 年代，黄河下游河槽淤积量仅占总淤积量的 23%，这一数值在 20 世纪六七十年代上升至 60.7%，在 20 世纪 90 年代已高达 90%（陈懋平等，2003）。

滩槽淤积关系与河流径流量密切相关。当径流量减少，水流难以将泥沙挟至临河滩地，泥沙就大部分在河槽淤积，形成二级悬河。杨吉山等（2006）分析了 1973～1997 年黄河下游二级悬河与不同水沙条件的关系，发现二级悬河在枯水年发展更快。受自然环境变化影响，20 世纪中后期黄河上中游降水量减少，由此导致黄河下游径流量减少，但这并非全部原因。

1987～2000 年花园口水文站实测径流年均值为 267.45 亿 m³，1956～2000 年该值为 390.65 亿 m³，由此估计 1987～2000 年进入下游的多年平均水量，比 1956～1986 年减少了 178.84 亿 m³[①]。实测径流反映的是自然条件和人类活动的综合影响。根据花园口水文

---

①　原始数据来自历年《黄河水资源公报》。由于缺乏 1998 年以前各年详细数据，此处只能估计 1956～1986 年实测径流的多年平均值，估计方法为：（1956～2000 年均值×45–1987 年～2000 年均值×14）/31。下文采用相同方法估计 1956～1986 年天然径流的多年平均值。

站天然径流数据，1956~2000 年花园口水文站天然径流均值为 532.78 亿 m³，1987~2000 年该值为 463.33 亿 m³。天然径流量指实测径流量加上实测断面以上的利用水量（扣除回归部分），也即某实测断面以上如无人类用水而可流经该断面的流量。由此可估计由上中游自然因素导致 1987~2000 年进入下游的多年平均水量比 1956~1986 年减少了 100.81 亿 m³，少于前面提到的 178.84 亿 m³。若同一断面在不同年份的天然径流量减少量小于实测径流量减少量，说明还有人为因素导致实测径流减少。因此，与 1956~1986 年相比，1987~2000 年进入黄河下游的多年平均水量减少了 178.84 亿 m³，其中约有 78.03 亿 m³ 是由人类活动造成的。从径流量减少的角度看，黄河下游二级悬河的形成很可能是自然条件和人类活动综合影响的结果。

黄河下游河道的冲淤状况还取决于河道内水沙关系，在分析二级悬河成因时，除了考虑进入黄河下游的径流水量，还需考虑进入黄河下游的泥沙量变化。随着我国黄土高原水土保持工作的开展，在下游径流水量减少的同时，径流含沙量也有大幅降低（详见第 4 章）。若要进一步探究黄河下游水沙比例与二级悬河的相关关系，需要借助更小尺度的观测数据，如各年、汛期和非汛期的径流量与含沙量数据，甚至各月的观测数据，但我们未能从相关公报中找到这部分数据。

借助现有研究，我们发现黄河下游二级悬河的发展实际上与黄河干流水库运用密切相关，尤其与三门峡水利枢纽的运用密切相关（苏运启等，2003；王渭泾，2003；赵天义，2003；洪尚池和安催花，2003；高季章等，2004）。如前文所述，三门峡水利枢纽是在"拦沙"思路下为拦住泥沙进入黄河下游而建设的。但迅速淤高的库区严重威胁了关中平原的防洪安全，使得治黄思路不得不从"拦沙"向"冲沙"转变，三门峡水利枢纽的运用相应由"蓄水拦沙"改为"滞洪排沙"。综合现有研究可以认为，三门峡水利枢纽最初在下游防洪减淤方面的错误利用方式，以及为纠正错误而采用的"冲沙"思路，直接导致了二级悬河的产生；而二级悬河的加剧，则是之后过分注重三门峡水利枢纽安全而忽视协调下游泥沙造成的。

1960~1964 年，三门峡水利枢纽采用"蓄水拦沙"运用方式，库区常年蓄水运用，以向下游排泄清水为主。此时下游径流的含沙量减少，并无发展二级悬河的条件，下游主槽、滩地均发生冲刷（孙东坡等，2007）。1964~1973 年，三门峡水利枢纽改为"滞洪排沙"运用，非汛期出现"小水挟大沙"现象，加之此时修建的生产堤限制了水流摆动范围，黄河下游漫滩洪水减少，结果是泥沙主要淤积在主河槽，如此二级悬河开始形成。基于 1965~1973 年的数据，钱宁等（1978）还指出，假如三门峡水库要在非汛期下泄清水使下游河道发生冲刷，只有在下泄清水超过极限流量 2500 m³/s 时，冲刷才能发展到入海口，否则会导致艾山（济南西南）以下河段的淤积。但 1964~1973 年间花园口水文站汛期平均流量仅为 2165 m³/s（胡春宏等，2008），非汛期的流量则更少，因此无法实现这一要求。

1973~1986 年，三门峡水利枢纽改为"蓄清排浑"运用，加大汛期下泄流量，下游河道主河槽发生冲刷。但受生产堤限制，花园口至高村河段的泥沙仍然大部分淤积在嫩滩（孙东坡等，2007），二级悬河没有改善。1986~1999 年，三门峡水利枢纽仍然是"蓄清排浑"运用，但上游龙羊峡水库和刘家峡水库投入运用，以及全流域内用水需求增加，使得黄河下游汛期流量减少、流量过程调平。此阶段黄河治理的重点落在防止三门峡库区淤积，如遇不利水沙条件或淤积严重时则进行强迫排沙以保证足够的有效库容。受年内流量过程调平的影响，强迫排沙时容易出现"小水挟大沙"现象，导致下游水沙关系不协调（张金良等，2021），结果是保障了三门峡水利枢纽的安全，却导致泥沙主要淤积在下游河道的主河槽和嫩滩上，进一步抬高了下游滩唇高程甚至主河槽河底高程，使得二级悬河程度加深。

进入黄河下游的水量减少、水沙关系不协调，是导致二级悬河的主要原因，并且实践表明，这一过程是不可逆的。也就是说，增加下游径流量、制造洪峰，无法消除二级悬河。小浪底水库的建造以及调水调沙运用，实际上就是延续了原有"蓄水冲沙"的治理思路，试图人为营造有利的水沙条件，将黄河泥沙输送入海。尽管多年来小浪底水库的调水调沙使得下游河槽恢复了一定的过流能力，但却不能完全解决"二级悬河"问题。首先，在给定二级悬河已经成形的条件下，即使可以通过营造恰当的水沙条件来实现滩槽水沙交换，也要以继续刷深主河槽为代价。小浪底水库运行后，黄河下游主槽断面没有恢复原有形态，而是向窄深发展（王彦君等，2019）。更何况，在小浪底水库控制下，滩地很少上水淤积，因此无法消除滩地横比降远大于河槽纵比降的"二级悬河"（张金良等，2018）。其次，小浪底水库调水调沙冲刷下游河道的能力受水量限制。曾庆华和曾卫（2004）曾指出，小浪底水库运用初期，由于水量不大，清水冲刷的距离只有 200 余公里，夹河滩以下河段的冲刷并不明显。陈建国等（2009）综合小浪底水库 2002～2007 年的 7 次调水调沙应用，认为对黄河下游河道冲刷的贡献因素可以分为调水调沙、汛期洪水、汛期非洪水，其中调水调沙引起的冲刷量只占总冲刷量的 23.34%，并且随着河床颗粒粗化，形成有效冲刷所需的水流量需大幅增大。如果要通过实现滩槽水沙自由交换来治理二级悬河，需要多次营造漫滩洪水，耗水量十分巨大，这将进一步加剧黄河供水区水资源供需矛盾。

3.2.3 "蓄水冲沙"效率

除二级悬河外，蓄水冲沙的冲沙效率也是应当考虑的问题。效率是对成本和收益的衡量，蓄水冲沙的收益是每冲一单位沙所带来的社会效益，成本是每冲一单位沙所消耗的水资源，以及相应水资源的机会成本。

随着黄河中上游来沙量减少、下游泥沙淤积缓和，蓄水冲沙的收益在边际意义上下降。根据《黄河水资源公报》，黄河干流中游潼关站 1919～1975 年实测年均来沙量为 15.27 亿 t，该值在 1987～1999 年、2000～2017 年分别下降至 8.07 亿 t、2.36 亿 t。当泥沙淤积严重、洪涝可能性大时，减少河道内一单位泥沙对减淤防洪就十分关键。当泥沙淤积减少、洪涝威胁减轻时，减少河道内一单位泥沙对防洪减淤的影响就会下降。即使从长远考虑当前冲沙对未来减淤防洪的作用，也未必需要长期保持固定的 220 亿 m³ 左右冲沙水。

在成本方面，每冲一单位沙所耗费的水资源在不断上升。刘树君（2016）指出，随着汛前调水调沙逐年冲刷河道，下游河床逐渐粗化，小浪底水库冲刷效率明显降低。2004 年小浪底水库汛前调水调沙冲沙耗水率为 67m³/t，2013 年增至 92m³/t，冲沙耗水率增加

37%左右。在黄河下游减淤条件已经发生明显变化的情况下，应进一步研究优化调水调沙运用方式，兼顾小浪底水库综合效益。

机会成本是指某项资源如用于其他经济活动而可获得的最高收益。随着我国西北、华北地区社会经济发展，用水需求越来越增高，用水越来越紧张，冲沙用水的机会成本也在不断提高。目前仍在年复一年地将200多亿 m^3 的水资源用于冲沙入海，难道大海也像我们一样，亟需得到这200多亿 m^3 黄河水的惠泽？

3.3 从生态效益看现行治水治沙思路

3.3.1 现行黄河生态用水规划

把部分黄河水资源用于流域内的生态保护，是实现高质量发展的必然要求，但现有规划对黄河全流域生态用水布局的考虑是不足的。前面已经提到，1999年《黄河的重大问题及其对策》提出黄河生态需水由非汛期河道基流、汛期输沙用水、水土保持用水构成，预测2010年、2030年、2050年生态需水量均为210亿 m^3。《黄河流域综合规划（2012—2030年)》也指出，黄河下游河道多年平均汛期输沙用水量在170亿 m^3 左右，非汛期生态环境需水量为50亿 m^3，所以"黄河干流河道生态环境需水量多年平均为220亿 m^3"。但这样的布局存在不少问题。首先，上述规划基本以汛期、非汛期划分生态需水，且汛期输沙用水占比较大，似乎仅把生态用水的重心放在黄河下游而忽略了上游和中游。其次，上述规划的生态需水的重点在于河道内，对河道外生态需水的考虑不足。最后，现有研究对生态需水概念的内涵及外延尚未形成统一认识，定量计算时使用的指标体系和计算方法也有待完善（景圆和李丽华，2019）。

就河段而言，目前各类黄河规划中鲜有对上游和中游生态用水的安排。我国关于河流生态需水量的研究起步于20世纪70年代，发展于90年代。"八五"科技攻关项目"黄河流域水资源合理分配和优化调度研究"明确将河道来水来沙、河道冲淤与输沙水量联系起来，对黄河下游河道汛期和非汛期的输沙用水进行了分析；"九五"攻关专题"三门峡以下非汛期水量调度系统关键问题研究"的子课题"黄河三门峡以下水环境保护研究"，全面分析并计算了三门峡以下的黄河环境和生态水量（陈朋成，2008；赵芬等，2021）。此后对黄河生态需水的研究便多集中于以输沙水量为主的黄河下游及河口地区生态需水研究，鲜少涉及对黄河上中游生态需水的考虑。即使有些研究的重点在黄河上中游，但也往往以满足下游生态需水量为估算前提（王会肖等，2009；赵麦换等，2011）。诚然，用水规划中为下游留出生态用水是合理的，下游目前已有和潜在的生态环境危机并不小，且黄河下游流域人口密度大，是我国北方社会经济的重心，一旦发生环境问题，所造成的生命财产损失将十分惨重。在这样一个由复杂的自然环境与活跃的人类活动交织构成的地区，毫无疑问需要对其生态环境安全予以高度重视，以守住下游地区可持续发展的生态底线。然而，这是否就意味着黄河生态用水规划只需考虑下游呢？

就河道内外而言，目前"冲沙水"主要顾及河道内生态而忽略河道外生态。《黄河水

资源公报》自 2003 年起每年统计的"生态环境用水量"可在一定程度上反映河道外生态
用水量，但水量很少。十多年来，黄河地表水耗水量中生态环境用水尽管总体呈上升趋
势，但 2003～2019 年年均生态环境耗水量仅为 14.37 亿 m^3，与 220 亿 m^3 相差甚远。黄河
河道外存在大量湿地、草场和林区，生态环境的修复与保护同样需要水资源支持。

　　本书下文将从黄河全流域生态环境的角度思考黄河"生态需水"问题。"九五"攻关
项目"西北地区水资源保护与合理利用"报告中指出，"生态需水"是为维护生态系统稳
定、天然生态保护与人工生态建设所消耗的水量（陈朋成，2008）。本书认为，黄河全流
域生态环境需水应包括黄河上、中、下游各河段生态需水，各河段又应包括河道内及河道
外生态需水，其中河道内生态需水仅是为维护河道生态系统稳定所需的水量，河道外生态
需水是为维护流域内生态环境及人工生态建设所需的水量。实际上，久被忽略的黄河上中
游河道外生态环境亟需大量生态补水，而上中游河道外生态环境的改善，恰恰是从根本上
扭转目前黄河流域社会经济发展面临供水不足但又耗费大量水量输沙入海矛盾的关键。

3.3.2　黄河上中游生态需水

　　黄河上中游主要流经我国内陆干旱、半干旱地区。黄河上中游南有秦岭，水汽输送不
畅；北邻沙漠，风沙活动频繁。根据《2018 中国生态环境状况公报》，黄河上中游许多地
区的生态环境质量评级多为较差和差（图 3-5）。上游地区西南部山区植被覆盖度较高，
而东北部及中部地区除河套平原、宁夏平原和黄河沿线外，植被覆盖度较低（图 3-6）。
2000～2015 年，黄河上游一些地区植被覆盖有所增加，但多数地区变化不大；阴山南麓、
毛乌素沙地、河东沙区更有恶化现象，其中主导因素是水资源（裴志林等，2019）。黄河
中游流经黄土高原地区，该地区黄土覆盖厚度大、降水少、蒸发旺盛，水土流失严重，是
黄河泥沙的主要来源地。我国以恢复植被为主要手段，高度重视黄土高原的水土保持工
作。然而在植被恢复的过程中，黄土高原深层土壤出现强烈的干燥化，形成土壤干层，带
来了一系列环境问题（详见第 4 章）。为土壤补充水分需依靠强度适中的降雨，然而黄土
高原地区的降水以暴雨为主，对土壤入渗补给极为有限（杨文治和邵明安，2000）。

　　黄河上中游的生态问题也是水资源短缺的问题，在规划黄河生态需水时，不仅要考虑
下游，也须考虑上游。一些研究定量计算出了黄河上中游地区的生态需水量。例如，陈
朋成（2008）认为黄河上游河道内生态需水量包括河流水面蒸发生态需水量、河流渗漏损
失量和河流的主流需水量，其中河流的主流需水量按功能区分主要包括河流基础流量、河
流自净需水量和输沙需水量，据此计算出黄河上游河道内生态需水总量至少为 166 亿 m^3。
张建兴等（2008）将黄土高原地区的黄河流域生态需水量细分为林草绿地需水量、水土保
持需水量、河流生态基流、河流输沙水量、水域水面蒸发水量、河流污染自净水量，前两
项构成河道外生态需水量，后四项构成河道内生态需水量。研究选取了黄土高原地区 29
条黄河重点支流，计算其生态环境需水总量为 96.26 亿 m^3，其中林草绿地需水量和水土保
持需水量为最多，分别为 37.4 亿 m^3 和 31.86 亿 m^3。

　　上述研究表明，现有黄河水资源规划无法保障上中游的生态用水。现行基于蓄水冲沙
思路的黄河水资源利用模式多年来将 200 余亿 m^3 水资源主要用于下游冲沙和解决下游河

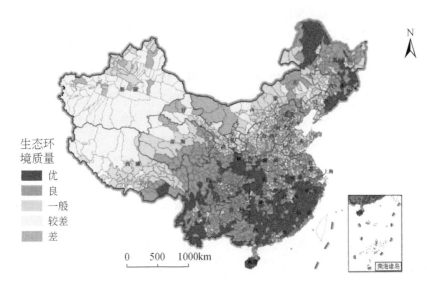

图 3-5　2018 年全国县域生态环境质量分布

注：未包括香港、澳门和台湾数据；资料来源《2018 中国生态环境状况公报》

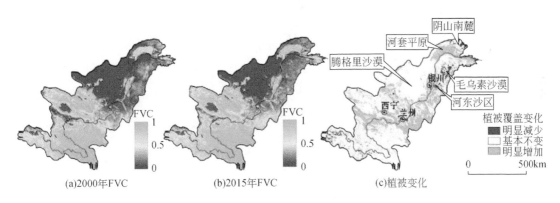

图 3-6　黄河上游地区植被覆盖变化

资料来源：裴志林等，2019

道生态问题，实是"只见树木、不见森林"的做法，忽略了流域整体的生态关联。黄河上、中、下游三部分是一个密不可分的整体，尤其要意识到下游的生态环境问题在很大程度上是上、中游遭受严重生态环境破坏、水土流失的恶果。既然如此，上中下游生态用水规划应当通盘考虑，充分认识到上中游生态治理不仅能使上中游当地受益、还能使下游受益。

3.4　本章小节

本章梳理了历史时期黄河治水治沙思路及措施的演变，并从二级悬河、冲沙效率和生态需水多个方面对现行"疏"水思路下的"蓄水冲沙"做法进行分析并提出质疑。蓄水冲沙思路自三门峡水利枢纽"蓄水拦沙"失败后一直沿用至今，这一思路尽管在20世纪60年代挽救了三门峡水库，维护了潼关和渭河流域的安澜，却轻视了下游泥沙淤积问题的复杂性。来自上中游及三门峡库区的泥沙没有如预期一样顺利入海，而是在下游部分河段形成了二级悬河。小浪底水库修建以来，调水调沙体系虽然更趋完善，但也仅能冲刷河槽，不能改变二级悬河形态本质。从蓄水冲沙的效率来说，其效益随着下游减淤防洪形势缓和而下降，而其用水成本却在上升。从生态用水角度来说，现行规划仅立足于下游、落脚于"冲沙"，对黄河上中游生态用水、河道外生态用水考虑不足。

综合第2章和第3章的讨论可以发现，目前黄河流域水资源利用存在的主要矛盾是，经济发展需水、生态保护需水难以满足，同时冲沙用水耗水量巨大、冲沙效率降低。新形势下，冲沙用水应该寻找更佳出路，合理分配至经济发展和全流域生态保护领域。具体如何分配，则不可避免地需要在经济发展与生态保护之间权衡取舍。本书认为，若能跳出现有思维定式，转"疏水冲沙"为"蓄水固沙"，就能走出一条生态保护与经济发展相得益彰的绿色发展之路。

| 第4章 | 黄河中游的水土流失与水土保持

　　利用好黄河水资源绕不开黄河泥沙治理，而"冲沙"与"治沙"是黄河泥沙治理的两种思路。用大量黄河水将泥沙冲刷入海是长期以来的做法，但随着时间推移，入黄泥沙量和冲沙效率开始下降，而流域内经济发展和全流域生态保护用水需求越发高涨。如今应当思考的问题是，如何把更多的冲沙用水投入到流域内生产生活和下游以外地区的生态保护当中。黄河泥沙大部分来自黄土高原地区，所以"治沙"——即在黄土高原地区进行水土保持工作，既能从根源上减轻下游泥沙淤积和防洪压力，又能恢复黄土高原地区的生态。除在中游地区产生直接生态效益外，黄土高原水土保持还可以通过减少入黄泥沙从而将下游冲沙用水转变为流域内生产、生活、生态用水，提高水资源利用效率。

　　本章首先回顾在黄河中游地区进行水土保持的意义、探索与成就，说明减少入黄泥沙量、节省冲沙水具有现实可能性。随后指出，彻底治理黄土高原地区需要结合小流域和大流域治理，更需要调整目前的黄河治理思路。黄河治理需要与黄土高原地区治理结合起来，而且黄土高原地区的治理也离不开黄河治理与之协调，二者密切配合才能促进黄河流域建立生态保护和水资源开发利用的良性循环。

4.1 "无法利用"的黄河水

　　黄河是世界上含沙量最大的河流之一，其主要特点为"水少沙多"。据 1919 ~ 1960 年的资料统计，陕县（即三门峡）多年平均输沙量为每年 16 亿 t，径流平均含沙量为 37.8kg/m³。与世界上其他多泥沙河流相比，孟加拉国的恒河年输沙量达 14.5 亿 t，同黄河年输沙量相近，但其平均含沙量只有 3.9kg/m³；美国科罗拉多河含沙量达 27.5kg/m³，但年输沙量仅有 1.36 亿 t。黄河年输沙量之多，含沙量之高，在世界多沙河流中绝无仅有[①]。

　　黄河全河多年年平均输沙量 16 亿 t，其中大部分来自中游水土流失严重的黄土高原地区：河口至龙门区间来沙量约占 55%，龙门至潼关区间来沙约占 34%[②]。黄土高原海拔 500 ~ 3000m，为我国四大高原之一，跨青海、甘肃、宁夏、内蒙古、陕西、山西、河南七省（自治区），总面积约 64.87 万 km²。黄土高原大部分为厚层黄土覆盖，是地球上分布最集中、面积最大的黄土区，同时也是历年来水土流失最严重、生态环境最脆弱的地区之一。截至 2010 年，区内水土流失面积共有 47.2 万 km²，占该区总面积的 72.76%[③]。据

---

　　① http://www.yrcc.gov.cn/hhyl/hhgk/hs/ns/201108/t20110814_103392.html，2020 年 3 月 19 日访问。

　　② 同①。

　　③ http://www.gov.cn/zwgk/2011-01/17/content_1786454.htm，2020 年 3 月 19 日访问。

2018年《中国生态环境状况公报》，黄土高原生态环境质量评级多为较差和差[①]。严重的水土流失不仅导致该区生态环境不断恶化，而且大量汇入黄河的泥沙还为黄河下游的防洪安全带来了严重威胁。

黄土高原严重的水土流失有其自然原因。从地质条件来看，黄土由微尘碎屑堆积而成，质地均匀、结构疏松、不具备团粒结构，抗侵蚀力低，是一种具有水敏性的特殊土质，遇水后容易发生崩解、湿陷、溶蚀、流变、液化等现象，极易被暴雨冲刷。黄土高原还是地震频发区，地震不但能造成直接侵蚀，而且通过破坏岩体结构，为下一步的沟蚀和潜蚀创造条件。从气候条件来看，黄土高原年降水量少且集中，每年7~8月份汛期降雨量约占全年降水量的70%~80%，其中大部分又集中在几次强度较大的暴雨。暴雨历时短、强度大、突发性强，具有强烈的冲刷力。综合上述条件，导致黄河多年平均输沙量中的89%来自中游地区，中游泥沙又主要来自汛期——龙门站、三门峡站7~10月输沙量分别占全年的89.7%和90.7%[②]。

人类活动对黄土高原水土流失也有负面影响，主要是由破坏天然植被、不合理利用土地造成的。长期以来，黄土高原"滥垦、滥伐、滥牧、滥伐"、陡坡耕垦等现象严重，极大地恶化了黄土高原植被覆盖状况。另外，工业生产过程中随意排放和丢弃的"三废"，也同样危害林草生长。1999年区域内大规模植被建设实施后，个别地区植被覆盖状况有所好转，但仍有部分区域处于较低植被覆盖水平（张宝庆等，2011；易浪等，2014）。

综上所述，黄土高原的侵蚀是自然侵蚀和人类活动侵蚀叠加的过程，也是一个恶性循环的过程。经过漫长的侵蚀后，黄土高原发育出了塬、梁、峁、冲沟、干沟、河沟等小地形，形成千沟万壑、支离破碎的独特景观。黄土高原坡陡沟深，切割深度100~300m，地面坡度大部分在15°以上；沟壑密度大，丘陵沟壑区的沟壑密度达3~7km/km²，在陕北局部地段甚至达到12km/km²，仅河口镇至龙门区间就有长0.5km~30km的沟道8万多条[③]。破碎的地形扩大了流水落差并使得径流快速汇集，从而进一步加剧土壤的侵蚀。

由于黄河中游汛期水量大、流速快，由黄土高原汇入黄河的大部分泥沙被携带至黄河下游地区。可以说，在黄土高原每减少一吨泥沙进入黄河，将使进入黄河下游的泥沙也减少一吨。泥沙在黄河下游河道大量淤积，为下游地区带来了严重的洪涝隐患，应对方法之一就是设法将河道中的泥沙输送入海。随着治沙经验不断积累，输沙入海也从简单的用水冲沙发展为调水调沙，但依旧需要耗费大量水资源（详见3.2.3节）。在蓄水冲沙以解决下游泥沙淤积问题的治理思路下，多年来黄河径流中约五分之二成为了"不可利用"的水资源。

---

① 生态环境质量：依据《生态环境状况评价技术规范》（HJ 192—2015）评价。生态环境质量指数大于或等于75为优，植被覆盖度高，生物多样性丰富，生态系统稳定；55~75为良，植被覆盖度较高，生物多样性较丰富，适合人类生活；35~55为一般，植被覆盖度中等，生物多样性一般水平，较适合人类生活，但有不适合人类生活的制约性因子出现；20~35为较差，植被覆盖度差，严重干旱少雨，物种较少，存在明显限制人类生活的因素；小于20为差，条件较恶劣，人类生活受到限制。

② http://www.yrcc.gov.cn/hhyl/hhgk/hs/ns/201108/t20110814_103396.html，2020年3月19日访问。

③ https://www.gov.cn/zwgk/2011-01/17/content_1786454.htm，2020年3月19日访问。

4.2 黄土高原水土保持措施与进展

黄土高原地区严重的水土流失，不仅造成了黄河径流的高含沙量，威胁到下游地区的生产生活安全，还对黄土高原地区的生态环境和社会经济建设造成负面影响。用黄河水冲沙入海虽然对减轻下游淤积有一定成效，但无益于从源头解决泥沙问题，且面临流域内经济发展需水、生态保护需水的压力。黄河泥沙"害在下游、病在中游、根在泥沙"，冲沙可以解决燃眉之急，但终究治标不治本。通过加强黄土高原地区水土保持工作，才能从源头上减少入河泥沙、修复黄土高原生态，甚至为流域内生产生活争取更多可利用的水资源。近年来黄土高原水土保持工作取得的进展，为优化黄河治理和水资源利用提供了基础。

4.2.1 植被建设

我国多次在黄土高原地区开展大规模植被建设。1955 年，第一届全国人民代表大会第二次会议通过了《关于根治黄河水害和开发黄河水利的综合规划的决议》，在第一个五年计划期间黄河中游共营造了水土保持林 127 万 hm^2，各河流水源地封山育林 532 万 hm^2。1979 年，我国开始推进"三北"防护林工程，在西北、华北、东北风沙危害和水土流失严重的地区，建设大型防护林工程，形成带、片、网相结合的"绿色万里长城"。黄土高原生态修复是"三北工程"主要战略目标之一，具体措施则是植树造林、发展林果、涵养水土。受该工程重点治理的黄土高原水土流失面积达到 23 万 km^2，约占黄土高原总面积的 50%（索炜，2018）。1999 年 12 月，国务院宣布从 2000～2010 年实施天然林资源保护工程（天保一期工程）。次年 10 月，国务院正式批准了《长江上游、黄河上中游地区天然林资源保护工程实施方案》和《东北、内蒙古等重点国有林区天然林资源保护工程实施方案》，实施范围包括黄河上中游的部分国有林区，缓解了区域内的水土流失以及山体滑坡、泥石流等地质灾害。经试点后，我国于 2002 年全面启动退耕还林还草工程，并于次年正式施行《退耕还林条例》。经过几十年的建设，黄土高原地区 0.35 亿多亩[①]水土流失严重的陡坡耕地和严重沙化耕地实现还林还草，1 亿多亩荒沟荒坡恢复了森林植被，累计围栏种草面积达 1.33 亿亩，植被数量、质量持续下降的局面有所改变[②]。

4.2.2 坡耕地治理

坡耕地，农民习称为坡坡地，是指具有不同倾斜程度的农耕地。坡耕地跑水、跑土、跑肥，是水土流失的主要来源。坡耕地水土流失从雨滴击溅开始，而后出现面状水流冲刷，进而发展成细沟，形成浅沟侵蚀。无论面蚀还是沟蚀，经人为耕作活动后最终表现为土壤层状剥蚀、土壤肥力降低和土层减薄（刘秉正等，1995）。在 20 世纪末，黄土高原坡

---

① 1 亩 ≈ 666.67 m^2。

② http://www.gov.cn/zwgk/2011-01/17/content_1786454.htm,2020 年 3 月 19 日访问。

耕地面积达 816.08 万 hm²，其中坡度为 8°～25° 的缓坡耕地面积为 671.84 万 hm²，占比 82.32%，坡度大于 25° 的陡坡耕地面积为 14.2 万 hm²，占比 25.68%（程方民等，1996）。

治理坡耕地的手段包括退耕还草、建设水平梯田、修建蓄水池或水窖、采用水土保持耕作法等（表 4-1）。退耕还草的减流减沙作用，在多雨或暴雨多的年份以及在暴雨多的季节最突出。彭文英等（2002）指出，退耕还草的减流减沙效应随坡度的增加而增大，且减沙效应增速大于减流效应增速，因而退耕还草应尽快退掉 25° 以上的陡坡耕地。

表 4-1　黄土高原地区 2013～2015 年坡耕地水土流失综合治理工程

区域	项目县	项目区	年度		坡改梯（土坎）面积/hm²	蓄水池/座	水窖/个	田间道路/km	排灌沟渠/km	中央投资/万元	地方投资/万元
黄土高原	53个县（区、市、旗）	142个项目区	2013 年	计划	27 652.46	17	212	1 020.43	309.09	40 000	15 295
				完成	27 578.63	17	212	1 014.95	312.25	40 000	13 939.02
			2014 年	计划	26 920.97	204	436	1 008.32	1 607.37	42 800	12 163
				完成	26 855.55	192	1 030	1 008.04	1 582.63	42 800	10 042.25
			2015 年	计划	25 975.06	135	260	1 353.94	1 734.63	43 200	12 134
				完成	25 947.38	135	239	1 359.04	1 610.07	43 200	9 914.56

资料来源：党维勤等，2016

水平梯田指在坡面上沿等高线修筑的台阶式或波浪式断面农田，属兼顾粮食生产和水土保持的耕地类型。水平梯田通过改变地面坡度，能够产生保水保土保肥和增产的综合效益，促进天然林草恢复，一直是黄土高原农业人口密集地区重要的坡耕地改造措施。刘晓燕等（2014）指出，梯田不仅可以大幅减少所占坡面产沙，而且可以截留上方来沙来水，进而减少坡面径流下沟，实现沟谷减沙，并通过实地考察证明在坡耕地梯田化程度 85% 以上的小流域，即使发生大暴雨，也极少发生泥沙出沟。截至 1991 年，黄土高原地区累计建成水平梯田约 285.66 万 hm²，其中甘肃 119.07 万 hm²，宁夏 11.13 万 hm²，陕西 80.51 万 hm²，山西 74.95 万 hm²（黄河志编撰委员会，2017）。截至 2012 年底，黄土高原地区建成水平梯田约 371.19 万 hm²，其中甘肃 177.64 万 hm²，宁夏 29.14 万 hm²，陕西 64.93 万 hm²，山西 62.81 万 hm²，河南 17.27 万 hm²，青海 15.22 万 hm²，内蒙古 4.18 万 hm²，减沙能力达近 5 亿 t（马红斌等，2015）[①]。2013～2015 年，黄土高原坡耕地水土流失综合治理工程启动，三年共完成坡改梯（土坎）80 381.56hm²、蓄水池 344 座、水窖 1481 个、排灌沟渠 3504.95km。这些新增的治理措施每年可拦截泥沙 451.24 万 t、拦蓄径流 3211.42 万 m³，基本实现水不下山、泥不出沟，就地拦蓄利用水资源，有效控制了工程区水土流失（党维勤等，2016）。

水土保持耕作措施，指以保水保土保肥为主要目的并提高农业生产水平的耕作措施。

---

① 部分地区的水平梯田面积较之前有所下降，作者解释是由于统计方法差异导致。以往数据通过抽样调查和核校得出，马红斌等（2015）则通过解译卫星遥感影像获取黄土高原梯田规模和空间分布。

水土保持耕作措施具体手段包括少耕免耕、改变微地形、增加地面糙度、增加地面覆盖度、改善土壤物理性状等方法（卢宗凡和苏敏，1983）。少耕法指减少耕翻次数，如将每年深翻一次改为隔年深翻，或三年深翻一次；免耕法是指不耕不耙，仅依靠生物的作用进行土壤耕作，用化学除草代替机械除草。少耕法和免耕法不仅利于抗旱保墒、提高地力，且在减轻土壤风蚀与水蚀方面作用显著。李登航等（2009）在陇中黄土高原半干旱丘陵沟壑区的定西县李家堡乡麻子川村进行的保护性耕作实验证明，与传统耕作相比，免耕秸秆覆盖增大了土壤的容重，提高了表土的饱和导水率，使土壤的稳定性有所提高，水分易于入渗。

另外，多作种植、草田带状种植、残茬覆盖耕作法、"两法"种田等耕作措施都具有提升土壤肥力、增产增收、减少水土流失的效果（王德轩和彭珂珊，1990）。多作种植指在坡耕地上布局抗蚀能力强的作物，如谷子间套小豆、林粮套种等，兼顾农业生产和水土保持。草田带状种植是水平梯田在牧草种植中的运用，通过每年耕作，使坡式梯田逐渐减缓。残茬覆盖耕作法是在地面上保留足够数量的作物残茬，以保护作物与土壤免受或少受水蚀与风蚀。"两法"种田指山地水平沟种植法和川地垄沟种植法，在 5°~25° 的坡耕地内比梯田和坝地具有更高的投入产出比和显著的水土保持效果。

4.2.3　沟道坝系建设

坝系是指以沟道小流域为单元，为充分利用水沙资源在沟道中建立的大、中、小型淤地坝工程体系，坝内淤成的土地被称为坝地。黄土高原土壤侵蚀的特点是以沟蚀为主，沟蚀中重力侵蚀比例较大，淤地坝能够淤积泥沙、抬升沟床、减轻重力侵蚀，对控制沟蚀发展具有显著作用。淤地坝运用初期能够利用其库容拦蓄泥沙，同时削减洪水，减少下游冲刷。淤地坝运用后期形成坝地，坝地与坡耕地相比，土壤肥沃、地势平坦，既可以减缓地表径流从而减少洪水泥沙，又具备良好的增产效益。坝地的利用还增加了耕地面积，有助于陡坡退耕还林还草，发展林牧业经济，促进土地利用合理化。实践证明，黄土高原地区的沟道坝系工程是减少黄河下游泥沙淤积最直接的一项措施。

已有研究对陕西省无定河中游左岸的韭园沟流域、黄河中游河口至龙门区间，以及泾河、北洛河、渭河流域淤地坝进行了调查，为淤地坝的拦沙作用提供了证据。例如，郑宝明（2003）研究发现，韭园沟流域 1953~1998 年淤地坝拦泥总量达 2970 万 t，年平均拦泥沙 66 万 t，减沙模数为 9415t/（km²·a），多年平均侵蚀模数由治理前的 19 120t/（km²·a）下降至 1998 年的 2060t/（km²·a）；冉大川等（2004）研究发现，1970~1996 年，河口至龙门区间及泾河、北洛河、渭河流域淤地坝年均减沙达 1.138 亿 t，若按照冲沙 1t 需要 20m³ 的水量计算，每年可减少冲沙用水 22.8 亿 m³，其中河口至龙门区间是多沙核心区，1970~1996 年淤地坝减洪减沙量分别占区间内水土保持措施减洪减沙总量的 59.3% 和 64.7%。

沟谷地在黄土高原水土流失区中所占比例较大，因此以淤地坝为主的治沟工程十分重要，而坝系的相对稳定是基本要求。淤地坝的相对稳定指坝内的产水产沙与用水用沙达到某种程度的平衡，具体指在较小频率暴雨（100 年至 200 年一遇）引发的洪水下，能保证坝系工程的安全；在较大频率暴雨（10年至20年一遇）引发的洪水下，能保证坝地作物不受损失或少受损失；沟道流域的水沙资源能够得到充分利用，泥沙基本不出沟；后期的坝体加高维修工程量小，当地群众可以承担（曹文洪等，2007）。要实现这些目标，必须加大投入力度、进行统一规划，建设"小多成群有骨干"① 的沟道坝系，同时严格落实淤地坝的管理管护责任，重视淤地坝的旧坝加固、改造和维修工作。

4.2.4　小流域综合治理

黄土高原水土保持工作中的小流域主要指的是流域面积在 $5 \sim 30km^2$ 的自然集水区，最大不超过 $50km^2$。我国小流域综合治理措施是山丘区水土保持工作的延伸与发展，是从单纯地为了控制土壤侵蚀，转变为结合治理与利用流域内水土资源于一体的措施，是环境管理工作中生态效益与经济效益相结合的典范。

我国小流域综合治理探索起步始于黄河水利委员会。继1944年陇南水土保持试验区的尝试之后，黄河水利委员会于1950年相继成立天水、绥德和西峰"三站"，对修梯田、打坝、造林、种草和沟头防护等一系列单项水保措施进行实验，取得了良好效果。随后，又选择了吕二沟、南小河沟、韭园沟、辛店沟等不同类型区作为实验基地，开启了以小流域为单元的综合治理历程。十一届三中全会后，水利部在中南五省和华北五省（自治区、直辖市）的两次座谈会上，要求各地借鉴"小流域综合治理"的经验，这一概念正式进入了水土保持工作领域（刘震，2005）。1980年，水利部发布了《小流域治理办法》，随后黄河水利委员会在黄河中游水土流失严重的地方选定了38条小流域进行综合治理试点，1997年黄河流域又开始实施重点小流域治理项目。

小流域综合治理首先要综合利用水土保持中的林草措施、工程措施、农业技术措施，在流域内建设水土流失防治体系；其次要结合综合开发措施，提高经济效益，使水土保持从国家行政安排转变为群众的自觉行动（王礼先，2006）。20世纪90年代，我国涌现了各具特色的地方治理开发模式，如山西吕梁地区率先推出的拍卖"四荒"② 使用权，采取先治后拍的办法，即先由集体组织群众对"四荒"治理，然后进行拍卖（马兴文，1995），极大地调动了社会力量进入水土流失治理工作之中。1999年，《国务院办公厅关于治理开发农村"四荒"资源进一步加强水土保持工作的通知》提出小流域综合治理需要以水土保持为目标、以多种方式开发"四荒"为手段，鼓励各地结合实际情况实行家庭承包、联户承包、集体开发、租赁、股份合作和拍卖使用权等多种方式，将开发与治理相结合。1999年，《国务院办公厅关于进一步做好治理开发农村"四荒"资源工作的通知》再次提出要严格执行谁治理、谁管护、谁受益的政策，切实保护治理开发者的合法权益，以实现保护和改善生态环境、防止水土流失和土地荒漠化的治理开发目标。

---

① "小多成群有骨干"指以骨干坝为主体，大、中、小型淤地坝相互配合，是沟道坝系建设的基本原则之一，其中骨干坝的主要功能为防洪，其余淤地坝的主要功能为拦泥、淤地、蓄水、灌溉等。

② 所谓"四荒"，是指农村集体所有的荒山、荒沟、荒丘、荒滩。

现有研究表明，黄土高原地区小流域综合治理取得了一定成效。例如，何福红等（2003）研究发现，长武县王东沟小流域经过十几年的综合治理后，森林覆盖率有所提高，年径流深与侵蚀模数分别从 11.02mm 和 1689t/（km² · a）下降至 2001 年的 5.08mm 和 504t/（km² · a）；刘国彬等（2004）选取了四项生态指标（林草覆盖度、人均基本农田实现率、土壤抗冲性、土壤有机质含量）、三项社会经济指标（农业产投比、粮食单产潜势实现率、人均纯收入）和三项综合指标（系统抗逆力、综合治理减沙效率、工副业总收入），对陕西安塞纸坊沟小流域建立了生态经济系统健康指数，发现纸坊沟小流域开展综合治理后该指数大幅提高，并得出"黄土高原退化生态系统经过 15～20 年集中连续治理，可基本恢复"的结论。

我国大部分小流域治理的实践都在农耕地区展开，但也有把小流域治理与城市建设结合起来的例子。例如，近年青海省就紧紧围绕营造城市宜居环境、加强科技示范园建设、加快城镇化建设、助推旅游业发展等工作在当地开展了小流域治理，形成了西宁市长岭沟科技示范园、火烧沟流域、民和县城周边流域、湟中县县城及塔尔寺流域、同仁县南当山流域等小流域综合治理样板工程。以长岭沟小流域综合治理工程为例，截至 2013 年，长岭沟流域共治理水土流失面积 107hm²，林草覆盖率达到 91%，治理程度达到 93%，并初步形成了集绿化美化、科研试验、科技示范、旅游观光和科普教育于一体的具有水土保持科技示范特色的山地生态公园，是青海省水土保持监测综合站和节水灌溉技术应用示范区、旱作造林技术示范区、水土保持造林及林种配置示范区、国家级水利风景区[①]。

4.2.5 黄土高原水土保持成效

经过数十年治理，黄河中游河段黄土高原入黄泥沙量显著下降（图 4-1）。从入黄泥沙总量来看，龙门、华县、状头、河津四站[②]的年均实测输沙量总量，在 1956～2000 年为 12.52 亿 t，到 1987～2000 年降至 8.62 亿 t，可见 20 世纪末黄土高原地区减沙效果就已十分突出。2000～2022 年，四站年均实测输沙量总量继续减少至 2.65 亿 t，相较于 1956～2000 年、1987～2000 年分别约下降了 79%、69%。2018～2022 年，这四站实测输沙量总量维持在 1.51～4.33 亿 t/a，年平均值为 2.63 亿 t，表明水土保持成果得到了较好巩固。

分地区来看，龙门、华县、状头、河津的 2007～2022 年[③]年均实测输沙量分别是 1.23 亿 t、0.68 亿 t、0.003 亿 t、0.08 亿 t，分别较 1956～2000 年均值约下降 84%、81%、99%、90%。可见，龙门以上和渭河流域的黄土高原地区，既是黄河泥沙主要来源区，也是未来进一步加强水土保持工作的重点区。

---

① http://www.qh.gov.cn/zwgk/system/2013/07/03/010057480.shtml，2020 年 3 月 19 日访问。
② 龙门、华县、状头、河津站分别位于大北干流、渭河下游、北洛河下游、汾河下游，四站控制面积互不重叠，因此四站实测输沙量之和基本可代表黄河中游河段黄土高原地区的入黄泥沙总量。
③ 能够查找到的四站单列数据从 2007 年开始，在此之前仅查到四站加总数据。

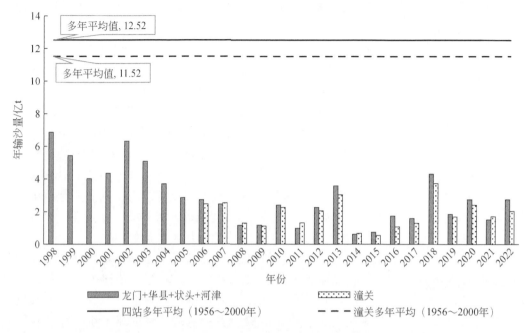

图 4-1　龙门、华县、状头、河津及潼关水文站实测输沙量

注：数据来自 2008~2022 年《黄河泥沙公报》、1998~2022 年《黄河水资源公报》

4.3　黄土高原植被建设中的土壤干化问题与应对

尽管黄土高原水土保持工作取得了显著成效，但同时也遇到巨大挑战，土壤干层问题便是其一。土壤干层是指土壤剖面中，隐伏在多年平均降水入渗层以下，因植被深层吸水且不能被雨季降水入渗恢复，由土壤水分负循环而导致的干燥化土层。李玉山（2001）指出，黄土高原西部和北部半干旱地区土壤干化后，林木的生长受到明显抑制，水土保持效益随之降低。此外，土壤干化也导致农作物产量波动和耕地质量下降（王力等，2001；黄明斌等，2003）。土壤干层还会阻碍降水垂直入渗补给地下水的能力，导致"土壤水库"功能减弱（邵明安等，2015）。

黄土高原地区土壤干化与当地降水等自然条件相关，但也与黄土高原大规模的植被建设相关。李玉山（2001）认为，黄土高原全区的年蒸发量大于年降水量是林地发生土壤水分循环负平衡的决定性条件。也有许多研究指出，不合理的植被建设使深层土壤水分过度消耗，加剧土壤干化（王志强等，2002；邵明安等，2015）。

目前应对黄土高原土壤干化的措施主要围绕节流而非开源。许多研究指出，应在水资源条件下发展先进人工林草种植技术、调整人工林草布局等，如发展径流林业、采用点状滴灌或深灌、调整植被群落密度等（陈洪松等，2005；邵明安等，2015）。但是，至少有两方面因素会影响上述措施有效性：第一，土壤蓄水量与土壤有机碳极显著正相关。土壤有机碳可以通过改善土壤结构、降低土壤容重和增加土壤毛管孔隙度等土壤物理性质对土壤的蓄水和持水性能产生作用（贾小旭等，2016），但土壤有机质的积累有赖于植被生长。

虽然彭文英等（2002）指出，退耕还林后，柠条地土壤有机质和全碳含量增长幅度最高，摞荒地次之，农地最小；然而高宇等（2014）发现，在平水年份及干旱年份，柠条地耗水深度最深，摞荒地次之，农地最浅。第二，降水是深厚黄土区土壤水分的主要补给源，但水土流失的经验教训表明，雨水在裸露的黄土高原表面的下渗比例并不会提高，反而容易形成超渗径流，叠加黄土疏松、遇水易塌陷的性质，发生强烈的表层径流冲刷和雨水侵蚀。总的来说，调整林草品种和密度对于土壤有机质的积累、降水的下渗程度究竟有什么影响，有待充分的研究论证。

植被建设加剧土壤干化，水资源供不应求是核心原因，从这点出发，似乎首先应该提高黄土高原当地水资源的利用效率。朱显谟院士曾提出黄土高原治理的28字方针，其中包括"全部降水就地入渗拦蓄"，这或许是解决目前植被建设遇到的土壤干化问题的根本手段，也是进行黄土高原水土保持工作的治本之策。理论上，植被生长可以控制地面径流发生，促进地表土壤的形成，土壤的蓄水功能将随着地表土壤的增厚而增大，形成巨大的土壤水库，促使区域内整个生态环境向好的方向转变（朱显谟，2006）。实践中，植被的繁衍生长需要一定过程，若水资源在此过程中无法充分供应，就会出现人工林草反而加速区域土壤干化的悖论。如若在黄土高原实现全部降水就地拦蓄，将牵一发而动全身，影响黄河全流域水资源利用方式。因此，黄土高原的治理，必须从大流域层面考虑黄河治理问题。

4.4 现行大流域治理规划：古贤水库、东庄水库

与小流域治理相对应，利用黄河干流及主要支流上的骨干水库体系，立足更大地理范围对黄河泥沙进行调控，是治理黄河泥沙的另一个重要举措，本书称此为大流域治理。近几十年，我国已在黄河干流和重要支流上修建了多座水库，三门峡水库、小浪底水库最具代表性。此外，我国还在规划建设黄河干流上的古贤水库、泾河上的东庄水库，作为黄河水沙调节水库体系的重要补充。但自三门峡水库受挫以来，黄河治理整体思路转向蓄水冲沙、调水调沙，以此减轻下游河道淤积，很少有人结合黄土高原水土保持和生态恢复的用水需要，来全面思考黄河治理的问题。所以，虽然有大流域治理，但却不是结合黄土高原治理需要的。

（1）三门峡水库与小浪底水库

三门峡水库与小浪底水库是位于黄河中游多沙河段的两座骨干水库（图4-2），目前均采取"蓄清排浑"的运用原则，并在调水调沙方面发挥了一定作用，本书第3章对此进行了充分梳理。自建成起，小浪底水库成为进行黄河泥沙调控最为关键的水库。2002～2016年，小浪底水库调水调沙共19次，入海泥沙量为9.674亿t（刘树君，2016）。但值得注意的是，至2013年，小浪底水库库区泥沙淤积量已达30.45亿m³（陈建国等，2016）。小浪底水库的拦沙库容预计在2030年左右淤满，淤满后其拦沙功能将基本消失，若缺乏其他中游骨干水库发挥拦沙作用，在目前的态势下，将不能保证黄河下游河床不淤积抬升。因此，我国已开始规划建设以古贤水库为代表的中游北干流骨干水库，以在小浪底水库拦沙库容淤满后，能协调或替代小浪底水库继续起到拦减黄河泥沙、减少下游河道淤积

的作用。此外，我国也正在中游的渭河流域修建东庄水库，以减少入渭、入黄泥沙，同时起到更好利用地区水资源的作用。

（2）古贤水库

古贤水库坝址位于黄河中游北干流碛口至禹门口河段下段（图4-2），下距壶口瀑布10.1km，左岸为山西省吉县，右岸为陕西省宜川县，控制流域面积489.948km²，坝址区段年均实测径流量为290.5亿m³，年均输沙量为8.57亿t。目前设计的古贤水库正常蓄水位为633m，总库容为146.59亿m³，拦沙库容为107.85亿m³，其任务以防洪减淤为主，兼顾发电、供水和灌溉等综合利用。粗泥沙是黄河河道淤积的主体，故处理黄河下游泥沙淤积问题需要按照"先粗后细"的原则，优先对粗泥沙集中来源区进行治理。河口镇至龙门区间是黄河粗泥沙的主要来源区，预期古贤水库在建成后能对粗泥沙起到一定的调节控制作用。

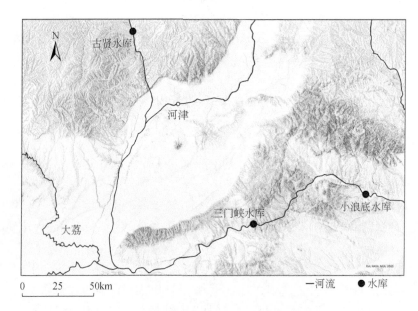

图4-2　三门峡、小浪底、古贤水库位置示意
注：作者根据郭庆超等（2005）的文献绘制

据预测，古贤水库除拦截水库以上河段的粗泥沙外，还能够抑制潼关高程，减轻黄河禹门口至潼关河段、渭河下游河道的泥沙淤积量，并能较大幅度地降低三门峡水库滞洪水位（冯久成等，2001）。同时，在预期水沙条件下，古贤水库与小浪底水库联合运用60年可减少黄河下游河道淤积量79.33亿t，相当于现状工程条件下33年的淤积量（张金良，2016）[①]。

---

　　① 胡春宏等（2010）也指出，当小浪底水库单独运用时，下游河道减淤量为58.5亿~70亿t，不淤年限仅为21~27年；如若小浪底和古贤两库联合调度运用，下游河道减淤量增加到118.8亿~144.6亿t，不淤年限可达43~58年，减淤量和不淤年限均为小浪底水库单独运用时的2倍以上。

（3）东庄水库

东庄水库位于陕西省礼泉县原东庄乡和淳化县车坞镇河段处（图 4-3），地处泾河最后一个峡谷段出口，坝高 230m，总面积 60km²，总库容 32.76 亿 m³，是陕西省库容最大、坝体最高的水库①。工程选取混凝土拱坝，总投资 154.34 亿元，于 2018 年 6 月全面开工。

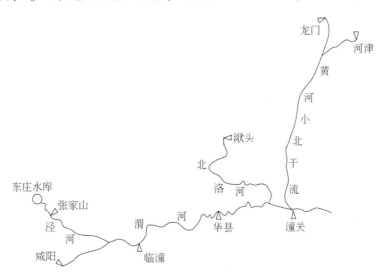

图 4-3　东庄水库位置示意图

资料来源：梁艳洁等，2016

据目前规划，东庄水库将发挥拦截泥沙、直接减轻渭河下游淤积的作用。泾河是渭河泥沙与洪水的主要来源，也是黄河流域三大"多沙粗沙"区之一。东庄水库坝址控制的流域面积占泾河流域面积的 95%，几乎控制了泾河的全部洪水泥沙，控制了入渭泥沙的近70%。据预测，东庄水库建成后，可拦截泾河泥沙 20.6 亿 m³，减少入渭泥沙 7.5 亿 t。东庄水库还将用于消除渭河下游"小水大灾"的现象。泾河具有水沙集中、小水大沙的特点，东庄水库利用 20 亿 m³ 的拦沙库容和 4.5 亿 m³ 的调水调沙库容拦截小水大沙，能够创造有利于渭河下游冲淤的洪水过程，发挥调水调沙功能，减轻渭河中下游和黄河下游河道淤积。具体来说，东庄水库的调水调沙分为汛期和非汛期两个阶段，汛期根据入库流量大小决定是否下泄水沙，非汛期则在每年 6 月底前集蓄河水，在 6 月底泄水排沙，冲刷渭河下游河道（田万全和程子勇，2000；蒋建军，2004）。此外，东庄水库还能有效缓解渭北水资源短缺问题，可以为西咸新区、铜川、咸阳、渭南等地的 165 万人口和 967km² 耕地提供水资源。

如同小浪底水库，已上马的古贤水库和在建的东庄水库的指导思想仍是蓄水冲沙，建成后也确实能在黄河调水调沙、减轻黄河泥沙淤积工作中发挥巨大作用，但消耗的黄河水资源量也是巨大的。除古贤水库和东庄水库，规划中的黄河干流大柳树水库、碛口水库也将沿袭蓄水冲沙的思路，试图继续利用黄河中、上游流域的水资源将下游河道的泥沙输送

---

① https://www.sohu.com/a/238509395_355330，2019 年 5 月 1 日访问。

入海（郭诚谦，2002；赵业安和张红武，2002）。然而，如同本章已指出的和第6章将重点讨论的，黄河泥沙问题的根源在于黄土高原严重的水土流失，而黄土高原水土保持工作又缺乏充足的水资源作为支撑。在这一矛盾下，似乎有理由重新思考黄河治理与黄土高原治理之间的关系，以及思考黄河水资源利用的种种可能。

4.5　拦沙换水工程

黄河内蒙古段位于黄河上中游，全长约占黄河总长度的16.7%，流经内蒙古7个盟（市）、38个旗（县），内蒙古境内流域面积约占黄河总流域面积的20%。鄂尔多斯市位于内蒙古自治区西南部，总面积8.7万km²，是国家级能源与化工基地；境内有丰富的煤炭和天然气资源，与呼和浩特市、包头市构成的内蒙古"金三角"占全区经济总量60%，成为我国改革开放以来18个典型示范地区之一。鄂尔多斯市内十大孔兑（洪沟）流域下游的沿黄平原，集中了一大批重要能源化工项目和基础设施，也是国家重要商品粮产地。2017年，鄂尔多斯市地区生产总值3579.81亿元，约占内蒙古自治区的22%。

与此同时，鄂尔多斯市又是水土流失与水资源短缺严重的地区。该市属典型的温带大陆性气候，东西部地区年均降水量分别为300～400mm和190～300mm，年均蒸发量则高达2000～3000mm①，人均水资源占有量远远低于全国水平（吕荣等，2002）。鄂尔多斯市境内直接入黄的支流有"三川三河"（皇甫川、清水川、孤山川、窟野河、无定河、都思图河）、十大孔兑及13条沿黄孔兑，94条二级支沟遍布全市，水土流失面积达71 159.42km²。严重的水土流失与水资源短缺制约了鄂尔多斯市社会经济的发展。在采用传统节水措施的基础上，如何"开源"是满足鄂尔多斯市用水需求必须考虑的方向。2008年，鄂尔多斯市政府向黄河水利委员会提出了水沙置换（现称"拦沙换水"）的设想，即由该市政府引导企业投资，通过修建以拦沙坝工程为主的水土保持措施，拦洪滞沙、减少入黄泥沙，由此节省黄河下游冲沙水量，以此换取鄂尔多斯市企业的黄河用水指标，缓解全市企业生产用水短缺的问题。目前，拦沙换水试点工程已在多地开展建设，并已取得一定的水土流失治理成效。

在拦截减少入黄泥沙的同时，也减少了入黄水量，因此在评估鄂尔多斯市拦沙换水工程的有效性时，需要对减少的入黄水量和可节省的下游冲沙水量进行比较。郭少峰等（2016）在对西柳沟流域水沙置换模式的研究中，综合前人的研究成果，指出淤地坝等水土保持措施的平均水沙代价为1.11m³/t，即通过水土保持措施每拦截1t泥沙将同时减少地表径流量1.11m³。与此相比，刘善建（2005）的研究则表明，下游每输1t沙入海，汛期需水30m³，非汛期需水100m³。如下游单位输沙水量按照下限30m³/t考虑，淤积比例按照徐建华等（2007）对黄河中上游多沙粗沙区研究得到的成果取值0.3，可计算得出，拦沙节省的下游冲沙水量远远高于减少的入黄水量，因而有充分的拦沙换水

① http://www.cma.gov.cn/2011xzt/2015zt/20150806/2015080604/201508/t20150806_289771.html，2020年3月30日访问。

空间。西柳沟流域水土保持治理程度越高，拦截泥沙量越大，所节约的下游冲沙水量也将成倍增加。周丽艳等（2012）对西柳沟流域水沙置换的研究也得出了相近的结论：若水土保持工程可拦截泥沙 321 万 t，下游河道就可减淤 109 万 t[①]，可置换水量 2812 万 ~ 4763 万 m³。

经过治理，鄂尔多斯市水土保持已取得明显进展。1995 年，鄂尔多斯市水土流失面积为 7.12 万 km²；2011 年，全国水利普查确定鄂尔多斯市水土流失面积为 3.78 万 km²，全部为国家重点治理区；2023 年，鄂尔多斯市全市水土流失治理面积降至 3.36 万 km²，水土保持率达到 67.4%[②]。

以此工程为借鉴，虽然黄河中游地区是黄河泥沙的主要来源地，又是十年九旱、水资源短缺之地，但如将使用黄河水的权利作为激励，可动员利益相关方积极承担水土保持责任，加快黄土高原的治理进程。这个例子也说明，如果黄河中游能够全面阻断泥沙入黄，那么就可以在解决黄河泥沙问题的同时，将每年留给下游的 200 多亿 m³ 冲沙水腾出来用于其他重要的用途。

4.6 本章小节

现有黄河治理与黄土高原治理的思路是十分明确的，即把在黄土高原开展水土保持工作、恢复生态作为治理黄河的手段，黄河治理是目的，黄土高原治理是工具。在这种治理思路下，尽管已有的黄土高原水土保持工作在解决黄河泥沙问题、保证黄河下游安全上发挥了重要作用，但并未能针对导致黄土高原生态脆弱、经济落后的根本原因——黄土高原的水资源短缺，发挥多少作用。水资源对黄土高原生态恢复和社会经济发展的严重制约性要求我们重新思考黄土高原治理与黄河治理的关系。

黄土高原水资源短缺问题可从两方面体现：一是生态环境恢复需水，二是经济社会发展需水。植被建设是生态环境恢复的根本措施，而黄土高原水资源不足又制约了植被生长，极大削弱了生态环境恢复和水土保持工作的可持续性。水资源不足，不但经济发展缓慢，水土流失区也难以维持治理动力与能力。由此可见，黄土高原水资源短缺的问题不解决，地区内水土流失问题就得不到根本扭转，大量泥沙将继续入黄，又会反过来制约黄河中下游的治理。

黄土高原自然气候干旱，蒸发量大于降水量，要解决水资源短缺问题，首先就要考虑就地利用好黄河中游降水资源，以及适宜利用部分黄河干流水量。实际上，从这个角度出发，在建的和规划中的位于黄河干流黄土高原地区的一系列水利枢纽，虽然其当前目标仍然是维护黄河下游安澜，但也可加以调整使其同时为黄土高原治理服务。黄土高原治理与黄河治理应当是相辅相成、相得益彰的。调整现有的黄河治理思路，使之充分考虑到黄土高原治理的需要，对于黄土高原与黄河的长治久安，都具有重要意义。

---

① 尽管不同研究者所采用的淤积比例略有不同，如徐建华等（2007）的测算结果是 0.3、周丽艳等（2012）的约为 0.34，但都表明拦沙节约的输沙用水量大大高于减少的入黄水量。

② 数据来自鄂尔多斯市水利局：http://slj.ordos.gov.cn/ddqzlxjysjhd/slpl/202401/t20240107_3551828.html。

第5章 引黄济海、济晋

前几章的讨论留下了一个发人深省的问题：黄河流域内生产、生活和生态缺水形势日趋严峻，但我们还在一如既往地每年预留黄河总径流量的五分之二用于冲沙入海。尤其是，冲沙入海的效率正在下降，且长期的黄土高原治理工作也证明，若妥善结合黄河治理与黄土高原治理，就能阻止黄土高原泥沙继续入黄。既然如此，为什么我们还需要预留这么多宝贵的水资源去冲刷泥沙呢？难道不能将这约 200 亿 m³ 的黄河水更好地用于流域内社会经济建设、人民生活改善和生态环境保护吗？在我国许多水资源不足的北方地区中，海河流域和山西省的缺水情况尤为严重。如果省去的这部分黄河冲沙用水中的一部分能用于这些地区的生产生活和生态保护，其面貌将焕然一新。

第 5 章至第 8 章将介绍我们对黄河治理、黄土高原治理和流域内水资源利用的整体构想。第 5 章介绍从黄河上游引水济海（海河流域）、济晋（山西省）的设想。第 6 章介绍关于黄河中游蓄水和重塑黄土高原良性生态循环的建议。若能实现这两章中提出的建议，则有望根本解决黄河中游的泥沙下泄问题，并大幅度缓解受水地区目前的缺水状况。第 7 章讨论由上游引水和中游蓄水引致的黄河下游河道水量缺口和用水问题。第 8 章介绍在全流域（尤其在源头）进行战略备水的设想，以克服黄河径流量年际波动大的特点对水资源开发利用造成的问题。

本章 5.1 节介绍现有引黄济海、济晋工程的建设情况，并在此基础上提出新的规划设想；5.2 节介绍黄河上游水资源情况，从水量、水质角度说明黄河上游具备引水的条件；5.3 节描述可供选择的两个引水线路方案；5.4 节从工程实施技术角度分析对引水设施的选择；5.5 节讨论所引之水在受水地区之间的分配，以及这些地区应有的蓄水能力。

5.1 引黄济海、济晋历史与新设想

本章提出的引黄济海、济晋，是指通过引水工程，把黄河水从上游某点自流引至山西省北部，再由此经桑干河、滹沱河和汾河引至海河流域和山西省其他地区，以此实现大幅增加海河流域和山西省可用水资源的目的。

引黄河水到山西省以及海河流域以解决当地水资源不足的问题，在历史上早已有类似想法。1958 年 3 月成都会议时，时任山西省委第一书记陶鲁笳、北京市委书记刘仁共同向毛泽东主席汇报称，希望自内蒙古引黄河水入晋、入京，以解决山西省和北京市工农业缺水问题。具体来说，要从黄河引水入汾河以济晋、引水经桑干河再流入官厅水库以济京。毛泽东主席当即表示赞同，甚至提出利用黄河水将桑干河、汾河修筑成运河的设想。陶鲁笳记载了毛泽东当时所说，"我们不能只骂黄河百害，要改造它，利用它。其实黄河很有用，是一条天生的引水渠。你们查查班固《汉书·沟洫志》，汉武帝时就有一个人建议从

包头附近引黄河水经过北京，东注之海"。《汉书·沟洫志》确有记载，"齐人延年上书言：河出昆仑，经中国，注渤海，是其地势西北高而东南下也。可按图书，观地形，令水工准高下，开大河上岭，出之胡中，东注之海。如此，关东长无水灾，北边不忧匈奴，可以省堤防备塞，士卒传输，胡寇侵盗，覆军杀将，暴骨原野之患。天下常备匈奴而不忧百越者，以其水绝壤断也，此功一成，万世大利"[①]。尽管此段史料所载治黄思路的主要目的并非引黄济海、济晋，而是人工改道黄河使其成为重要军事防御设施，并同时解决关东水患（宋超，2007），然而汉武帝时期也确实有在汾河口引黄河水灌溉的尝试，但最后没有成功[②]。

后来建成的万家寨水利枢纽实现了引黄入晋的设想。1958 年 6 月开始，山西、内蒙古、北京三地着手准备引黄入晋济京，初步确定在山西省偏关县修建万家寨水利枢纽，但此项工程在 1959 年遭搁置（陶鲁笳，2003）。万家寨水利枢纽在 1994 年 11 月正式开工建设，1998 年 11 月首台机组并网发电，2000 年底全部机组建成投产，2002 年通过竣工验收。万家寨引黄工程干线由总干线、南干线、联接段和北干线四部分组成，工程一期从万家寨水利枢纽取水，经总干线、南干线和联接段向太原市供水，设计年引水量 6.4 亿 m³；工程二期经总干线、北干线和联接段向大同市、朔州市供水，设计年引水量 5.6 亿 m³（图 5-1）[③]。根据设计，万家寨水利枢纽每年向山西供水 12 亿 m³，向内蒙古供水 2 亿 m³[④]。

万家寨引黄入晋工程的确能够增加山西省水资源，但并非缓解山西省水资源短缺的最佳选择，原因在于引水成本过高。工程运营初期，研究人员普遍认为随着太原市需水量增加、北干线投入运营，引黄工程的规模效应会显现，万家寨引黄工程一期南干线引水成本将随时间下降，水价也会随之降低（黄河，2002；孟杰，2002；朱春耀和李江深，2003；赵润花，2005）。现实情况却是，直至 2006 年，由一期工程引来的黄河水成本价仍超过 5 元/m³，经太原市呼延水厂处理后成本价更是高达 8 元/m³，远超当地同期平均不到 3 元/m³ 的综合水价（刘文国等，2006），工程投入运营后前四年年均供水仅 6300 万 m³[⑤]。二期工程也没有产生预期的促进引水成本下降、引水规模上升的效果。何志萍（2003）测算了万家寨引黄工程二期北干线水价，发现 2007 年仅分水口的水价就已高于 2002 年包括水厂管网费用及排污费用在内的现状执行水价。孟杰和张旺（2011）预计 2015 年、2020 年北干线分别引黄河水 1.65 亿 m³、2.96 亿 m³，建议政府采取严格管理地下水、上调地下水资源费等措施以使北干线达到预期引水规模，但即便如此，该建议下的引水量也远小于工程设计引水量。北干线投入运营后，2012 年万家寨引黄工程总供水量仅 2 亿 m³，

---

① 译成现代汉语，意思是：黄河发源于昆仑山，流经中原，注入渤海，这是因为地势西北高而东南低。可以按照地图和书籍，观察地形，令水工校准地势高低，在山上开辟河道，使黄河之水流向胡人边境，再向东入海。这样一来，关东地区可以免于水患，北部不必担忧匈奴侵扰，可以省去堤防、堵塞决口、运送士兵的费用，免去匈奴侵略偷盗、军队伤亡、曝尸荒野的隐患。天下常防备匈奴却不忧惧百越的原因，是百越的河流阻隔着他们。这功业一旦完成，就是惠泽万代的大利。

② http://slt.shanxi.gov.cn/slwh/slgc/201804/t20180425_80933.html，2021 年 2 月 24 日访问。

③ http://slt.shanxi.gov.cn/sldt/tbtj_358/201601/t20160104_4860.html，2021 年 2 月 24 日访问。

④ http://www.wjz.com.cn/web/Home/ListPage/showArticle/id/2012.html，2021 年 2 月 24 日访问。

⑤ http://tyjrt.shanxi.gov.cn/xw_1165/szyw_1175/201911/t20191121_157183.html，2021 年 2 月 26 日访问。

2014～2018 年年均供水量约 3 亿 m³①，2019 年供水量为 6.56 亿 m³，仍与设计目标的 12 亿 m³ 相去甚远。

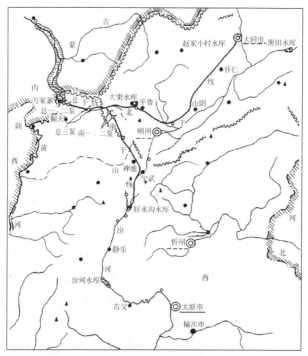

图 5-1　万家寨引黄入晋工程线路示意图

资料来源：王鸿志，1994

　　万家寨引黄入晋工程的引水成本较高，主要原因是供水区海拔低而用水区海拔高带来了高昂的提水成本。受供水点与用水点海拔高差的限制，万家寨引黄入晋工程无法实现完全自流，工程总扬程高，需 6 个泵站扬水，耗电量大，成本随之提升。刘贵良（2001）按设计规模年引水 6.4 亿 m³ 测算了工程一期的工程水价，为 2.71 元/m³，综合水价为 4.84 元/m³，5 级泵站电费约占总运行费用的 80%、约占水费总额的 47%。孟杰（2002）核算的万家寨引黄工程一期供给 1m³ 水的耗电量 3.27kW·h，按同期电费计算，1m³ 水的电费成本就达到 1.25 元。

　　较高的引水成本也限制了引黄入晋济京的可能。前面提到，万家寨引黄工程从设想之初，就与引黄济京联系在一起。1983 年，北京市再次提出引黄入晋济京的要求（陶鲁笳，2003）。2017 年 6 月起，万家寨引黄工程开始向桑干河、永定河进行生态供水，黄河水经工程北干线注入桑干河，再流向永定河。但由于引水成本较高，工程在 2017～2019 年向永定河调引黄河水分别只有 0.3 亿、0.49 亿、1.21 亿 m³②。

　　与万家寨水利枢纽不同，为缓解甘肃省秦王川地区水资源严重短缺问题，2015 年竣工验收的"引大入秦"工程，实现了从黄河支流自流引水（图 5-2）。秦王川西临庄浪河，然

①　http://tyjrt. shanxi. gov. cn/xw_1165/szyw_1175/201911/t20191121_157183. html,2021 年 2 月 26 日访问。

②　http://slt. shanxi. gov. cn/hdpt/jytagk/202011/t20201130_94125. html,2021 年 2 月 26 日访问。

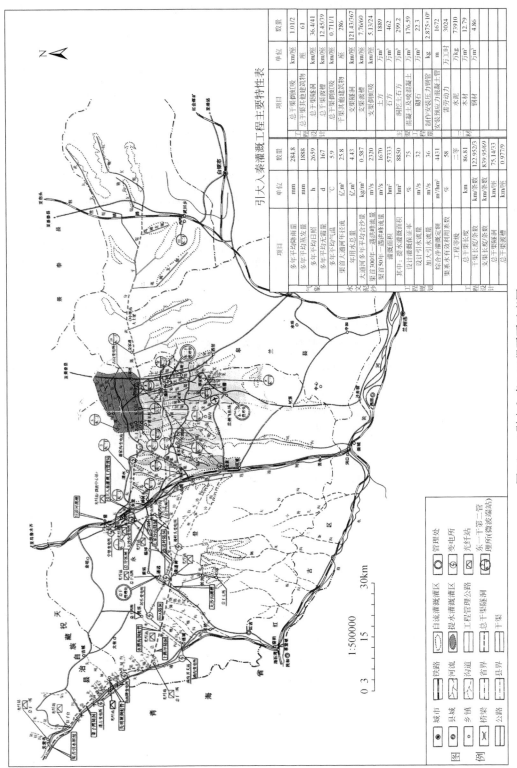

引大入秦灌溉工程主要特性表

项目	单位	数值		项目	单位	数量
多年平均降雨量	mm	284.8	工程设计	总干渠倒虹吸	km/座	1.01/2
多年平均蒸发量	mm	1888		总干渠其他建筑物	座	61
多年平均无霜期	h	2659		总干渠隧洞	km/座	36.4/41
多年平均日照	d	167		总干渠渡槽	km/座	12.45/39
多年平均气温	℃	5.9		干渠倒虹吸	km/座	0.711/1
渠首大通河年径流量	亿m³	25.8		干渠其他建筑物	座	286
年引水总量	亿m³	4.43		支渠隧洞	km/座	121.43/367
大通河多年平均含沙量	kg/m³	0.587		支渠渡槽	km/座	7.76/60
渠首300年一遇洪峰流量	m³/s	2320		支渠倒虹吸	km/座	5.13/24
渠首50年一遇洪峰流量	m³/s	1670	主要工程量	土方	万m³	1889
灌溉面积	hm²	8850		石方	万m³	462
设计引水流量	m³/s	75		洞挖土石方	万m³	299.2
加大引水流量	m³/s	32		混凝土及喷混凝土	万m³	176.59
综合水有效利用系数	m³/hm²	36		钢管	万m³	22.3
渠系水有效利用系数	%	58		预制作交装预应力钢管	kg	2.875×10⁶
工程等级	二等			安装预应力混凝土管	m	1672
			主要材料	劳动力	万工时	3024
总干渠长度	km	86.81		水泥	万kg	73910
干渠长度及条数	km/条数	122.95/23		木材	万m³	12.79
支渠长度及条数	km/条数	839.95/69		钢材	万m³	4.86
总干渠渡槽	km/座	75.14/33				
		0.977/9				

图5-2 "引大入秦"工程平面示意图

注：资料来自《引大入秦工程供水区水资源优化配置研究》

而庄浪河径流量无法满足秦王川灌区的用水需求。秦王川以南 60km 即是黄河，水资源量可以满足引水要求，但海拔低于秦王川近 600m，在此处引黄河水的方案由于提水成本过高而未被采纳。最终，工程选择从距离秦王川 150km 的黄河二级支流大通河引水。尽管该方案下的引水起点距离用水区更远、引水线路更长，但引水渠首高于秦王川灌区 200m 多，可以自流灌溉，极大节省了工程建成后的运营成本（张豫生和莫耀升，1992；石世平，2008）。

为确保自流，"引大入秦"工程采用了长隧洞和隧洞群的高线引水方案。工程系统包括引水枢纽、总干渠、两条输水干渠、三条分干渠及支渠和田间工程。石世平（2008）介绍，工程总干渠全长 86.900km，设计布置隧洞 33 座、隧洞总长度 75.150km；渡槽 9 座，长 0.977km。东一干渠全长 49.580km，隧洞 8 座，共长 8.400km；渡槽 11 座，长 3.660km；东二干渠全长 54.120km，隧洞 30 座，共长 27.430km；渡槽 20 座，长 7.134km。工程最长的引水隧洞为盘道岭隧洞，长度 15.73km；次长引水隧洞为水磨沟 30A 隧洞，长度 11.65km。工程引水渠线的隧洞长而多、渡槽长且高，但引水线路短且运行可靠，可确保全程自流。

如今要实现引黄济晋、济海，本书建议的方案是：根据自流原则，以水利部规划的位于甘宁交界处的黑山峡大柳树水库为起点，途经鄂尔多斯高原，将黄河上游径流较大规模地引至山西省北部的桑干河上游，再由桑干河流入海河流域、汾河流域。自鄂尔多斯高原入晋北的路线有北线、南线可供考虑。北线经内蒙古准格尔旗跨过黄河，到达清水河县，再经岱海流入大同御河——桑干河上游支流；南线从乌审旗西南的苏力德苏木向东跨过黄河，进入山西岢岚县温泉乡，再经隧洞流入朔州市桑干河河谷。两条线路各有利弊，本章 5.3 节将详细论证。5.2 节要讨论的问题是，黄河上游究竟有多大水量可供引水？

5.2　黄河上游水资源与使用情况

本书计划将黄河上游水资源自流引至山西和海河流域，那么黄河上游有水可引吗？本节根据现有数据评估黄河上游可引水的大致上限。引水上限将由黄河上游水资源的供需状况及其时间分布决定。影响供给的因素有黄河上游的地表水资源量、水质情况；影响需求的因素包括黄河上游沿岸地区用水需求、节水空间；供需两端在时间分布上的不均匀也会影响年内引水规划。

从供给来看，黄河上游地表水资源相对充沛，是黄河径流的主要供给区。利津站是黄河干流最后一个主要水文站，接近入海口，因此利津以上天然地表水资源量近似于黄河地表水资源总量。头道拐水文站是黄河上游最后一个主要水文站，因此头道拐水文站以上地表水资源量近似于黄河上游地表水资源总量。图 5-3 汇总了不同时间尺度下的头道拐以上多年平均地表水资源量、利津以上多年平均地表水资源量，可见黄河上游多年平均地表水资源量约 300 亿 m³，水资源充沛，具备引水的基础条件。

当然，从上游引水要以不影响上游用水现状为基本前提，因此可引水量还需根据上游地区黄河地表水耗水量确定；黄河上游地表水资源量与黄河地表水耗水量的差值，可作为从黄河上游引水的水量上限。"八七"分水方案规定，四川省耗水配额为 0.4 亿 m³，青海

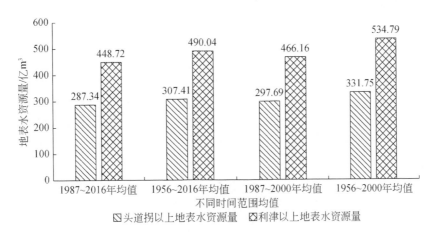

图 5-3　黄河上游与黄河全流域的多年平均地表水资源量

注：数据来自 2019 年、2021 年《黄河水资源公报》

省、甘肃省、宁夏回族自治区耗水配额分别为 14.1 亿 m³、30.4 亿 m³、40.0 亿 m³，内蒙古自治区耗水配额为 58.6 亿 m³。内蒙古自治区虽横跨黄河上中游，但所辖地域大部分位于黄河上游，故暂且将内蒙古自治区全域 58.6 亿 m³ 耗水配额纳入黄河上游地区黄河地表水耗水量。如此，"八七"分水方案规定的上游地区黄河地表水耗水配额为 143.5 亿 m³，约占"八七"分水方案中黄河流域地表水可供水量的 38.8%。以 2019 年的实际情况为例，上述五省（自治区）的耗水量分别为 0.2 亿 m³、9.6 亿 m³、30.43 亿 m³、40.14 亿 m³、62.8 亿 m³，占当年黄河流域总耗水量（370.7 亿 m³）的 38.6%，基本与"八七"分水方案一致。上文提到黄河上游多年平均的天然年径流量约为 300 亿 m³，在扣除上游将近 150 亿 m³ 的耗水量后，上游可引水量约为 150 亿 m³。

头道拐水文站实测径流量反映了黄河上游地表水资源在扣除上游地区黄河地表水耗水量后的盈余，也可以作为从黄河上游引水的水量上限。以头道拐水文站的实测年径流量为准，还可以排除内蒙古自治区从中游地区引水的部分。图 5-4 汇总了不同时间尺度下的头道拐水文站实测径流量，可见黄河上游可引水量超过 150 亿 m³。

不过，受经济发展和节水措施的影响，耗水量并非固定不变。黄河上游主要流经青海省、甘肃省、宁夏回族自治区、内蒙古自治区，在我国经济发展战略布局中具有重要地位。内蒙古高原、河套平原是我国重要的农牧基地。《"十四五"现代能源体系规划》提出，青海、甘肃、内蒙古、宁夏是重要的陆上风电和光伏发电基地，要加快推进鄂尔多斯亿吨级"油气超级盆地"标志性工程、加强鄂尔多斯盆地东缘煤层气勘探开发。在"一带一路"倡议下，黄河上游地区在商贸、文化旅游等方面还将有进一步发展，可以预见黄河上游未来的生产生活需水量将会有所提高。

节水措施可在保障上游用水需求的同时，为引水方案创造更多空间。目前对黄河上游节水潜力的讨论集中在宁蒙灌区的农业灌溉节水。农业节水潜力是指在维持既有生产面积和产量不变的情况下，通过各类节水措施所能减少的引水量（段爱旺等，2002），常见的农业节水措施有调整作物结构、提高渠系水利用系数、实施精准灌溉等。赵雪雁

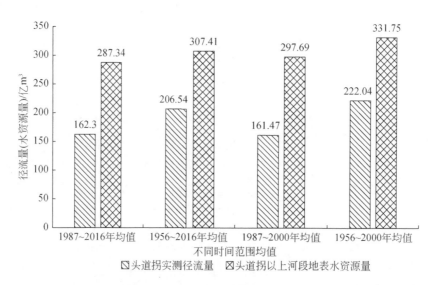

图 5-4　不同时间尺度头道拐水文站多年平均实测径流量及头道拐以上河段地表水资源量

注：数据来自 2019 年、2021 年《黄河水资源公报》

（2005）通过对比实际灌溉定额和最佳灌溉定额，认为河西走廊的农业节水潜力非常可观。沈强云等（2004）研究发现，通过调整作物结构可将渠系水利用系数从 0.55 提高至 0.8，可以为宁夏灌区节省 23.71 亿 m³ 引黄水。考虑改造灌溉系统和调整作物种植结构，田玉青等（2006）计算得出宁蒙灌区农业灌溉的引水节水潜力超过 60 亿 m³[1]，朱正全等（2016）则预计河套灌区 2020 年、2030 年的农业灌溉引黄水量可分别减少 6.97亿 m³、9.16 亿 m³。甘肃农垦条山集团农场的节水农业试验田里，通过传感器实时监控土壤含水量，只有当土壤含水量低于 70% 时滴灌喷头才会打开[2]，类似的技术成功推广后将提高灌溉水利用效率。有的研究将农业节水潜力定义为耗水量的减少，一部分定义耗水量为灌溉过程中损失而未被农作物利用的水量（李英能，2007；裴源生等，2007），另一部分定义耗水量为作物实际消耗的水量（傅国斌等，2003；贾绍凤等，2003），因此计算得到的节水潜力数值差异较大。总的来说，现有研究普遍认为，黄河上游灌区的节水潜力较为可观。

水源地的水质是影响引水效益的重要因素之一。水源地水质好，则水处理成本低；水源地水质差，处理成本高，水价随之上涨，所引水就难以大规模应用。首先，从含沙量来看，黄河上游水多沙少的特征是我们考虑从上游引水的一个重要原因。例如，黄河上游河口镇断面平均含沙量近 6kg/m³，多年平均输沙量 1.42 亿 t，仅占全河输沙总量的 8.7%[3]。其次，相较于黄河中游与下游河段，黄河上游河段人口密度比较低、植被覆盖度比较高，

---

① 此处指引水量，根据 2021 年《黄河水资源公报》，2021 年宁夏和内蒙古农业引水量合计超过 150 亿 m³，兰州至头道拐河段的农业引水量约 161 亿 m³。

② http://www.xinhuanet.com/local/2020-09/17/c_1126503047.htm，2021 年 2 月 19 日访问。

③ http://www.yrcc.gov.cn/hhyl/hhgk/hs/ns/201108/t20110814_103396.html，2021 年 2 月 23 日访问。

因此黄河干流上游河段的水质状况普遍优于黄河干流中下游河段。根据 2019 年《中国生态环境状况公报》，黄河流域整体水质属轻度污染，其中干流水质为优、主要支流为轻度污染，黄河上游干、支流水质状况均优于黄河中下游。(图 5-5)。

另外，还可从"八七"分水方案中的输沙用水角度来考虑上游引水量。头道拐的实测径流数据表明，黄河上游平均每年为中下游贡献超过 150 亿 m³ 地表水。可以说，"八七"分水方案中 220 亿 m³ 的输沙用水，绝大部分来自上游。若能通过水土保持措施减少上中游地区进入黄河的泥沙，那么由此节省的输沙用水，就可以作为上游引水的来源。

从上游引水不仅要考虑上游地表水资源的禀赋，还要考虑上游河流径流产水和用水需求的季节分布，解决汛期与非汛期之间的蓄水和调控问题，避免非汛期无水可引、汛期弃水的矛盾。受季风气候影响，黄河上游地区降水和河流径流量的季节变化很大。以龙羊峡水库为例，多年平均汛期（7～9 月）入库流量高达 1378.85m³/s，1 月入库流量仅约200m³/s，全年月均入库流量为 735.62m³/s（图 5-6）。作为用水大户的农业用水也有很强的季节性。如果不能综合考虑来水和用水的季节波动，平衡季节之间的可引水量，会降低引水工程的引水稳定性。因此，应借助水利工程，在水量充沛的月份将一部分径流量存蓄在上游，留待枯水月份引水，以保障各月引水量平稳。

目前，黄河上游已建和规划中的水利工程基本能满足上游季节性蓄水需求。1987～2016 年，头道拐以上河段地表水资源 287.34 亿 m³、头道拐实测径流量约 162.30 亿 m³（图 5-4）。根据《黄河流域综合规划（2012—2030 年）》，黄河上游目前已修建的干流水库中，龙羊峡水库总库容为 247 亿 m³、调节库容为 193.5 亿 m³，刘家峡水库总库容为 57亿 m³、调节库容为 35 亿 m³。规划中的大柳树水库调节库容约为 56 亿 m³[①]。未来在大柳树水库按规划建成并投入使用后，黄河上游骨干水库调节库容共计 284.5 亿 m³[②]，基本可以应对上游降水年内的季节性波动。

黄河上游降水和河流径流量的年际波动也较大，但要调平上游径流量的年际波动，目前水库调节库容还有不足。宋天华等（2020）指出，假设龙羊峡以上的径流全部拦蓄在龙羊峡水库不下泄，2003～2016 年龙羊峡至河口镇段在汛期平均弃水量仍至少有 30.9 亿m³，这表明丰水年份实际弃水量更多。黄河上游干流骨干水库还有刘家峡水库。刘家峡水库位于龙羊峡以下不远处，而刘家峡水库至河口镇目前没有大型调节库容，仅大柳树水库仍在规划中。即便宋天华等（2020）所说的 2003～2016 年龙羊峡至河口镇段平均每年至少 30.9 亿 m³ 的汛期弃水量大部分发生在大柳树水库以下河段，使得这部分汛期水即使蓄起来也不能直接服务于本书的上游引水方案（方案中的引水起点为大柳树水库），但如能通过水利工程把这部分汛期水拦蓄起来，就可在枯水年份供给宁夏和内蒙古地区，减轻宁夏和内蒙古地区向大柳树水库以上河段取水的需要，间接服务于本书的引水方案，同时解决宁夏和内蒙古地区在枯水年可能面临的供水不足问题。本书第 8 章将针对这一挑战，提出黄河流域"战略备水"思路。

---

① http://slt.nx.gov.cn/pub/DLB/ZTHY/201505/t20150528_54461.html，2021 年 2 月 19 日访问。
② 上游其他水库的调节库容较小，对下面的分析影响不大，故未纳入考虑。

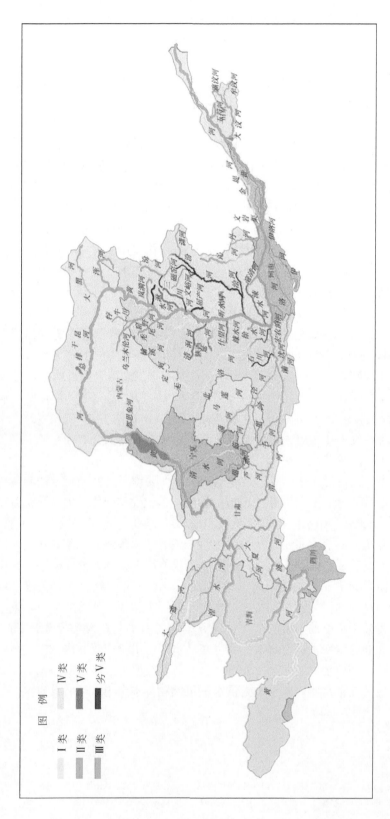

图 5-5　2019年黄河流域水质域水质分布示意图

注：资料来自2019年《中国生态环境状况公报》

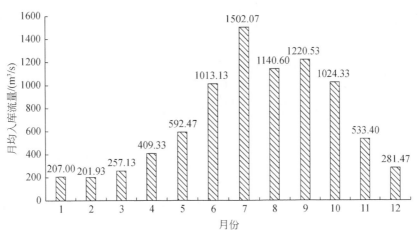

图 5-6 2000～2019 年龙羊峡水库月均入库流量

注：数据来自《全国水情年报》

总之，现有数据表明：①从地表水资源量来看，每年从黄河上游引水 150 亿 m³ 是可行的；②从地表水调蓄能力来看，黄河上游水库体系基本可以应对径流量季节性波动。如此，我们的引黄济海、济晋新设想具备了基础条件。

5.3 引黄济海、济晋新设想

如上文所述，从多年平均数据来看，黄河上游水量大、水质好，可每年由此引水约 150 亿 m³。那么，有没有一条或多条自流线路能确保上游的黄河水自流到水资源尤为紧缺的山西省、海河流域？若可以实现黄河水向山西省、海河流域自流，就可以大大降低引水成本，避免出现如万家寨水利枢纽因引水成本过高而不能充分发挥其引水能力的问题，以有效缓解海河流域和山西省的用水短缺问题。

答案是有的。这一节首先考虑如何把上游黄河水自流引至山西省北部，然后讨论如何再把水自流引入桑干河、滹沱河、汾河和海河流域。

5.3.1 引水起点——大柳树水库

综合建坝地形条件、地表水资源量、水质，正在规划中的黄河上游大柳树水库是引水最理想的起点。按照黄河水利委员会现有规划，大柳树水库位于宁夏中卫市境内的黄河干流黑山峡河段，距下河沿水文站较近。大柳树水库最大坝高 163.5m，正常蓄水位 1380m，总库容 114.8 亿 m³，长期有效库容 59 亿 m³，电站装机容量 200 万 kW，年发电量 74.2 亿 kW·h（周涛，2016），目前规划的主要功能为：以反调节[①]、防凌（防洪）为

---

① 大柳树水库可对上游的龙羊峡、刘家峡电站起到反调节作用，对其调峰发电的不稳定流进行再调节，可使下泄水流均匀稳定，满足河道下游河段的工农业用水及河道整治工程安全要求。

主，兼顾供水、生态灌溉、发电、全河水资源合理配置等综合利用。大柳树水库所在的黑山峡河段起自甘肃省靖远县大庙村，至宁夏中卫县小湾村，全长71km，是黄河上游龙羊峡至青铜峡900km河段内最后一个可开发的峡谷河段。过了该河段，黄河进入到相对平坦的宁夏和内蒙古地区，右岸为鄂尔多斯高原，左岸有贺兰山、大青山及灌区，区间内没有适合修建高坝水库的位置。可以说，大柳树水库坝址是黄河上游干流最后一个修建高坝水库的理想位置。

从地表水资源量来看，以大柳树水库为引水起点，可以确保150亿 m^3 的引水目标。黑山峡以上区域流域面积25.4 万 km^2，约占黄河全流域面积的32%。下河沿水文站1987~2016 年多年平均实测径流量为265.43亿 m^3，表明平均而言，在大柳树水库处引水150亿 m^3 是可行的。并且，目前黄河上游的骨干水库（龙羊峡水库、刘家峡水库）也集中在大柳树以上区域，可以配合解决引水过程中的水资源年内调蓄问题。

水质方面，大柳树以上河段的黄河水含沙量少、污染轻，是理想的引水源。黑山峡河段多年平均输沙量1.26亿 t，只占黄河总输沙量的1/12左右，沙少水多（周涛，2016）。黑山峡以上河段的水质较好，潜在污染源为祖厉河和湟水河谷。祖厉河的污染源主要为上游支流祖河，此支流水质苦咸，含有大量镁、钠、钙等，不适合饮用和灌溉。湟水河谷为兰州至青海省西宁市主要通道，为青海省主要经济中心所在地，水质受社会经济活动影响较大。参考南水北调东线施工前对沿线地区水质进行重点治理并取得显著效果的经验，若能对祖厉河、湟水河谷加以重点治理，水质应当是可控的。

目前，黑山峡河段的开发仍在规划中。早在1952年，国家对黑山峡河段开发的研究就已经开始。1954年编制的《黄河技术经济报告》首次提出关于黑山峡开发的两级方案，即在距峡谷进口21km的甘肃景泰县境内小观音处建高坝，在其下游48km处的大柳树建低坝。1958年7月至8月，原水电部西北勘测设计院和水电部水电总局、北京勘测设计院又两次对黑山峡河段进行了勘测，发现在大柳树建高坝大库的一级开发，将更有利于发挥黄河水利枢纽的综合效能。当时宁夏回族自治区还未成立，大柳树坝址与小观音坝址同属于甘肃省管辖。1958年10月，宁夏回族自治区成立，大柳树划归宁夏管理。区划管理的变化带来了方案选择的分歧：以甘肃省和一些水电专家为代表的一方坚持小观音两级方案；而以宁夏、陕西、山西和内蒙古四省区及部分水电专家为代表的另一方则主张大柳树高坝一级方案。各方围绕这两个方案的选择争论不止。20世纪80年代，水利部、国家地震局、黄河管理委员会、铁道部等部门先后多次对大柳树坝址和小观音坝址进行勘查和论证比较，倾向于实施大柳树建高坝的一级开发方案，但是甘肃省持反对态度。因为大柳树工程虽然坝址在宁夏境内，但是淹没区大多在甘肃境内，方案一旦实施，将大量淹没甘肃良田，淹没黄河石林国家地质公园和一批丝绸之路历史文化遗址，移民人口高达12万人。同时，甘肃也对大柳树修建混凝土高坝的地质条件表示质疑。2005年2月，甘肃省政府向国家发展和改革委员会、水利部上报文件，建议对黑山峡河段规划进行调整，实行四级开发方案，即保留大柳树低坝不变，将原规划小观音高坝开发方案调整为红山峡、小观音、五佛三级低坝。此后争议便在一级开发方案和多级开发方案中展开（刘晓黎，2016）。

虽然争论仍未停止，在最新的《黄河流域综合规划（2012—2030年）》中，大柳树工程仍被列为黄河干流七大控制性工程之一①，可见其重要性。就工程技术可行性而言，我国在水利建设中修建的许多水库大坝，可为大柳树工程提供很好的借鉴。就效益而言，位于黄河上游最后一处适宜开发地段的大柳树工程在黄河水资源利用中具有举足轻重的地位。在本书提出的黄河上游引水济海、济晋构想下，大柳树水库更将起到关键的作用。

5.3.2　引水至晋北线路选择

确定以大柳树水库为起点后，以自流为原则，可设计途经鄂尔多斯高原、以山西省北部朔州市和大同市的桑干河河谷为终点的引水路线。桑干河是海河流域永定河水系的一级支流，黄河水一旦进入桑干河水系，就可连通黄河流域与海河流域。前面提到，引水路线起点大柳树水库规划蓄水位为1380m，而朔州市、大同市的桑干河河谷海拔在1000～1100m。仅从引水起点和终点的高程来看，引水路线具备实现自流的基本条件。为尽量避开施工不便的黄土高原沟壑区，可从大柳树水库引水经鄂尔多斯高原至朔州市与大同市。鄂尔多斯高原地处黄河河湾南岸，总体地势西北高东南低，除鄂尔多斯市东胜区以西至杭锦旗以东一带海拔较高，其余地区海拔一般在1100～1500m，东部个别河谷甚至下降到1000m以下。只要绕开西北部高地，应该可以找到以大柳树水库（海拔约1380m）为起点、途径鄂尔多斯高原（1100～1500m）、到达朔州市和大同市桑干河河谷（1000～1100m）的自流引水路线。

依据上述思路，我们提出两条具体的自流线路，依据地理方位分别称为北线和南线（图5-7）。

北线起自大柳树水库，朝东北方向至鄂尔多斯市乌审旗苏力德苏木，继续延伸至鄂尔多斯市准格尔旗薛家湾镇并跨过黄河，然后途经呼和浩特市清水县城关镇，接着或经乌兰察布市凉城县岱海湖、由丰镇市进入桑干河上游支流御河并最终进入桑干河河谷，或经呼和浩特市和林格尔县新店子镇、由隧洞通向大同城区御河并最终进入桑干河河谷，终点海拔约为1050m。

南线同样起自大柳树水库，朝东北方向至鄂尔多斯市乌审旗苏力德苏木，向东延伸，在榆林市神木市栏杆堡镇跨过黄河到达忻州市岢岚县温泉乡，并经隧洞入朔州市桑干河，终点海拔约为1080m。

5.3.2.1　北线

北线主要由以下几个部分组成（见图5-7中靠北的线路）。

（1）宁夏段

该段线路由大柳树水库出黑山峡（海拔约1380m，下文提及地点后括号内数字均表示线路海拔高度），沿宁夏中卫市黄河南岸香山北麓和东北麓至吴忠市同心县河西镇

---

① 七大控制性骨干工程为龙羊峡、刘家峡、黑山峡、碛口、古贤、三门峡和小浪底，构成黄河水沙调控体系的主体。其中，黑山峡即为未开发的大柳树工程。

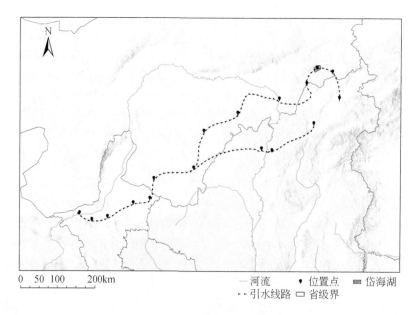

图 5-7　引水线路示意图

注：图中位置点自西向东依次是大柳树水库（1380m）、同心县河西镇（1375m）、红寺堡区（1370m）、冯记沟乡（1360m）、盐池县（1350m）、鄂托克前旗（1340m）、乌审旗苏力德苏木（1325m）。苏力德苏木后，北线（苏力德苏木—大同线）的位置点依次为乌审旗乌审召镇（1310m）、鄂尔多斯机场附近（1295m）、准格尔旗薛家湾镇（1250m）、杀虎口（1235m）、岱海湖（1225m）、丰镇市（1150m）和大同市（1050m）。南线（苏力德苏木—朔州线）的位置点依次为栏杆堡镇南（1240m）、岢岚县温泉乡（1130m）和朔州市朔城区（1080m）。以上标出的海拔高度都只是近似的

（1375m），过清水河后沿吴忠市红寺堡区罗山西北麓和北麓折向东北（1370m），经太阳山、冯记沟乡（1360m）、哈巴湖后，向东至盐池县南部（1350m），再向东北进入鄂尔多斯市鄂托克前旗（1340m）。此段大柳树水库—鄂托克前旗的引水线总长度[①]约 281.93km，比降约 1.42‰[②]。

（2）内蒙古境内黄河以西

进入鄂尔多斯市鄂托克前旗后（1340m），向东北方向进入乌审旗苏力德苏木（1325m），再至乌审旗乌审召镇西（1310m），继续向东北经伊金霍洛旗红庆河镇，至鄂尔多斯机场附近（1295m），再朝北（偏东）于东胜东站东侧经瓷窑沟绕过东胜梁至达拉特旗盐店乡北，然后一直向东，在准格尔旗薛家湾镇（1250m）过黄河。以上路线可保证过黄河时最低海拔不低于 1250m。鄂托克前旗—准格尔旗薛家湾镇的引水线总长度约 423km（不含过黄河的线路长度），比降约 2.13‰。

（3）内蒙古境内黄河以东至山西大同

该段线路自准格尔旗薛家湾镇（1250m）过黄河后，可在呼和浩特市清水河县城关镇

---

① 使用图新地球软件测量，下同。

② 南水北调中线引水线一般比降为1‰。

与 G18 荣乌高速之间的高地中沿等高线寻找合适线路，向东至山西境内苍头河的上游河谷，再沿河谷向北，随后朝东北方向建隧洞到乌兰察布市凉城县岱海湖（1225m）。此段线路多为山丘地区，预计需修建多处渡槽和隧洞。至岱海湖时海拔应尽量不低于 1225m，以确保与岱海湖正常水位海拔（1218m）有足够落差，供调蓄引水用。准格尔旗薛家湾镇—岱海湖引水线总长度约 166.54km（含过黄河的线路长度），比降约 1.5‰。

岱海湖所在的岱海盆地周边高中间低，北靠阴山支脉蛮汉山，东邻丰镇丘陵，南有马头山丘陵低山区，西侧则较为宽敞，东部斜坡以一低矮分水岭与桑干河水系相隔。引水线路从岱海湖（1225m）出发，经其东南的凉城县天成乡至丰镇市（1200m）。沿途地势较高，引水不能自流翻越，需修直线距离 35km、埋深 100m 不等的隧洞，如此引黄水可经隧洞由岱海自流入丰镇县御河河谷（1150m），最终到达大同御河河谷（1050m）。此段岱海湖—大同的引水线路总长度约 86.09km，比降约 20.33‰。

该段线路自准格尔旗薛家湾镇（1250m）过黄河后，也可不经过岱海湖，而是向东北到浑水河中游的和林格尔县新店子镇（1200m），再修建约 100km 隧洞至大同城区御河河谷（1050m）。此段线路总长度约 190.42km（含过黄河的线路长度），比降达 10.5‰。然而，走岱海湖线有几个优势：①岱海湖能为引水方案发挥一定调蓄作用（详见 5.5.3 小节）；②需修建的隧洞长度比直接从新店子镇修建隧洞到大同城区短许多，能节省大量建设成本；③已有的引黄济岱工程不能实现自流，而在新的规划下则可以自流，可弥补目前引黄济岱工程的不足①。因此，我们更推荐经岱海引水的路线。

5.3.2.2　南线

南线以山西省朔州市桑干河河谷为终点，从大柳树水库至乌审旗苏力德苏木一段与北线一致（图 5-7）。从苏力德苏木（1325m）开始，南线向东偏北方向进入陕西省榆林市神木市南，从神木市栏杆堡镇稍南处（1240m）过黄河，进入山西省忻州市岢岚县岚漪河中游，于温泉乡（1130m）修建长约 120km 的隧洞至朔州市朔城区桑干河河谷（1080m）。南线线路总长度约 359.02km，比降约 6.82/10000。其中，沿岚漪河从魏家滩镇至温泉乡一段，长度十余公里，海拔变化不大，便于施工。尽管温泉乡海拔高度仅较终点高 50m，但隧洞比降可达 4.17/10000。

5.3.2.3　南北线路比较

以上南北两条线路长度不同，所经地区不同，所需要的建设成本和具备的优势也各不相同。南线受水点朔州市海拔高度略高于北线受水点大同市，但线路总长度短于北线。仅计算沿线各点之间的直线距离并加总，南线总长度约为 748.37km，而北线为 932.91km，

---

① 20 世纪 60 年代以来，岱海湖水逐渐减少，湖面不断萎缩，生态环境日趋恶化，引黄济岱工程应运而生。但其规划的两条线路均需提水：一是自托克托县麻地壕村取水，经和林县境内，穿越分水岭（蛮汉山）后送至凉城县永兴水库，线路全长 100km（黄河至永兴水库），泵站总扬程为 880m，再输送至岱海。二是自托克托县前房子村取水，沿兴巴高速公路，经浑河穿越分水岭后送至凉城县双古城水库，再经凉城县弓坝河输送至岱海，线路全长 131km，泵站总扬程为 1060m。若新的引黄济晋规划线路经过岱海湖，线路过黄河处的准格尔旗位于托克托县以南，整体地势高于托克托县，从黄河至岱海湖可实现自流，不需提水。

比降分别可达 4.01/10000 和 3.54/10000。然而，虽然南线直线距离较短，比降较大，但南线经过陕西境内时需要穿越黄土沟壑区、从岢岚县温泉乡到朔州城区需挖掘 120km 左右的隧洞，施工困难较大。北线自大柳树水库起到穿越黄河前，基本都在地势平坦的鄂尔多斯高原上穿行，几乎不跨越任何黄土高原重度沟壑区，并且只有跨过黄河后的部分线路需修建隧洞，隧洞长度大大少于南线①。因此从沿线的地貌和地质条件看，北线是更具有工程可行性的线路。

从社会经济效益和生态效益来看，虽然北线线路长，但这也意味着受惠范围更大。引水线路经过一地，既能改善该地的生态环境，也能带动该地的经济发展。南北两线在宁夏境内经过的主要县市是吴忠市的同心县、红寺堡区和盐池县，2019 年三地生产总值达 573.23 亿元②；出宁夏后，线路经过鄂尔多斯市境内除杭锦旗和鄂托克旗外的所有县区，可惠及人口近 200 万人，所覆盖地区 2019 年的生产总值达 3000 多亿元③。此外，北线还连接了岱海湖，既可以带动岱海湖周边地区生态保护和经济发展，也可以把岱海湖作为天然水库。例如，在上游遇到特大洪水而下游又不需水时，可适量引水至岱海湖，既可为上游排洪作出贡献，又可避免上游弃水导致水资源的浪费。

经上述粗略比较后，北线略胜一筹。但如有可能，也可以同时修建南线和北线。两条线路并用，将扩大引水惠及范围，使社会经济和生态效益更加显著。

5.3.3 晋北至海河、汾河流域线路

黄河上游引水进入晋北后，可惠及山西省大部和海河流域大部。本节具体说明所引黄河水如何经桑干河和滹沱河连通海河流域和汾河流域。

5.3.3.1 连通海河、汾河流域

引黄济海、济晋新构思下的南线和北线引水线路，最终都可将黄河水引入桑干河流域，区别在于南线从朔州市朔城区入桑干河，北线则取道大同，经御河入桑干河。桑干河是海河流域永定河水系的一级支流，流经朔州、大同后，于阳高县尉家小堡进入河北省境内，汇入官厅水库，出官厅水库后为永定河，流经北京、河北，在天津境内注入海河。因此，黄河水一旦进入桑干河水系，就与海河流域连通，可为京津冀地区供水。

以上仅为连接黄河流域与海河流域的一条线路，另有一条可能的路径为：经滹沱河连接黄河流域与海河流域。滹沱河也属于海河流域，发源于山西省繁峙县东北的桥儿沟，向西南流经恒山与五台山之间，至代县后折向南，至原平市南后呈"S"形向东流，切穿系舟山和太行山，进入河北省，在石家庄市献县与滏阳河相汇成子牙河后入海。滹沱河位于桑干河以南，上游与桑干河仅有恒山相隔（图 5-8），可以在朔州市附近的桑干河沿岸修

---

① 此处没有考虑北线从新店子镇直接挖隧洞至大同市的方案。
② 数据来源：宁夏回族自治区统计局。
③ 人口和经济数据来自 2019 年内蒙古自治区统计局。鄂尔多斯下辖东胜区、康巴什区、达拉特旗、准格尔旗、鄂托克前旗、鄂托克旗、杭锦旗、乌审旗和伊金霍洛旗。

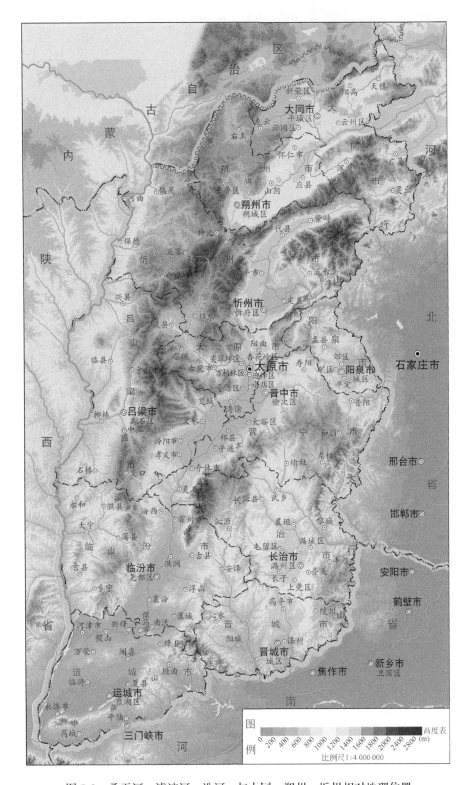

图 5-8　桑干河、滹沱河、汾河，与大同、朔州、忻州相对地理位置

建隧洞穿过恒山，向南与滹沱河相连，使桑干河径流注入滹沱河上游。从地势来看，该方案也可以实现自流引水。滹沱河沿恒山南麓向西南方向流淌，过繁峙县后海拔下降到900m以下，远低于恒山北麓的朔州市。

滹沱河方案还能实现黄河向汾河流域补水。滹沱河上游忻州盆地西南部（忻州市忻府区）海拔多在800m左右，由此处往南过云中山即为汾河流域。太原市尖草坪区以南太原盆地海拔大多在800m以下，东北高西南低，一路倾斜至临汾盆地。因此，可从滹沱河上游自流引水至太原盆地（部分区段需打隧洞），连通滹沱河和汾河。这样一来，黄河水就可以自流供给山西省中部的太原盆地和西南部的汾河谷地。

5.3.3.2　向山西省供水

考虑到万家寨水利枢纽建成后，因为人工扬水成本高昂而不能足量引水的经验，能在兼顾向海河流域供水的同时以较大规模向山西省自流供应黄河水，是本方案一个不可多得的优点。

如仅考虑向海河流域提供更多黄河水，那么除了直接从下游河道自流引水，还可考虑以小浪底水库为取水口，沿太行山挖渠自流把引水输到海河流域各地。诚然，在现有黄河治理思路下，小浪底水库不是用来向任何一方引水的，而是用于下游河道调水调沙的。但即使黄河治理思路有了根本性变化，以小浪底水库为取水口的引水方案也绝不能使黄河水自流到山西各主要用水区，因此解决不了山西用水紧缺的状况①。

从地形地势来看，本引水方案是唯一能解决山西省广大地区用水困难的方案。山西省总体地形为"两山夹一川"，东部、西部为海拔1500m以上的高山，中间一系列盆地分布其间，北部大同盆地和忻州盆地的桑干河、滹沱河，以及从东北向西南贯穿山西省中南部的汾河，构成了山西的主要水系。按照本书规划，在把黄河上游径流引入桑干河、滹沱河和汾河后，山西省北部、中部、南部盆地地区的用水问题可大大缓解。此外，山西省目前正在兴建"两纵十横、六河连通、覆盖全省"的大水网工程（见附录B）。本书引水方案若能结合大水网工程，山西省不但能获得更多的水资源，还能通过大水网工程将水资源输送至省内更多地区，包括西部和东部两侧的山地丘陵地区。

5.4　工程可行性分析

本书不打算对引水方案制定具体详实的工程设计，但将通过比照已完工的南水北调中线工程和其他引水工程，说明方案在工程技术上具备较高可行性。

5.4.1　渡槽及隧洞技术

引黄济海、济晋线路在施工上有一定难度，但并非无先例可循，跨流域南水北调工程

---

① 即使小浪底水库和其上游的三门峡水库可以主要用于引水，目前其大部分库容都已被泥沙充填，未来这一情况将会更为严重，未来能用于引水的库容将是非常有限的。

便是可供借鉴的一个。无论是线路长度还是工程规模，南水北调工程都远在本书的方案之上。南水北调通过东、中、西三条调水线路构建联系长江、淮河、黄河与海河的大水网，三条线路规划共调水 448 亿 m³，调水规模之大基本上相当于黄河全河的水量，其中东线和中线加起来长度近 3000km。如此长距离调水，空间范围广，受气候变化影响大，对工程建设和运行管理都提出了较高的要求。同时，东线和中线工程又地处我国较为发达的地区，需要跨越的公路、铁路、油气管道等多达几千处，工程的规模和实施难度可想而知[①]。目前南水北调工程东线和中线的一期工程已经顺利完成并通水，西线规划方案比选等工作也已提上日程。与之相比，本书提出的引水线路中的北线长度不到 1000km，南线则更短，总调水量 150 亿 m³，仅为南水北调工程调水量的三分之一左右，且所经地区大部分为人口密度较低的鄂尔多斯高原和黄土高原。总体而言，工程实施的难度应远不及南水北调工程。

南水北调东线和中线工程的顺利实施，为评估本书引黄济海、济晋规划实施的技术路径和工程难度提供了参照。南水北调工程在多处跨越河流时采取了在河流及低洼区悬空修建渡槽的方式，形成了"地上天河"的景观。沙河渡槽是南水北调中线工程中规模最大、技术难度最为复杂的控制性工程之一，综合流量、跨度、重量、总长度等指标，其顺利修建堪称建筑奇迹。沙河渡槽在河南省平顶山市鲁山县境内跨越沙河，起点断面设计水位 132.37m，终点设计水位为 130.489m，落差仅 1.881m，总长度 11.938km，包括明渠 2.888km，渡槽 9.0km，起终点比降约 2/10000。渡槽单槽重达 1200t，"U"形结构的槽身最大高度 9.6m；设计流量 320m³/s，加大流量 380m³/s。工程于 2009 年 12 月开工，于 2014 年 12 月 12 日正式通水[②]。本书提议的引黄济海、济晋规划，同样会遇到类似的工程技术难点。尤其是在准格尔旗（北线）和神木市（南线）穿越黄河中游干流，以及在沟壑纵深的黄土高原区（南线跨越黄河处两岸约 50km 内分布着这样的地形地貌）修建输水线时，可以借鉴南水北调工程修建渡槽以跨越沟川等低地的成功经验。

本书引黄济海、济晋引水路线在穿越黄河时，还可以借鉴南水北调中线采用倒虹吸方式在黄河河床基岩建隧洞穿越的经验。使用倒虹吸方法修建隧洞从被跨越河流的河床下通过，目的是利用两岸上下游水位差实现自流。南水北调工程中工程规模最大、技术最为复杂的中线穿黄工程，起点位于郑州市黄河京广铁路桥以西 30km 处的孤柏嘴上游约 2km 处，北岸终点位于焦作市温县南张羌乡马庄村，全长 19.3km。穿黄隧洞是穿黄工程穿越黄河的关键，工程设计流量为 265m³/s，加大流量为 320m³/s，双线布置，单条隧洞长 4250m，内径 7m，最大埋深 35m，最小埋深 23m（刘宁，2006；于澎涛，2008；钮新强，2009）。穿黄隧洞北岸出水口与南岸进水口落差约 8m，长江水经过穿黄隧洞后可自然流出（图 5-9）。南水北调中线穿黄工程为本书引黄方案中跨越黄河部分的工程提供了另一种可借鉴的方法。按照引水 150 亿 m³ 的目标，假设全年分秒不停地流淌，需要设计流量约 476m³/s，大于南水北调中线沙河渡槽的 380m³/s 和穿黄工程的 265m³/s。因此，按照目前可以借鉴的南水北调中线渡槽和隧洞建造技术，本书的引黄济晋、济海路线在跨过黄河时，需要修建多条渡槽或隧洞。

---

① http://nsbd.mwr.gov.cn/zw/gcgk/gczs/201002/t20100226_1128069.html，2021 年 2 月 22 日访问。

② https://baijiahao.baidu.com/s?id=1601813189566860601&wfr=spider&for=pc，2021 年 2 月 22 日访问。

图 5-9　南水北调中线穿黄工程三维效果图

资料来源：http://www.xinhuanet.com/politics/2021-05/23/c_1127482179.htm，2023 年 11 月 21 日访问

陕西省引汉济渭工程修建的穿越秦岭的隧洞，为我们引水路线穿越山体的部分提供了技术参考。与南水北调工程相比，引汉济渭工程中穿秦隧洞的规模相对较小，隧洞全长98.30km，设计流量 70m³/s，纵坡比降 4/10000，最大埋深 2000m。如按穿秦隧洞的规模设计符合本书引水要求的隧洞，即按引水流量 70m³/s 计算，一条这样的隧洞每年仅可引水 22 亿 m³。如此算来，要实现年引水 150 亿 m³ 的目标，需要 7 条这样的隧洞。

5.4.2　土质、岩质条件

与南水北调工程不同的一点在于，本书规划的南线从神木市栏杆堡镇穿过黄河至忻州市岢岚县温泉乡，需要在黄土高原沟壑区中穿行 50km 左右，规划的北线在鄂尔多斯市东胜区附近及呼和浩特市清水河县部分地区也需经过黄土区，但距离要短得多。黄土高原沟壑区土质疏松，垂直节理发育，易发生湿陷（郑晏武，1982）。要在这样的地质条件下修建大型长距离沟渠、渡槽和隧洞等水利工程，是一项较大的工程挑战。但让人略微欣慰的是，根据《湿陷性黄土地区建筑标准》（GB 50025—2018），南线所经陕西境内黄土区的黄土大多为非自重湿陷性黄土[①]，湿陷性黄土层厚度一般小于 5m，地基湿陷等级一般为 Ⅰ级（轻微）~Ⅱ级（中等）；所经山西境内黄土区的黄土也一般为非自重湿陷性黄土，湿陷性黄土层厚度一般为 5m ~10m，地基湿陷等级一般为 Ⅰ 级（轻微）。在山西大水网工程中，作为四大骨干工程之一的中部引黄工程已成功在相同条件下建成桥头渡槽，这说明在

---

①　湿陷性黄土指在一定压力下受水浸湿，土的结构会迅速破坏从而产生显著附加下沉的黄土。自重湿陷性黄土指在上覆土的饱和自重压力作用下受水浸湿，产生显著附加下沉的湿陷性黄土，否则为非自重湿陷性黄土。关于黄土高原湿陷性黄土具体分布及评价见《湿陷性黄土地区建筑标准》附录 B。

此类地质条件下建设水利工程的技术已较为成熟。

山西中部引黄工程是山西大水网"两纵十横"中的第四横,工程从忻州市保德县境内黄河干流上的天桥水电站库区取黄河水,以383km长的输水隧洞纵贯忻州、吕梁、晋中、临汾4市17县,供水覆盖区域面积2.03万km²、人口320万。工程中的桥头渡槽位于保德县桥头镇,架设在由两座相邻山脉形成的宽约80m的"U"形山谷中,距离地面约70m、长约195m,横跨朱家川河和公路神保线①。山西中部引黄工程克服了朱家川上游洪水多发、黄土地质条件复杂等困难,但美中不足的是需先泵水200m再行调配②,而本书的引水规划可以全线自流。

此外,5.1节提及的引大入秦工程需穿越侵蚀堆积与剥蚀构造黄土覆盖的垄状中低山区,隧洞、渡槽施工同样面临地质环境极差的问题。陈晓东(2012)总结了引大入秦工程三大标志性建筑物:①盘道岭隧洞。盘道岭隧洞全长15.723km,围岩岩质为软至极软岩,岩体破碎至极破碎,自稳能力极差。其中,12.532km洞身围岩属第三系地层,2.985km属白垩系地层,第三系地层与白垩系地层岩性为砂岩、砂砾岩等,遇地下水易形成涌水、流砂;其余洞身围岩属第四系地层,岩性为具湿陷性的黄土状土夹砂层。②水磨沟30A隧洞。水磨沟30A隧洞全长11.649km,最大埋深350m,一般埋深100m~200m,约长9.85km的洞身穿过第三系地层,无大的断裂构造,但岩质软弱,易风化,遇水后迅速崩解。③庄浪河渡槽。庄浪河渡槽跨越庄浪河、兰新铁路、312国道,全长2.2km,最大单跨槽重约302t。庄浪河渡槽下部支承结构选用空心墩和双排架两种形式,部分双排架需在深厚的湿陷性黄土地基上架设。引大入秦工程的顺利完工与交付,可以为在复杂岩体条件下建设水利工程提供宝贵借鉴。不过,盘道岭隧洞、水磨沟30A隧洞及庄浪河渡槽的设计输水流量仅分别为29m³/s、32m³/s和21.5m³/s,与本书引水方案的引水要求差距较大,因此亟需进一步研究在复杂地质条件下修建更大规模引水设施的方案。

5.4.3 明渠与暗渠

引水管道修建明渠还是暗渠需要考虑线路引水量、施工地质地形条件、所经地区的气候条件、运行管理与维护难度等。南水北调工程主要采取了明渠输水,原因在于输水规模大,线路所经地形复杂,若修建暗渠地下作业难度大,管口口径大,成本较高;且暗渠后期老化后维修成本高昂,而明渠较易维护,可以直接利用已有河道,既节省成本,又有利于改善沿线生态环境。

但南水北调工程中也不乏修建暗渠的例子。例如,南水北调中线经过河南省平顶山市宝丰县、穿越焦柳铁路时,修建了平顶山西暗渠;中线京石段在穿越北拒马河的中支和北

---

① 参见: http://epaper.sxrb.com/shtml/sxwb/20181027/249961.shtml 和 http://news.sxrb.com/sxxww/xwpd/sx/7115281.shtml,2021年2月24日访问。

② 参见山西中部引黄工程建设管理有限公司,山西中部引黄工程简介,http://www.sxzbyh.com/gcgk/gcjj/index.html,2021年2月24日访问。

支河段时，修建了北拒马河暗渠；中线终点北京段也采用了地下输水环路①。暗渠输水相较于明渠输水，存在几个突出的优势：首先，明渠输水较易受到污染，暗渠则不易受到自然因素的影响；其次，明渠输水蒸发量大，暗渠则可以降低输水过程中的水量损失。考虑到本书的引水线路始自西北干旱半干旱地区，途经沙尘较多、蒸发旺盛的鄂尔多斯高原和黄土高原，明渠输水维持水质的难度可能较高、水资源损耗量可能较大。

在冬季低温地区，确保输水线冬季正常输水是个挑战。南水北调中线安阳以北渠段会在冬季遇到渠道结冰的问题，但在合适的运水调度下，依然可以持续输水。南水北调中线采取的办法为：首先在冰期适当减少运水和保持较低的水流速度促成水面上冰盖形成，用冰盖下的空间继续输水；其次，输水过程中确保水位和水速的稳定，以防冰盖破损，造成冰塞、冰坝事故，威胁渠道安全；最后，在融冰期间保持较低的流速，防止冰块堆积阻塞，直至冰盖全部融化。本书黄河引水规划全线都处于冬季有冰的气候区，若同样修建明渠，可以借鉴南水北调中线冬季输水的办法，解决结冰期线路北部先于南部结冰、融冰期南部先于北部融冰的问题。

综上所述，本书引水线路对明渠和暗渠的取舍应根据具体线段所穿越地区的气候、地形等条件，综合考虑工程实施技术和成本、后期维护成本、对沿线产生的各种效益后，再行决定。还需配合制定好相关用水取水政策，加强相应的奖惩机制和监管措施，提高水资源管理效率。

5.5　引水分配与受水区蓄水

5.5.1　海河流域、山西省引水分配

从黄河上游引水后，需考虑如何分配这 150 亿 m³ 水资源。首先，从黄河上游引水，牵一发而动全身，可能减少产流较少的黄河下游地区的地表水资源，留给黄河下游地区的黄河地表水少于"八七"分水方案的配额，也就是给黄河下游地区带来黄河地表水耗水量缺口。因此，在分配水资源时，要平衡海河流域、山西省从黄河取水和从本书引水方案取水的关系，使黄河下游其他地区的利益至少不受损。在此基础上，尽量补齐海河流域、山西省的经济社会发展和生态保护用水缺口。

因从上游引水而可能导致的黄河下游地区黄河地表水耗水量缺口，可由海河流域通过减少向黄河下游河道取水来填平。在目前"八七"分水方案下，黄河下游以北的黄河供水区，主要包括河南省和山东省位于黄河以北的区域、河北省、天津市，这些地区大部分属于海河流域，其黄河地表水耗水量指标合计约为 73 亿 m³（计算过程详见第 7 章）。黄河下游以南的黄河供水区，主要包括河南省和山东省位于黄河以南的区域，这些地区大部分

---

① 参见 http://www.gov.cn/govweb/xinwen/2014-06/10/content_2697561.htm；http://www.chinawater.com.cn/ztgz/xwzt/2009wlzlzxj/gcgkjz/7/bjmhaq/；http://www.gov.cn/govweb/xinwen/2014-05/24/content_2686449.htm，2022 年 3 月 17 日访问。

属于淮河流域。假设从上游引水导致黄河下游水量减少，从而导致黄河下游地区可用的来自黄河下游河道的水量减少 x 亿 m³，那么可将海河流域来自黄河下游干支流的耗水量调整为 $(73-x)$ 亿 m³[①]，目的是确保下游以南的黄河供水区的用水利益至少不受损，下游以北的黄河供水区用水则更多通过上游引水方案来满足。

在上述原则的基础上，上游引水应尽量补齐海河流域、山西省的社会经济发展和生态保护用水缺口，最大限度地缓解当地目前的用水紧缺情况。首先，来自上游的引水至少应补齐目前山西省取黄河水中低于"八七"分水方案配额的部分。"八七"分水方案分配给山西省的耗水量指标是 43.1 亿 m³，但由于吕梁山的阻隔，山西省的黄河地表水耗水量长期低于"八七"分水方案配额。根据《黄河水资源公报》，1998～2005 年，山西省黄河流域的耗水量在 30 亿 m³ 左右，其中地表水耗水量仅为 10 亿 m³ 左右。2005 年后，山西省黄河地表水耗水量不断上升，2011 年超过 20 亿 m³。2019 年黄河来水较丰，水资源量为 751.23 亿 m³，较 1956～2000 年均值多出 112.86 亿 m³，山西省地表水耗水量也为 1998 年以来最多，但也仅为 32.44 亿 m³，与"八七"分水方案尚有 10 亿 m³ 左右的差距。从山西省黄河地表水耗水量占黄河供水区所有黄河地表水耗水量的比例来看，山西省的占比同样远低于"八七"分水方案规定份额，这在 2.3.2 节做过更详细介绍。上游引水方案与山西省的取水方式相配合，至少要让山西省完全用起"八七"分水方案的配额水量，补足其原来因"用不上、用不起"而放弃的部分。在此基础上，上游引水量的分配，还要考虑海河流域、山西省经济发展与生态保护用水缺口，最大限度地缓解当地目前的水资源短缺状况。

5.5.2 沿线地区受水

新规划下引来的黄河水除满足海河流域及山西省的用水外，也可分配至引水沿线地区，缓解沿线地区水资源不足的问题，尤其是生态恢复需水问题。

本书设计的引水路线经过黄河流域内宁夏、内蒙古、陕西等地，这些沿线地区经济发展与缺水问题已在第 2 章有所体现。除此以外，沿线地区气候干旱，生态环境脆弱，而生态修复需以水资源为保障。例如，根据《黄土高原地区综合治理规划大纲（2010—2030年)》，南线后半段途径黄土丘陵沟壑区、沙地和沙漠区，生产条件较差，距黄河干流较远，水资源短缺、水土流失严重。再如，线路途径毛乌素沙地，该地在 20 世纪 50 年代开始了治沙工程，具体工作包括建防风林和麦草方格、引水拉沙[②]等，也需要充足的水资源。

引水线路在宁夏境内经过盐池县中北部的哈巴湖国家级自然保护区。保护区气候干

---

① 正文中提到的下游用水缺口 x 亿 m³ 的具体数值，与我们在第 6 章的黄河中游治理设想相关，故此处暂不展开讨论。另外，这里没有考虑南水北调工程向黄河下游地区供水带来的影响。考虑南水北调后，由海河流域负责填平缺口的一般性原则依然不变（具体方案可能有多种)，即海河流域或者减少来自黄河下游干支流的耗水量、或者减少南水北调工程取水量、或者两者均减少来填平缺口，使下游以南的黄河供水区用水利益至少不受损、甚至受益。上述细节则留待本书的第 7 章讨论。

② 引水拉沙是在风沙地区利用水流冲拉沙丘，把起伏不平的荒沙削高填低，形成平地，以降低风蚀危害，改良土壤，该方法需要有充足的水源。

燥，蒸发强烈，年均降水量 296.5mm，而年均蒸发量高达 2131.7mm，为降水量的 7.19 倍[①]，生态用水紧缺。保护区内主要有灌丛、沙地、荒漠、草原、湿地等生态系统，是毛乌素沙地南缘三北防护林体系的重要组成部分，在防风固沙、保持水土、调节气候、遏制毛乌素沙地南侵、维持半干旱荒漠草原生态系统的稳定等方面有着不可替代的作用。然而，张彩华等（2019）对保护区内哈巴湖湿地、花马湖湿地、八子洼湿地和南海子湿地的研究认为，要维持目前的湿地面积不缩小、功能不退化，每年应向湿地补水 1205.3 万 m^3；要使湿地维持在最佳状态，则应每年向湿地补水 4772.1 万 m^3。

引水路线北线将经过内蒙古第三大内陆湖——岱海湖。湖区属于中温带半干旱季风气候，多风沙天气，日照率高，蒸发旺盛，来水主要依靠岱海盆地内的地表径流、地下径流以及湖面降水。历史上岱海曾经湖面广阔，存蓄水资源丰富，但如今湖面面积已大大缩小。上游引水经过岱海时，利用岱海调蓄水量，可以提高岱海湖水位，改善湖区生态环境。

引水线路途径多条河流，可借助河道将水资源补充至沿线地区。引水线路在宁夏境内经过清水河、红柳沟和苦水河等黄河支流，到达鄂尔多斯市苏力德苏木后分为南北两线。北线向东北经过鄂尔多斯高原东部丘陵区及北部较靠近黄河干流的地区，途径纳林川（黄河中游支流黄甫川的上游）、哈拉什川、乌兰木伦河（黄河中游支流窟野河的上游）等河流，过黄河后穿越呼和浩特市及乌兰察布市南部丘陵区至大同，途径浑河、岱海湖。南线从陕西神木市穿过黄土高原沟壑区进入山西朔州市，途径陕西境内无定河支流及山西岚漪河等河流。通过将水资源补充给沿线河流，配合当地生态保护工作，有助于在线路周边形成大规模的绿色生态连片区。

综上所述，可考虑将上游引来的 150 亿 m^3 黄河水分给海河流域 90 亿 m^3，山西省 35 亿 m^3，内蒙古自治区 15 亿 m^3，黄土高原地区及宁夏回族自治区 10 亿 m^3。由于从上游引水可能导致下游地区出现黄河地表水耗水量缺口，而该缺口将由海河流域地区通过减少来自黄河下游干支流的耗水量或通过其他途径来填平，因此海河流域最终净增水资源量可能不足 90 亿 m^3，具体的估算结果将在第 7 章讨论。新规划下，山西省净增水资源量约 35 亿 m^3，黄河中游黄土高原地区净增的水资源量将在第 6 章结合中游治理规划来讨论。

5.5.3 受水地区蓄水能力

黄河流域汛期为 7~10 月，海河流域汛期为 6~9 月，两地径流量年内变化较大且汛期重合度高。因而引黄济海、济晋要求供水地区和受水地区都要有足够的蓄水调配能力，否则汛期水量过大、非汛期水量不足。5.2 节讨论了黄河上游年内蓄水问题，接下来讨论引水线路沿线及下游受水区的蓄水能力现状。

5.5.3.1 湖泊与水库

最经济、最方便建设的调水蓄水设施当然是充分利用现有的河流、湖泊、水库等自然和人工蓄水空间。通过比较沿线及受水地区的现状蓄水情况和最大蓄水空间，两者之差即

---

① 参见哈巴湖国家级自然保护区博物馆：http://www.nx.xinhuanet.com/hbh/bwg.htm，2021 年 2 月 22 日访问。

为可新增的蓄水能力。如这一能力达不到要求，还需新建必要设施（如水库等）以达到要求。以下仅给出引水沿线和受水地区现有主要湖泊和水库的概况，对其新增蓄水能力进行粗略估算以作参考。

首先，就沿线调水蓄水能力而言，北线沿线岱海湖具备非常有利的条件。根据石蕴琮（2001）的研究，岱海在距今大约 200 万~250 万年前形成，彼时气候温和潮湿，湖水位海拔高达 1326m，湖面约为 760km²[①]。距今约 25 万~7 万年前，由于降水减少，岱海湖水位下降到 1290m，水面面积缩小到 540km²。距今约 7 万~2.5 万年前，岱海湖水位进一步下降到 1226m，湖面面积缩至 170km²。近期，岱海湖水面面积进一步缩小。2018 年岱海湖水位海拔降至 1215m，湖面面积 51.55km²，库容量仅为 2.23 亿 m³（图 5-10）。5.3.2 节介绍的引水路线中，若利用岱海湖蓄水，上游来水将以 1225m 的海拔高度进入岱海湖，因此不妨假设岱海湖蓄水水位可达到 1225m。1986 年，岱海湖水位海拔高度最高约 1225m，对应库容约 12 亿 m³。将 2018 年 1215m 水位下的 2.23 亿 m³ 库容视为已使用的库容，那么岱海湖还可提供约 10 亿 m³ 的蓄水空间（图 5-11）。

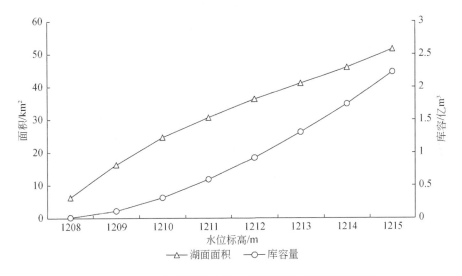

图 5-10　2018 年岱海湖水位、湖面面积与库容对应关系

资料来源：凉城县水利局

引水路线还将进入桑干河流域，流域内主要水利设施为册田水库、官厅水库。册田水库位于桑干河中上游、大同县西册田村北，距大同市 60km，是山西省第二大水库。册田水库始建于 1958 年 3 月，1960 年开始拦洪，总库容 5.8 亿 m³，死库容 3.6 亿 m³，调洪库容 1.63 亿 m³。建库以来，多年平均径流量 3.30 亿 m³，平均输沙量 1200 万 t[②]。官厅水库位于桑干河下游、距北京市西北约 80km 的永定河官厅山峡入口处，库区跨河北省怀来和

[①]　彼时岱海湖水可以经其东南的天成村流入洋河上游支流，而洋河即是永定河上游的两大支流之一，属于海河流域。也就是说，古岱海湖原是海河流域内的一个湖。之后气候的不断变化使得岱海湖逐渐与海河水系失去联系，成为一个封闭的内陆湖泊。

[②]　http://www.hwcc.gov.cn/wwgj/liuyuzdgc/sk/ydhsx/200307/t20030730_28955.html，2021 年 3 月 1 日访问。

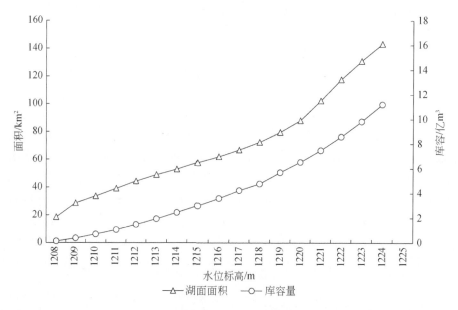

图 5-11 1986 年岱海湖水位、湖面面积与库容对应关系

资料来源：凉城县水利局

北京延庆两县，由永定河库区和妫水河库区组成[①]。官厅水库于 1951 年 10 月动工，1954 年 5 月竣工，是新中国成立后建设的第一座大型水库，设计总库容为 22.7 亿 m³，防洪库容 10.7 亿 m³，兴利库容 6 亿 m³。后几经改扩建，总库容增至 41.6 亿 m³，防洪库容增至 29.9 亿 m³（云亦，2018）。官厅水库曾经是北京主要供水水源地之一，但由于工业污染于 20 世纪末被迫退出城市生活饮用水体系（张君伟等，2020）。官厅水库常年蓄水量少，2007 年蓄水量仅 1.2 亿 m³[②]；2017 年库中水位为 2001 年以来最高，但蓄水量仅接近 4.8 亿 m³[③]。

本书以水库的兴利库容（调节库容）[④] 计算可供使用的蓄水空间。由于未找到册田水库的兴利库容数据，仅以册田水库总库容和死库容之差计算可蓄水量，为 2.2 亿 m³；官厅水库兴利库容 6 亿 m³。两者共可蓄水 8.2 亿 m³。

滹沱河流域内较大的水库主要有岗南水库和黄壁庄水库。岗南水库位于河北省平山县岗南镇附近的滹沱河干流上，距石家庄 58km，控制流域面积 15 900km²，与下游 28km 处的黄壁庄水库联合控制流域面积 23 400km²。水库始建于 1958 年 3 月，1966 年续建，1969 年竣工。总库容 17.04 亿 m³，调洪库容 9.17 亿 m³，兴利库容 7.8 亿 m³，死库容 3.41 亿 m³，死水位 180.0m，正常蓄水位 200m[⑤]。黄壁庄水库地处河北省鹿泉市黄壁庄村，水库总库容 12.1 亿 m³，调洪库容 7.3663 亿 m³，兴利库容 4.64 亿 m³，死库容 0.6968 亿 m³，已淤

① http://www.hwcc.gov.cn/wwgj/liuyuzdgc/sk/ydhsx/200307/t20030730_28956.html,2021 年 3 月 1 日访问。

② http://www.mwr.gov.cn/sj/jbjc/sljb/201702/t20170214_860199.html,2021 年 3 月 1 日访问。

③ http://beijing.qianlong.com/2017/0317/1506852.shtml,2021 年 3 月 1 日访问。

④ 兴利库容为正常蓄水位至死水位之间的水库容积，也称为调节库容，用以调节径流。

⑤ http://www.hwcc.gov.cn/wwgj/liuyuzdgc/sk/zyhsx/200307/t20030730_29139.html,2021 年 3 月 1 日访问。

积库容 0.32 亿 m³, 死水位 111.5m, 正常蓄水位 120m[①]。综上, 按照兴利库容计算, 两座水库共可蓄水 12.44 亿 m³。

引水路线连通滹沱河和汾河后, 汾河流域亦为上游引水受水地区, 流域内较大的水库有汾河水库和汾河二库。汾河水库位于汾河上游太原市娄烦县境内, 1958 年 7 月开工, 1961 年 6 月竣工, 控制流域面积 5268km²。总库容 7 亿 m³, 兴利库容 3.6 亿 m³ (张江汀, 2007), 是山西省最大的水库。汾河二库位于太原市尖草坪区与阳曲县交界处玄泉寺附近的汾河干流上, "八五" 初期开工, 1999 年底下闸蓄水, 控制流域面积 2348km², 总库容 1.33 亿 m³, 兴利库容 0.41 亿 m³ (张江汀, 2007)。两座水库兴利库容共计 4.01 亿 m³。

综上, 桑干河流域、滹沱河流域和汾河流域几个主要水库可存蓄的水量共计 24.65 亿 m³, 加上岱海湖蓄水约 10 亿 m³, 共 34.65 亿 m³ (这一数字未去除水库已经存蓄的水量, 因而是偏大的), 但与所要接受的引水量相比还有较大差距。要较好调蓄本地降水和从黄河上游来的引水, 应在这几个流域修建更多的水利设施。

实际上, 桑干河流域、滹沱河流域和汾河流域内目前的主要水库大部分建于 20 世纪五六十年代, 距今已有 60 年左右, 之后没有新的大型水库建设。而从地形、地貌和地质条件来说, 流域内存在广阔的山区, 应该仍有巨大的建库空间。除了已有水利设施外, 京津冀地区和山西应重点考虑当地水利建设, 以具备更好的水资源调蓄和利用能力。

5.5.3.2 河道蓄水

除使用水库蓄水, 利用河道蓄水也是一项可行措施。河道蓄水还可以与河道 "运河化" 结合起来。所谓河道运河化, 就是使河道常年有水, 并可提供一定的通航能力。

要使河道运河化, 首先要做的就是在相关河道上适当修建水闸和堤岸, 以确保上下水闸之间的水位稳定。各水闸的选址需以各河段的高程而定, 水闸大小和相互之间的紧密度还需考虑到修建必要堤岸的工程量。水闸之间过于疏远, 则意味着需修建更大水闸和更高堤岸, 反之则反之。需要注意的是, 水闸过于紧密意味着需修建更多水闸, 且水闸过小水位过低也会影响通航能力, 从本书的角度来说也会影响河道的蓄水能力。所以, 如真正要使桑干河等相关河道运河化, 需要考虑诸多因素。

当然, 对相关河道进行运河化改造的一个关键前提是上游有足够水量下泄。这是因为, 在运河化运作中, 每开一次闸, 就会有一定水量从上一闸段下泄至下一闸段, 如上游无足够水量依次下泄至下游, 则运河化运作就无从谈起。但是, 通过上游引水, 这一前提将不会是个问题。

从蓄水的角度出发, 如对三条河流——桑干河、滹沱河、汾河都进行运河化改造, 各能蓄多少水? 在无实际勘察数据的情况下, 这一问题无从回答。但作为一项与上游引水配套的受水区蓄水措施, 其前景仍十分广阔。另外, 通过对相关河流进行运河化改造, 不仅仅能让其河道具备蓄水能力, 而且对改善流域内生产生活和生态面貌的影响也是深远的。再者, 运河化改造后的三条河流, 完全有可能成为我国北方一个重要的观光旅游资源。

对原有河道进行运河化改造的一个先例是英国。工业革命期间, 铁路交通出现之前,

[①] http://www.hwcc.gov.cn/wwgj/liuyuzdgc/sk/zyhsx/200307/t20030730_29137.html,2021 年 3 月 1 日访问。

英国大范围地对许多河流进行了运河化改造，包括泰晤士河。当时的考量仅是为蓬勃发展的工业提供运输能力。铁路交通出现之后，这一功能逐步淡化消失，但运河化改造后的河流对当地生态环境改造和保护的巨大作用则开始显现。目前英国仍在努力维护着其运河系统，以确保其继续为当地的生态环境保护作出贡献。同时英国也已将其开发成一个重要的观光旅游资源，每年都有许多游客租船穿梭于各条运河之间。关于泰晤士河及其周边河流的运河化改造、修建及恢复历史见本书附录 G。

5.6　本章小节

本章提出了本书黄河新规划中"上游引水"的部分。20 世纪已有引黄河水到海河流域和山西的设想和万家寨水利工程的建设，但因无法自流导致引水成本太高、用水不便等问题。本章在详细讨论了黄河上游水量大、质量好的引水条件后，给出了从上游引水 150亿 m^3 至海河流域和山西地区的方案。方案选定大柳树水库为引水起点，设计了到达山西北部的两条引水线路：北线和南线。引水路线不仅能够让上游黄河水自流至海河流域，还能通过连通汾河流域和结合山西已有水利建设向山西的南部地区供水，还可兼顾沿线其他地区的用水需求。

引水线路经过鄂尔多斯高原和黄土高原地区，地质条件复杂，具有一定的工程难度。本章以南水北调、山西大水网等水利工程为例，尝试对所经地区土质岩质条件、渡槽和隧洞修建、明渠和暗渠修建等工程问题进行了初步探讨，但这些问题还有待以后更多细致的技术研究和论证。

引水之后，本章给出了 150 亿 m^3 水资源在海河流域、山西及引水沿线地区之间的初步分配方案，分别为 90 亿 m^3、35 亿 m^3 和 25 亿 m^3。这对受水地区的蓄水能力提出了一定的要求，除利用现有湖泊和水库蓄水、进一步新建水库等水利设施外，本章还提出了利用河道蓄水的方法。黄河上中下游为一体，牵一发而动全身，从上游引水离不开对黄河中游和下游治理做出新规划，本书的第 6 章和第 7 章将详细介绍。

| 第6章 | 黄土高原就地补水

恢复黄土高原植被、促进其生态环境良性发展，既是治理黄河泥沙的根本之策，也是黄土高原治理的根本之策。但是，还存在几个需要商榷的问题：黄土高原恢复植被的努力在多大程度上能够获得成功？说到底，黄土高原本身是否适宜植被大规模生长？若答案是肯定的，目前黄土高原植被建设面临的困难与解决措施又是什么？

本章将重点讨论、分析以上问题。6.1 节通过追索黄土高原曾经的景象，说明恢复植被的可能性是存在的。6.2 节分析黄土高原裸露的成因，指出由于各历史时期的人类活动和其他自然因素，黄土高原生态进入恶性循环。6.3 节勾勒重建黄土高原生态良性循环的路径，其中最为重要和关键的一步是有效解决黄土高原严重缺水问题；提出的解决方案是逐级建坝、就地蓄水，将黄土高原水资源真正用于当地生态补水；并可借助第 5 章引水路线为沿线地区补水，从根本上走出目前治沙与缺水相矛盾的困境。6.4 节具体介绍"拾级建坝，就地蓄水"的思路。6.5 节、6.6 节分别讨论黄土高原北部、黄土高原南部就地蓄水和补水的区域范围与可蓄水量。6.7 节简述如何通过上游引水路线为沿线黄土高原补水。

6.1 历史上的黄土高原

探索历史上黄土高原的样子，即是否一直就是荒山秃岭，抑或曾经是完全另一番样貌，将能拓展我们的视野，有助于回答本章开篇提出的问题。

以史念海为代表的一派学者认为，历史上的黄土高原曾经是森林草原地区。史念海（2001）将历史时期黄河中游的天然植被划分为三类：森林、草原、荒漠。森林不仅存在于黄土高原东南部土石山地上，而且在黄土高原东南部的平原、丘陵、塬地上均广阔、繁茂地分布过，并可追溯到新石器时期甚至旧石器时期。

朱士光（2013）综合考古和地质研究的成果，对全新世中期（距今约 8000 年 ~ 3000 年）黄土高原地区的天然植被状况进行了复原，发现该时期关中、晋南与豫西北河谷平原与山间盆地的植被为北亚热带落叶与常绿阔叶混交林，陕北、陇东、晋中、晋北、内蒙古鄂尔多斯高原东南角、宁南东部黄土丘陵沟壑区与黄土高原沟壑区的植被为暖温带落叶阔叶林，陇西南部、宁南西部与青东丘陵沟壑区的植被为暖温带针阔叶混交林，河套地区与鄂尔多斯高原西北部、宁夏中部与北部、陇西北部的植被为暖温带草原。总而言之，远古时期黄土高原曾有大片森林，为人类提供了燃料、建筑用材、野生动物等物产资源。

西周至春秋战国时期，《诗经》、《山海经》等历史资料也表明黄土高原曾经存在大片森林。西周至春秋时期，有史料可考的森林区包括：①"山林川谷美，天材之利多"[①] 的泾渭下游关中平原地区；②渭河上游的丘陵地区；③包括吕梁山脉南端的西侧、今甘肃省境内的西秦岭[②]、秦岭之东的崤山、崤山之南的熊耳山等在内的山地地区（史念海，2001）。

围绕黄土高原古代的植被，也有不同的观点，争论焦点是当时的黄土高原究竟是主要由草原、灌木覆盖，还是主要被森林覆盖。同样是根据《诗经》记录的情况，王守春（1994）认为，《诗经》虽然记录了周人开垦清除荒野上的树木、桑树和栎树分布在田野之间的场景，表明古代黄土高原的显域生境[③]上确实有乔木生长，但也说明此时黄土高原最主要的植被还是草地和灌丛，即"疏林灌丛草原"。史念海（1985）也指出，《诗经·大雅·文王之什·绵》所载"周原朊朊，堇荼如怡"，即指周原肥沃的土地上遍布着美味的堇荼野菜，描绘的就是广袤的草原景观。吕厚远等（2003）、刘利峰等（2004）认为，自全新世以来黄土高原最主要的植被是草原而非森林，至少在塬面上是不存在森林的。由于稠密的森林对生产力水平低下的早期人类而言反倒是阻碍垦荒与种植的不利条件，因此有学者认为黄土高原既然是农业文明的发源地之一，那么其早期植被就应当是开阔的草原。对此，英国学者高迪（1981）对一些黄土地区沉积物花粉分析得出的结果可以提供佐证。刘东生等（1994）同样对黄土高原土壤进行了孢粉分析，包括对黄土高原一些地区的全新世土壤、植物硅酸体、有机碳同位素和孢粉组合进行了综合研究，认为黄土高原全新世以草原植被为主，塬面上没有森林分布，但不排除高原内部的山地丘陵区或沟谷内有较茂密的森林存在。何炳棣（1969）对历史文献进行考证，发现按地形分类，《诗经》中提及的黄土高原塬野上的植被中林木仅占9.5%，并且这一数字很可能已经高估了。

不过，也有学者反对仅依据孢粉分析就推断黄土高原历史上并无森林或森林稀少的做法。一方面，黄土土质疏松且水土流失严重，几百年甚至上千年来大面积的森林土或许已经冲刷殆尽，在现存土壤中未检测到相应的孢粉也就不足为奇了；另一方面，做过孢粉分析的土壤仅占少数，不可就此断定黄土高原不曾存在森林（鲜肖威，1983）。另有学者指出，黄土中存在的特殊微生物及碳酸钙，会使黄土中化石孢粉的含量减少甚至消失，从而影响孢粉分析的准确性（朱志诚，1982）。受空间和时间广度的影响，不同区域以及不同时间的水热条件差异都会影响对历史上黄土高原自然植被的认识。

尽管对于古代黄土高原以何种植被为主体仍然存在争议，但无论是"森林说"还是"草原说"，都不否认历史上黄土高原曾植被繁茂、生态良好。也正因如此，农耕文化才得以在此起源，华夏文明才得以在此发展延续。黄土高原上有数不尽的历史文化遗产，说明古代的黄土高原是非常适宜生活生产的，而没有广阔的植被，这将无从谈起。

黄土高原更为人熟知的，是其后来支离破碎、土地贫瘠、民生艰苦的一面。黄土高原

---

① 《荀子·强国篇》。

② 狭义上的秦岭，仅限于陕西省南部、渭河与汉江之间的山地；广义上的秦岭，西起昆仑，中经陇南、陕南、东至鄂豫皖—大别山以及蚌埠附近的张八岭，是长江和黄河流域的分水岭。史念海（2001）在此处应指广义的秦岭。

③ 生长于显域生境的植被能够比较好地反映该地区的气候条件。

是黄河泥沙最主要的来源地，一千多年来黄土高原剧烈的水土流失严重威胁着黄河下游安全，同时也加剧了当地土地肥力下降及干旱缺水等现象，严重制约了当地的经济发展。只有了解黄土高原是如何走到这一步的，该地区未来的发展方向才会有所明朗。黄土高原的自然环境是怎样发生如此巨大变化的？是否可能将其恢复至与从前相近、或与现在相比更为宜居的状态？如果可以，具体的实现途径又是什么？回答好上述问题，不仅关系到黄土高原本地的发展，而且也关系到黄河的治理和黄河流域发展的方向。

6.2　裸露的黄土高原

黄土高原孕育了中华文明，但自从中华历史步入农垦文明以来，人类持续的垦殖和频繁的战争早已使黄土高原面目全非，绝大部分原生植被已消失殆尽。原生植被消失的地方，或成为了人类定居地，或栽上了人工林草、农作物等，还有不少地方则成为了现今的荒山秃岭。可以毫不夸张地说，黄土高原的人类开发史，既造就了中华文明的发展史，同时也是黄土高原的植被破坏史。

史念海经过实地考察和文献查阅，从历史地理角度详尽地揭示了人类对黄土高原植被的破坏。在《黄土高原历史地理研究》一书中，史念海按照人类活动对黄土高原植被的破坏程度和时间先后，将黄土高原的植被变迁历史划分为四个阶段。

第一阶段是农业快速发展的春秋战国时期。由于农业发展最早多在平原，因此该时期植被破坏以平原地区最为突出，焚林开荒的做法一直延续到清代。战国时期铁器的广泛运用使得黄土高原南部的关中平原、汾河中下游平原的林地和草地被开垦为耕地，但黄土高原的山地植被仍然保持着较好的天然状态（郭正堂和侯甬坚，2010）。第二阶段是秦汉魏晋南北朝时期。这一时期是农耕向黄土高原纵深区域不断推进的时期，平原地区的森林在农垦的影响下遭到进一步破坏。在这一时期结束时，平原地区已经基本上没有林区可言。由于平原森林逐渐减少，人们为满足对木材的需求只好转向砍伐山地森林。秦汉时期兴建都城、炼铁都需要大量木材；东汉时曾多次组织百姓向六盘山北段和子午岭北段大批移民，当地修建城郭屋宇自然要从邻近山地伐取木材；北魏迁都洛阳，又按原来的规模制度重新建都，所需的木材都取自吕梁山。

上述两个时期虽然对黄土高原植被有一定破坏，但还不至于悉数尽毁。使黄土高原植被发生根本性变化的，要数第三阶段的唐宋时期和第四阶段的明清时期。唐宋时期，采伐的范围不断扩大，原因很可能是近处的森林资源已经趋于枯竭而无法满足需求，只好转向远处的山林。隋唐时期农耕业继续发展，农田不断向黄土高原中北部、西部推进。隋唐王朝建都长安，又在洛阳设立东都，新建与翻修都城、修筑房屋及生活用柴对木材的需求量庞大，此时除就近在终南山采伐外，还在关中西部的岐山、陇山，山西北部的离石、岚县采伐木材（郭正堂和侯甬坚 2010）。宋代对森林的破坏程度更甚，范围深入到渭河上游。北宋初，京城开封大兴土木，但附近的山地如嵩山、太行山南段、中条山已无林可采，采伐中心进一步向黄土高原腹地推移。北宋王朝刚刚建立时，林木采伐重点地区为秦州（甘肃天水）西北的夕阳镇，约30年后就西移至今武山县东的洛门镇，可见当时森林破坏之迅速。唐宋时期黄土高原汾渭谷地等河谷平原、黄土台塬及黄土塬区已没有天然森林，天然森林只残存在黄土高原的石质和土石山地。

第四阶段是黄土高原植被遭到毁灭性破坏的明清时期。明清时期黄河中游森林的破坏与农牧业的发展有关。该时期的农业在旧有的基础上继续发展，农田开垦也相应地不断增加，不仅平原各处没有弃地，就是丘陵沟壑凡可以种植的地方都陆续加以利用，甚至山区的坡地也在开垦之列。明代从初年起即在全国各地大力推广屯田，后来实行的开中法又引起边地的大量开垦。受益于土豆等粮食作物的引进，明清时期人口激增，垦荒与伐木需求之高可想而知。明清时期的地方志当中，只有延安以南的崂山、桥山、黄龙山等地才有森林的记载，广大黄土丘陵区天然植被已荡然无存（郭正堂和侯勇坚，2010）。

图6-1～图6-3清楚地勾勒出了历史上黄土高原和周边地区森林覆盖的情况及变化情况。

由上可见，在最近3000多年中，黄土高原上人类活动对植被的影响程度越来越大、影响范围越来越广，但人类活动并不是黄土高原植被减少的唯一原因，干旱、严寒、土地盐碱化、病虫害、自然火灾等也起了一定作用（史念海，2001）。气候环境变化是黄土高原植被变化的一个重要诱因。如今的黄土高原地区也有过气候温暖湿润的历史时期，但约250万年前该地气候就沿着干旱化的趋势发展，黄土堆积即是气候干化的结果（李裕元和邵明安，2001）。位于黄河中游地区的南洛河上游流域，在唐代时降水量达1200mm，而现在仅500～600mm（王邨，1992）。降水减少、气候变干，森林和草原的分界线随之南移，森林面积不断减少。

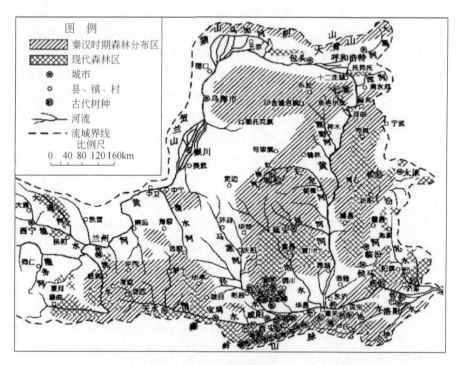

图6-1 秦汉魏晋南北朝时期黄河中游森林分布情况

资料来源：史念海，2001

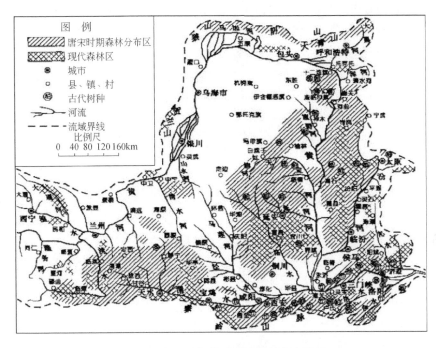

图 6-2 唐宋时期黄河中游森林分布情况
资料来源：史念海，2001

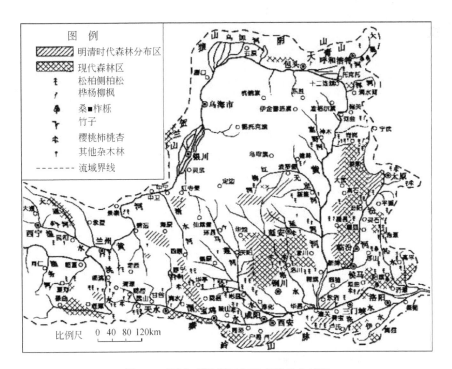

图 6-3 明清时期黄河中游森林分布情况
资料来源：史念海，2001

然而，与自然灾害和气候变干对黄土高原植被造成的负面影响相比，人类活动的影响更为强烈。黄土高原最近一千多年间植被状况的变迁在很大程度上是由于该地区人类活动的强度提高（韩茂莉，2000）。据推算，春秋战国时期黄河中游森林覆盖率为53%，秦汉时期下降为42%，唐宋时期下降至32%，明清时期更是急剧下降至4%（马正林，1990）。人类的垦殖、战争等活动，彻底改变了黄土高原的面貌。

6.3 重建黄土高原良性生态循环

本书第4章讨论了植被建设在黄土高原治理中的矛盾角色：一方面植被建设是根本解决黄土高原水土流失与黄河泥沙问题的关键，另一方面近些年的植被建设又造成黄土高原土壤干化现象。而且，第4章也指出，仅通过改变林草品种和密度，无法解决上述矛盾。但是，若黄土高原曾经林草丰茂，为什么现在植树种草却会加剧土壤干化，导致植被建设不可持续呢？

6.3.1 黄土高原生态循环：从良性到恶性再返良性

答案需从黄土高原的原始生态循环说起。土壤是布满孔隙的疏松多孔体，能够储蓄天然降水。土层深厚的土壤如同水库一般具有明显的存蓄和调节水分的功能，故常被称为土壤水库（张扬等，2009）。黄土高原是存在过这样的土壤水库的。黄土的特殊结构使其具有渗透性好、蓄水容量大的特点，这为黄土高原形成土壤水库提供了基础条件。而水分充沛的土壤有利于植物生长。历史上，黄土沉积后植被十分及时地繁生，又进一步巩固并提高了黄土的渗蓄能力和抗冲性能（朱显谟，2006）。也就是说，在没有人为干预的自然情况下，黄土堆积、黄土蓄水与林草繁育是相伴相生的，原始植被巩固了黄土高原的土壤水库，土壤水库又促进了植被生长。如此，在蓄水、用水、保水之间建立了一个良性循环（图6-4）。

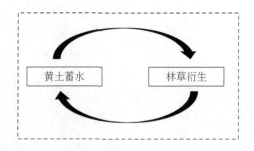

图6-4 黄土高原土壤蓄水与植被生长的良性循环

但是，上述良性循环随着黄土高原农耕文明的推进和气候变旱而逐渐被打破。在漫长的历史时期里，黄土高原植被覆盖状况不断恶化，一开始变化较小，随后逐步加剧，总趋势是林草植被面积不断缩小。黄土高原上的植被大面积消失而没有得到及时修复，使黄土高原进入了一个生态恶性循环（图6-5）。植被的减少使得裸露且疏松透气的黄土中的水分随之减少，且在集中的暴雨下还容易发生湿陷、冲刷等现象，不少地方的黄土层被地表径流侵蚀殆尽；土壤结构破坏、蓄水能力下降，反过来不利于植被恢复。严重的水土流失导致黄土高原每年向黄河输入大量泥沙，而输送这些泥沙进入干流则需要大量洪水径流，意味着大量的水资源从黄土高原流失，加剧了黄土高原水资源的短缺，使区域内干旱问题更趋严重（王力等，2001）。与此同时，为了生存，人们继续不断地垦伐，同时生态又进一步遭到破坏，形成"越穷越垦，越垦越穷"的局面。

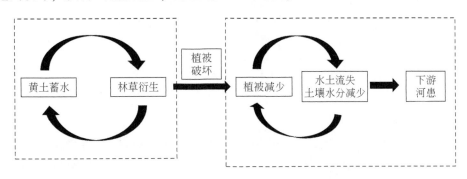

图6-5 植被破坏引发水土流失和土壤干化，导致黄土高原生态恶性循环与下游河患

在过去数十年里，为了减轻黄土高原水土流失和下游河患，黄土高原地区开展大规模植树种草建设。但是，植被建设开始的时间，比黄土高原不断被破坏的时间晚了许多，漫长时期中的植被破坏使土壤水库的蓄水功能逐渐丧失。在黄土已被削薄时直接开展人工植树种草，短时间内土壤的蓄水能力难以满足植被需求，而土壤蓄水能力的恢复又有赖于足够长的植被积累过程，黄土高原陷入"越干越种，越种越干"的悖论（图6-6）。黄土高原目前的困境不是单纯地从人工林草加剧土壤干化开始，而是由先前长期的植被破坏行为削弱了土壤蓄水能力导致的。

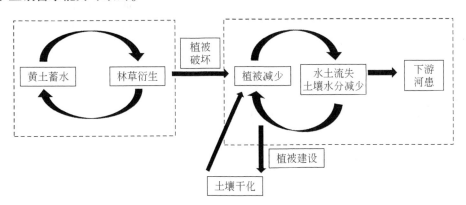

图6-6 仅进行人工建设植被加剧土壤干化，导致植被建设不可持续

时至今日，黄土高原土壤的水分状况已不足以充分支撑植被生长，所以才形成了土壤干层。但植被不恢复，黄土高原水土流失和黄河下游河患又无从根治。若要全面恢复植被，就必须同时在"水"字上下手，增加可供植被利用的水资源。从长远来说，也就是需

要为恢复黄土与植被间的良好循环营造条件（图6-7）。

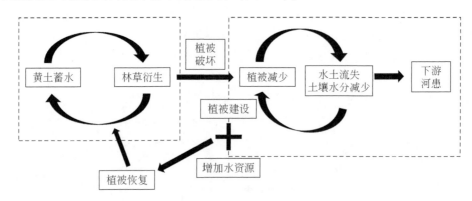

图6-7　增加水资源与人工植被建设配合，恢复良性循环

　　怎样在"水"字上下功夫、大量增加黄土高原可用水资源呢？有研究认为可通过大气空间进行水资源区域间的调配，人为增加黄土高原降水量，例如我国正在论证中的"天河工程"。"天河工程"计划通过人工干预，增加黄河源区的降水，从而提高黄河年径流量①。但对于黄土高原治理而言，这样的思路存在两个问题。第一，在目前的格局下，若仅在黄河源头增加降水，能增加黄河干流径流量，但位于黄河中游的黄土高原地区因地势限制能受到的影响可能很有限。第二，若依据此思路在黄土高原地区增加降水，在植被恢复程度有限的情况下，又很可能反而加剧黄土高原的水土流失问题。

　　增加黄土高原可用水资源的另一条思路是就地拦截蓄水、补水，即通过小流域中的沟道坝系、大流域中的干支流水库，拦截黄土高原的降水与地面径流，就地储蓄为当地所用。朱显谟（2000）提出的黄河治理方略中就包括"全部降水就地入渗拦蓄"。辛世贤等（2003）认为要采用合理的雨水利用方法，使降水资源最有效地直接贮藏在土壤水库中或间接形成土壤水，以实现土壤水资源的可持续利用。周晓红和赵景波（2005）也提出了采取技术措施以有效利用降水资源的建议。本章下文将从黄河全流域治理的角度出发，就此提出一些具体设想。

6.3.2　小流域治理与大流域治理

　　实际上，黄土高原的治理与黄河的治理紧密相关。目前黄河治理模式的矛盾很突出，一方面大量黄河水被用于输沙入海，另一方面黄土高原的植被恢复却由于水资源短缺而举步维艰。而只要黄土高原水土流失持续下去，黄河中游将继续产沙排沙，黄河下游的安澜问题将不可能彻底解决。怎样解决这一矛盾？本书认为，答案就寓于对黄河的合理治理之中。黄河的治理思路应该有所调整，从侧重"疏"转向侧重"堵"，通过"堵"把足量的黄河水蓄在中游、用在中游，用于化解黄土高原的水资源短缺问题，大范围恢复植被，使

---

① https://www.civil.tsinghua.edu.cn/he/info/1043/1421.htm，访问时间2024年10月13日。

之进入生态良性循环。当然，也许还能拨出一部分水资源增加当地人民的生产生活用水。

从"疏"转为"堵"的核心是拦水，而不仅仅是传统思路下的拦沙。以淤地坝为例，传统治理思路下我们只关注淤地坝的拦沙作用，仅从其减少入黄泥沙量的角度来评判其价值与效果。但从就地拦蓄降水并加以充分利用的角度出发，这是远远不够的。如果利用得当，淤地坝能成为在小流域拦沙亦拦水的重要措施。拦蓄降水形成的水域对增加黄土高原水资源、补充地下水有重要的意义，能起到有效缓解土壤干化、促进植被恢复、减少流域产沙的作用。

更进一步，本书认为，可将小流域中淤地坝的拦水拦沙模式拓展到大流域，即考虑在黄河干支流上建坝筑库就地拦沙蓄水，以将更多、更大范围内的地表水资源拦截起来为黄土高原所用，解决黄土高原水资源短缺的根本问题。

在黄土高原进行大规模蓄水、补水，以从根本上化解水资源短缺与植被建设之间的矛盾，是基于上文对黄土高原生态循环的认识而提出的建议。随着中游干支流库区水位提高、黄土高原地区水域面积增大，库区内沟壑水位及地下水位也将随之提高，可用于灌溉的水资源也将随之增加，这将大大有助于解决两岸缺水和土壤干化问题。随着时间的推移，相关库区一定会被越来越多的泥沙淤满。虽然不再能很好起到蓄水功能，但淤满后的库区所形成的坝地可大量减少沟谷侵蚀，而且形成的水面（离大坝较远处）能通过抬高侵蚀基准面而减轻沟谷的重力侵蚀，进而减少流域产沙。通过一段时间在黄河中游干支流河段上不断修高旧大坝和修建新大坝（如同现在不断修高修新小流域淤地坝那样），并在小流域内同时延续现有的成功做法，如此结合大、小流域治理于一体，将能使黄土高原地区的降水资源充分地为当地所用，抑或添入部分上游水资源，进而彻底解决长期困扰黄土高原以及黄河的水土流失和产沙排沙问题。

从当地水资源禀赋来看，黄河中游大规模蓄水、补水是可行的。虽然都属干旱的内陆地区，但黄土高原与中亚、我国西部等地区存在重要区别。中亚和我国西部大部分地区是内流区，气候更加干旱。而黄土高原处于外流区，我国北方最大的河流——黄河就横穿黄土高原奔腾而过。黄土高原北部、东部有黄河中游干流、无定河等支流流经，南部、西部则有渭河、泾河、北洛河等众多支流，可见黄土高原的地表水资源并不稀缺，问题是没有就地利用起来。若在黄土高原的黄河干流和众多支流上拾级建坝、就地拦蓄水资源，可为当地提供大规模的生态补水。关于这方面的更详细讨论参见本章 6.5 节和 6.6 节。

本书第 5 章提出的黄河上游引水设想，以及第 8 章将进一步讨论的上游战略备水建言，也将为在黄河中游黄土高原区开展大流域蓄水治沙创造有利条件。第一，中游干流河道需要承接的上游来水将大大减少、防洪泄洪压力将大为减轻、能用于存蓄当地产水的库容将十分可观。上游引水和开展战略备水后，究竟还会有多少上游径流流入中游，将取决于上游引水的规模以及汛期水量。根据第 5 章中的说明，上游将年均引水 150 亿 m³ 左右。根据头道拐多年平均实测径流数据（1987 ~ 2016 年、1956 ~ 2016 年分别为 162.30 亿 m³、206.54 亿 m³），在引水 150 亿 m³ 情况下，上游可能仍有水下泄至中游，但数量不多，尤其是在结合了第 8 章中提出的战略备水设想之后。由于上游全部或大部分来水不再需要流经中游，黄河中游干流上的蓄水大坝只需主要拦截当地降水与入黄泥沙，而不必过多考虑上游洪峰和来水。即使上游确实出现特大洪峰，如本书第 8 章中说明的，上游一些河段

（特别是内蒙古河段）也可起到分洪蓄水的作用。中游各级水库或可拾级留蓄全部当地和上游剩余来水，或可继续下泄一部分至下游河段，但预计下泄规模不会过大。当然，上游也可响应中游以及下游的用水需要而专门拨出部分水量流入中下游河道，国家或黄河水利委员会可根据黄河上游水量大小、中下游需水以及晋、海两地区引水需水统一调度上游有限的剩余水量。第二，除在干、支流上拦蓄水资源，还可从第 5 章中提出的引水线路中调拨部分水资源，用于黄土高原生态补水。关于这方面的进一步讨论详见本章 6.7 节。总而言之，目前黄土高原缺少的并不是水资源，而是使本地水资源真正服务于本地生态和社会经济建设的行动。

根据上述思路，黄河中游和黄土高原将就地拦蓄当地降水和泥沙，如此可兼顾中游生态治理与下游防洪两大目标。就地蓄水拦沙后，黄土高原生态用水增加、良性生态循环得以恢复，与此同时由于基本无沙进入下游，黄河下游的防洪和河道淤积问题也就不攻自破。结合第 7 章将介绍的黄河下游用水规划，目前每年用在输沙冲沙上的约 200 亿 m³ 黄河水，将更全面地用于黄河和海河流域的生产、生活和生态保护。

6.4　"拾级建坝，就地补水" 基本思路

6.3 节提到，要重建黄土高原良性生态循环，就要在当地大、小流域上拾级建坝，大规模拦水、蓄水、补水。其中，拦水、蓄水是手段，为黄土高原补水是目的。接下来，6.4.1 节提供拾级建坝拦水的案例经验，并说明基本原则。提出拾级建坝的思路，同时也就提出了该建多少级水坝、如何确定各级水库规模，以及如何选择坝址的问题。6.4.2 节以黄河中游干流为例，讨论在确定水坝级数、水库规模、坝址时需考虑的因素。

6.4.1　拾级而下，逐级建坝

黄河多年平均年径流量为 500 多亿 m³，中游约占 35%。黄河中游气候干燥、土壤干旱，夏季降水集中，但由于多为裸露地貌，降水大部分未能下渗就下泄至黄河支干流。如能把这部分降水连同下泄泥沙拦截在当地，就能同时缓解乃至解决中游流域内的用水和水土流失问题。如何在中游不但拦住沙而且也留住水，一些岛屿的水资源开发利用经验为如何实施这样的设想提供了很好的启迪。

许多岛屿中部地势高，沿海地势低，地势坡度大，河流长度短，河流大多从中心向四周发散流入海洋。若处于季风气候带，则径流量的季节变化大。若不加干预，汛期径流直接顺河倾泻而下，还未被利用就迅速汇入海洋，水资源大量流失。轮到枯水季节，水资源短缺成为束缚这些地区社会经济发展和人民生活的重要障碍。为了雨季防洪和跨时利用水资源，很多岛屿地区在河流上层层建设水坝拦蓄河水。

一个可供借鉴的具体例子是英国的泰晤士河。泰晤士河分潮汐和非潮汐区间，前者在未经改造的自然状态下也有一定通航能力，而后者则几乎全无。泰晤士河从河源到入海口全长约 346km，落差 108m，全河比降约 3‰。如无滚水坝和船闸等设施阻挡径流下泄，流域内由降雨形成的地表径流在汇集到干流后将迅速顺流而下注入大海。因此，泰晤士的非

潮汐河段在自然状态下是基本上无通航能力的。自 17 世纪初起，英国开始了对泰晤士河的"运河化改造"，即在非潮汐河段的关键点位修建滚水坝和复式船闸，前者起到有效控制径流下泄以保证上游河段始终保持一定水位的作用，后者则允许船只顺利通过。在当时，运河化改造泰晤士河的主要动机是使得河流全线通航并保证其有较高通航能力，为当时正在英国蓬勃兴起的工业革命服务。但是，运河化改造的举措实际上也起到了利用河道蓄水、改善整个流域内生态环境，以及为沿线地区的社会经济发展提供水资源保障的作用，以至于虽然现在泰晤士河的通航能力不再重要，但在早期修建的 44 座滚水坝和船闸配套设施仍在不断修复继续运行，成为英国泰晤士流域内的一大靓丽景观。

在泰晤士河 44 座滚水坝和船闸配套设施中，单闸落差最大的达 2.89m，最小的才 0.77m；两船闸之间距离最长的超 10km，最短的仅 1km。在什么地方修建多高的滚水坝和船闸系统完全根据一地的地势地貌和河流的比降情况，以及修建成本而定。英国不仅对泰晤士河进行了上述运河化改造，对其他许多自然河流也进行了类似改造，并在此基础上修建了广泛密集的运河系统（详见本书附录 G）。虽然英国是个多雨的国家，但也有相对干旱的季节（一般在夏天）。英国许多地方的植被层相当贫瘠——仅半米至一米深，再往下就是白乎乎的石灰岩或其他岩石。如果英国没有先前对其河道进行运河化改造并广挖运河，起到在各个高程拦蓄充足降水的作用，一次为期不长的干旱季节就可大范围地摧毁其脆弱的植被和生态。

尽管英国的泰晤士河与黄河流域的体量远非一个等级，而且两个流域的地质地貌、经济社会情况大为不同，但其"拾级"修建滚水坝和拦水闸的做法无疑为我们提供了一条思路。或许我们也可考虑在黄河中游的干、支流上同样"拾级"修建用于拦水拦沙的坝系体系。首先，目前黄河中游干流正在建设或已经规划的主要水库有古贤水库和碛口水库。不妨在这两个水库的基础上，再选择一些合适的坝址建坝，形成一个多级水坝体系，起到"拾级"蓄水拦沙的作用，以真正实现保水土于中游的目标。其次，还可考虑用同样方式在中游各支流上修建同样的坝系体系，使这样的坝系体系遍布黄土高原的每一个重要沟壑群，目的当然是尽可能地使中游降水连同产沙留蓄在原地，为干旱的黄土高原各地提供社会经济发展及生态恢复所必需的水资源[①]。

在具体执行过程中，尤其针对支流，我们推荐的是"拾级而下"的原则，即从一支流的上游开始修坝筑库，再逐步延伸至下游。先在支流上游修坝筑库，有助于防止出现新修水库由于大量上游来沙而迅速淤塞的局面。反之，如先在下游修坝，由于其上游流域范围大，被迅速淤塞的局面就很有可能发生。至于干流，如果大部分的泥沙被拦在各支流里，则干流水库被淤塞的可能性将不大，将能有效地起到兜底储蓄中游本地降水的作用。需要强调的是，黄河与泰晤士河事例有一个重要的不同，即泰晤士河不存在流域内大量产沙排沙的问题，而这是黄河尤其是其中游流域的一个最突出特征。但从另一个角度也可认为，即使干、支流水库都出现严重淤塞现象，由于在本书新方案下上游的大部分径流不再经过目前中游河段，这些淤塞应该不会给中游带来严重的洪水风险。而且干支流上这些被淤塞

---

① 英国在对泰晤士河进行改造时修建的是滚水坝和船闸，后者以允许船只通过，而不是拦水拦沙。是否可对黄河干支流同样进行运河化改造的问题，本书附录 G 有较详细的讨论。

的设施也可犹如小流域治理中的淤地坝一样，起到抬高当地黄土沟壑底部土层或水位，以及地下水位的作用，并且其形成的"坝地"也能成为流域内不可多得的良田。

当然，究竟如何在中游干、支流"逐级"修坝还需要周密考虑很多因素，例如一地地势、地貌和地质条件，河流比降情况、工程的技术可行性、当地经济发展及生态环境恢复对流域内不同区段提出的蓄水要求等。本节下文对这些问题将有更多讨论。最后还需指出，上述"拾级"修坝蓄水拦沙的设想与我国传统的"流域梯级开发"概念既有共同点，也有不同之处。共同点为，两者目标均是在河流上形成逐级的水坝体系。不同点则是，梯级开发概念以充分利用水能发电为出发点，一般都寻求在河流落差较大的区间建设水库，在河段上布置一系列阶梯式水利枢纽，所考虑的效益主要是发电；而本书提出的"拾级"设想，目的是通过在黄土高原地区蓄水拦沙，以缓解乃至从根本上解决黄河中游社会经济发展和生态恢复所遇到的用水缺口、黄河下游洪涝隐患，提高黄河治理和水资源利用效率。

6.4.2 水坝级数、水库规模和坝址选择

坝系级数、水库规模和大坝坝址是拾级修建水库体系时需要综合考虑的三个问题。首先，水坝级数与新建水库规模当然密切关联，级数多则各水库规模自然趋小，级数少则各水库规模自然趋大。一般说来，水库规模越大，修建所淹没的面积就会越大，由此带来的社会经济损失也就越大。但另一方面，级数过多而水库规模均小，其共同提供的总蓄水库容和用于拦沙的淤塞库容也就趋小。怎么权衡两者，是一个较难解决的问题，或许需要经过反复论证，才能给出答案。例如古贤水库从开始设计到最后上马，其库区设计规模就经历了多次变动，做出这些变动的最主要考量是尽量减少库区淹没面积及相关损失，而又保证达到一定规模的水库库容。

至于坝址的选择，既是个地质条件和工程问题，又与根据全流域情况做出的坝系级数和水库规模决定息息相关。级数越多，需选择的坝址自然就越多；反过来说，流域内适合修坝的坝址多寡及其所拥有的地质和其他条件也会限制坝系的级数和水库的规模。例如，按经济和社会效益确立的坝系级数和水库规模或许并不适合当地的地质条件和地理环境，这就需要做出适当变动。

黄土高原地区沟壑纵横，建坝受地形条件影响相对较小。但黄土多孔隙，具有很强的湿陷性，若无坚硬的岩石地基，将不利于大型水利工程的修建。不过，目前也存在许多修坝技术来克服各种地质条件的限制。下文通过两个实例说明，即使在地质条件不是很理想的情况下，建设较大规模的大坝也是有可能的，在黄河中游"拾级"建设大坝体系，在技术上是有很大空间的。

古贤水库大坝是国内迄今为止设计的堆石体积最大的堆石坝，需要解决渗漏、泥化夹层等工程地质问题，为大坝建设带来了巨大挑战。针对坝址地质特点及问题，水利工作者们设计出了很好的解决方案，对大坝坝体分区、筑坝材料、坝坡设计、趾板与面板设计以及地基处理等问题都给出了具体解决方案。例如，堆石体部位的河床覆盖层厚度最厚处达5m左右，由近代冲积物——粉细砂、含砾砂及砾砂石层组成，结构松散，存在沉陷变形

及砂土震动液化等风险，解决办法是对其进行全部挖除处理（刘亚丽，2013）。

即使没有坚硬的地基，在软地基上建坝也未尝不可，乌海市黄河海勃湾水利枢纽是软基建坝的一个典型案例。该工程坝址距石嘴山水文站 50km，下距已建的三盛公水利枢纽 87km，位于黄河古河道之上。坝址地层主要为第四系松散堆积物，总厚度大于 500m，主要由细砂、壤土、砂壤土、黏土、砂砾石等组成，地下 800 余米才为基岩，抗震能力弱。工程区地震基本烈度为 8 度（阮建飞等，2012），土壤液化、坝基渗漏等问题极易发生。然而，虽然该工程不具备良好的地基条件，但是在综合考虑造价、地基处理效果、施工工艺等方面后，研究人员采取振冲碎石桩技术解决了地基承载力不足、扰动土体液化的问题。由于坝址的地形地貌和地层岩性不适于修建重力坝和拱坝，从防渗效果、投资造价等角度综合比较分析多个坝型方案后，工程最终采用了黏土心墙坝类型的土石坝，坝基则采用了混凝土防渗墙。另外，针对泄洪闸下游粉细砂地基抗冲刷能力不足等问题，工程采用了"工"字形防冲墙，以策安全（阮建飞等，2019）。乌海黄河海勃湾水利枢纽工程于 2014 年竣工，为乌海市带来了防凌防洪、清洁发电、改善生态环境等巨大的效益，其应对工程地质问题的处理方法也为解决类似的软地基问题提供了可借鉴的技术经验。

借助古贤水库、海勃湾水利枢纽的成功经验，在黄河中游干流考虑坝址时，可不囿于传统的基岩坝址选择，而考虑更多样性的地质条件，这有利于实现按需"拾级"建坝蓄水拦沙的设想。而将大坝规模限制在一定范围内，也有利于降低对地质条件的要求，使得在更多不同的地质条件下成功修建大坝成为可能。

6.4.3 大流域治理案例：中游大北干流建坝补水

下文将以目前正在黄河中游大北干流开工建设的古贤水库和一直在规划中的碛口水库为例，探讨如何结合我国目前在黄河中游大北干流上已有的水利规划，通过转变其运用方式，来为黄河中游补水服务。如前文所述，在黄河中游干流上"拾级"建坝蓄水补水，首先需要考虑到水库会淹没的地方和面积。水坝越高，水库淹没范围就越大，就会有更多的移民需要搬迁和安置。尤其是，黄河中游地区很多城镇为了用水便利选择沿河建设，修建规模过大的水库将有可能带来高昂的社会经济成本，以及当地居民迁移他乡的心理成本。但又需确保新建的坝系达到一定的拦水、拦沙功能。如何选择合理的坝系级数、坝址和单个大坝高度及水库规模，是一个需要反复权衡和论证，而不是本书所能回答的问题。

（1）古贤水库

古贤水库位于黄河北干流碛口至禹门口河段下段，下距壶口瀑布 10.1km，左岸为山西省吉县，右岸为陕西省宜川县。在现状情况下（即非本书建议的方案下），坝址所处位置可控制黄河流域总面积的 65% 左右、控制黄河 80% 左右的水量和 66% 左右的沙量，特别是可控制黄河 80% 左右的粗泥沙量[①]。古贤水库正常蓄水位在多次规划讨论中一降再降。规划之初，古贤水库设计最大坝高 186 m，正常蓄水位 640 m，总库容 160 亿 m³（赵红和赵伯友，2001；张一等，2003）。库区淹没范围涉及人口 3.2 万人、耕地 30 km²（张

[①] http://www.yrcc.gov.cn/hdpt/zxft/201510/t20151015_158222.html，2020 年 3 月 19 日访问。

锁成和王红声，2000）。

为减少居民搬迁、缩小淹没区，王煜等（2015）根据差额投资经济内部收益率分析，倡议尽可能减少淹没区移民和工程建设投资，并推荐正常蓄水位为 633m 的新方案。在新方案下，淹没区跨越陕西、山西两省的 35 个乡镇 176 个行政村，受淹没影响房屋面积 184.32 万 m²（陕西省 85.77 万 m²、山西省 98.55 万 m²）、总土地面积 260.60km²（陕西省 131.27km²、山西省 129.33km²）。然而，在淹没区内，有位于黄河右岸、水库回水末端的陕西省吴堡县县城，为淹没区内唯一一处县政府所在地，规划的实行将意味着吴堡县城的整体搬迁。为此，项目成员又进行了多轮分析和讨论，最终达成了确保水库回水不影响吴堡县城的避让方案。目前古贤水库规划总库容为 130.59 亿 m³，调节库容 34.61 亿 m³，防洪库容 12 亿 m³，调水调沙库容 20 亿 m³，拦沙库容 93.42 亿 m³[①]。虽然新方案牺牲了一定的库容，但基本消除了对吴堡县城的淹没影响，受库区淹没影响的移民数量也相应减少，从而进一步降低了水库的淹没损失及经济社会影响。

此外，古贤水库淹没区还涉及对自然地质景观的影响。位于古贤坝址上游约 50km 的蛇曲国家地质公园内有受河流、面流和潜流等侵蚀形成的地质景观，以及重力、水力和风力等作用下形成的地质遗迹。如古贤水库正常蓄水位过高，地质公园会被淹没，蛇曲整体也会受到影响。在正常蓄水位降至最新规划的情况下，蛇曲整体形态基本可以得到保留。另外，工程蓄水对陕西省清涧无定河曲流群地质公园的影响也降低了不少，仍可为地质景观的研究留下空间，也可在水库蓄水、水域面积增大后形成新的地质景观，会对地质公园的持续发展起到积极的推动作用[②]。

按照规划，古贤水利枢纽是目前黄河水沙调控体系中七大控制性骨干工程中的重要一环，其设计的主要目标在于与小浪底水库联合调度为下游防洪减淤服务，兼有为陕西、山西工农业生产供水及促进黄河中游生态环境改善的作用。小浪底水库淤满后，古贤水库将继续发挥拦减中游泥沙、减少下游河道淤积的作用，以在一个较长时期内限制下游河道继续淤积抬升，也为黄土高原地区的水土保持工作争取时间。

然而，根据本书前文的回顾与分析，这似乎不是一个适应时代需要的长远大计。几十年来，黄河中游水保工作确已卓有成效，但黄土高原上进一步的植被恢复工作面临着缺水的严峻挑战。此时，与其再建一座水库与小浪底联合调度为下游河道冲沙排淤服务，倒不如彻底调转方向，结合本书提出的上游引水设想，使古贤水库主要服务于中游，在中游拦泥蓄水、化冲沙水为中游所用。即使古贤水库正常蓄水位目前已降至 627m，仍可就地存蓄大量水资源。据研究，由此形成的 230km² 辽阔水面，将达到 10000km² 的生态辐射面积，可使周边地下水超采失衡状况得到极大改观[③]，为黄土高原的生态恢复起到重要作用。

（2）碛口水库

碛口水库是另一个规划在黄河北干流上、与古贤水库同为黄河七大控制性骨干工程的水利工程。规划中的碛口水库坝址位于晋陕峡谷中段临县索达干村，上距天桥电站

---

① 2023 年生态环境部《关于黄河古贤水利枢纽工程环境影响报告书的批复》（环审〔2023〕84 号）。

② http://www.sohu.com/a/282543364_643234，2019 年 4 月 7 日访问。

③ http://www.qjzhf.gov.cn/ltem/68170.aspx，2019 年 4 月 25 日访问。

215.5km，下距军渡 25km，在现状情况下坝址控制流域面积 43.11 万 km²，占黄河流域面积的 57.3%（许登霞和张雁，2017）。为不淹没府谷、保德两县城，设计坝高 140m、坝顶海拔 790m，正常蓄水位 785m，库容 125 亿 m³，装机容量 150 万 kW（杨云辉等，2003）。

有学者主张可在此规划基础上继续加高坝高。温善章和赵业安（1996）指出，"八七"分水方案向严重缺水的华北、西北地区分配的黄河水资源是不多和不充分的，建议在中游干流修建巨型水库——碛口水库和古贤水库，与下游小浪底水库联合调节，一方面把绝大部分规划用于冲输粗泥沙的水量变为可用水量，另一方面可使流至下游的泥沙仅为细沙而不发生淤积，从而为下游减淤服务。为实现上述目的，温善章和赵业安（1996）认为完全可以不囿于 785m 的正常蓄水位而将大坝修得更高。在 785m 蓄水位下，碛口水库淹没影响总人口 8.93 万人、土地面积 323.4km²（其中耕地 23.73km²）。如果把碛口水库正常蓄水位抬高至 855m，库容为 500 亿 m³ 时，碛口、天桥、龙口三级将并为一级，将淹没佳县、府谷、保德、河曲 4 座县城和天桥电站。按此计算，在当时情况下，迁移人口约 22 万人[①]，低于南水北调中线工程丹江口水库加高工程的迁移人数，与中、东部地区的众多水库相比也是最低的。

结合本书提出的方案，首先需要明确的是，碛口水库主要运用方式应当转变为中游拦沙蓄水、增加中游可用水资源服务。与古贤水库一样，目前碛口水库同样被规划来服务于解决潼关高程及下游河道泥沙淤积的问题[②]（余欣，1995）。然而，若碛口水库能充分发挥其功能在中游大北干流地区大规模拦沙蓄水，就能进一步促进周边黄土高原的生态恢复，使生态逐步转入良性循环、水土保持工作进入可持续轨道，此时中游大北干流的产沙排沙问题就可根本解决，黄河下游泥沙淤积的问题将迎刃而解。

尽管温善章和赵业安（1996）也认识到"八七"分水方案下水资源利用的不合理性，但这篇文章发表距今已有 20 余年，如今修建高坝涉及的移民搬迁人数会更多、成本更高。因此倒并不一定要追求高坝蓄水，而可考虑降低水库的坝高。不能完全由碛口水库完成的蓄水拦沙任务，或可通过在大北干流增加水库数量来解决。出于降低迁移成本的目的，尽管单个水库的蓄水位会较低，但只要分段在干流选取合适的位置建坝，形成"拾级而下"的多级水坝体系，单个水库也就不需建得太大。从生态效益来看，在规划的碛口水库坝区周围，除东侧吕梁山区 1500m~2000m 高程以上为构造剥蚀山地外，其余均为高程 685m ~1000m 的梁、峁状黄土丘陵区（杨云辉等，2003），碛口水库原来规划的 785m 蓄水位形成的广阔水面已经可以覆盖一部分黄土丘陵区，达到充分存蓄本地降水、减缓覆盖区及其生态辐射区内水土流失和促进生态恢复的目的。

6.5 黄土高原北部就地补水

黄土高原面积辽阔，众多黄河支流在其间纵横分布，就地蓄水、补水具体实践必须适

---

① 迁移总数计算：1979 年 1/10000 地形图上人口，按年增长率 20‰ 推至 1993 年。

② 碛口水库建成后可基本控制龙门以上除无定河以外的主要高含沙支流，其所控制的粗泥沙量约占黄河粗泥沙量的 56.8%。经黄河水利委员会勘测规划设计研究院估算，建成后水库可拦沙 144 亿 t，分别减少小北干流和黄河下游河道淤沙约 24 亿 t 和 77.5 亿 t。

应黄河干支流水系分布特征。从黄河流域水资源二级分区来看，黄土高原主要分布在头道拐至龙门分区[①]、龙门至三门峡分区[①]，涉及陕西省渭河以北地区、渭河流域在甘肃省和宁夏回族自治区的部分、山西省大部分地区。为便于讨论，本书将涉及就地蓄水补水规划的黄土高原地区称为"陕渭晋黄土高原区"，将其中位于头道拐至龙门分区内的部分称为"黄土高原北部"，将位于龙门至三门峡分区内的部分称为"黄土高原南部"。6.5 节和6.6 节将分别展开讨论黄土高原北部、南部就地蓄水和补水的区域范围、水量及拾级建坝构想。

6.5.1   就地补水区域与可蓄水量

这里所说的"黄土高原北部"，指的是黄河流域头道拐至龙门二级分区覆盖的全部范围。该区域总面积约 11.69 万 km²，黄河大北干流自北向南纵贯其中，两岸支流星罗棋布。例如，根据榆林地方志，仅榆林地区，黄河水系在境内集水面积达 100km² 以上的干、支流就有 101 条，5~10km 长的沟道有 1143 条。表 6-1 列举了黄土高原北部地区黄河干流两侧主要的一级支流，其中无定河是区域内黄河第一大支流。这些支流流经黄土区，地面切割严重，梁、峁、沟壑发育，为高产沙河流，且河口段多呈峡谷，河床比降大，具备拾级建坝的有利条件。若能在支流上拾级建坝、截留当地产水并为当地所用，将使黄土高原生态环境面目一新。

表 6-1   黄土高原北部黄河主要一级支流

河流	纬度 （北纬）	经度 （东经）	河长 /km	流域面积 /km²	平均河道 比降/‰
皇甫川	39°17′	111°05′	137	3246	2.7
清水川	39°15′	111°03′	—	735	—
孤山川	39°03′	111°03′	79	1272	4.1
窟野河	38°26′	110°45′	242	8706	3.44
秃尾河	38°15′	110°29′	140	3294	3.87
佳芦河	38°02′	110°29′	93	1134	6.28
无定河	37°14′	110°25′	491	30260	1.8
清涧河	36°53′	110°11′	170	4078	—
延河	36°42′	109°48′	287	7725	3.3
汾川河	36°14′	110°16′	113	1781	4.3~8.9
仕望河	36°05′	110°17′	113	2356	—
浑河	39°57′	111°33′	—	5461	—

---

① 黄河流域水资源二级分区包括龙羊峡以上、龙羊峡至兰州、兰州至头道拐、黄河内流区、头道拐至龙门、龙门至三门峡、三门峡至花园口、花园口以下八个部分。

续表

河流	纬度（北纬）	经度（东经）	河长/km	流域面积/km²	平均河道比降/‰
偏关河	39°28′	111°29′	130	1095	6.3
县川河	39°10′	111°13′	110	1559	6.8
朱家川	38°57′	111°06′	168	2903	5.02
岚漪河	38°37′	110°53′	120	2167	12.11
蔚汾河	38°28′	111°12′	82	1463	9.7
湫水河	37°42′	110°52′	122	1989	6.4
三川河	37°25′	110°45′	175	4147	—
屈产河	37°11′	110°45′	75	1218	—
昕水河	36°28′	110°43′	178	3992	7.37
州川河	36°05′	110°40′	—	436	—

注：经纬度坐标是各支流把口水文站坐标，数据来自 Gao 等（2017）。河长、流域面积和平均河道比降数据来源如下：窟野河、秃尾河、无定河、清涧河、延河数据来自《陕西省志第 3 卷：地理志》；皇甫川数据来自薛源等（2023）；孤山川数据来自王锋和杨彩云（2019），其中河道比降是孤山川在府谷镇境内平均比降；佳芦河数据来自杨波等（2017）；汾川河数据来自王张帆（2014）；仕望河数据来自徐家隆等（2014）；偏关河数据来自彭宇航（2020）；县川河数据来自水岩（2014）；朱家川数据来自王军（2017）；岚漪河数据来自席光超（2008）；蔚汾河数据来自吴勇（2018）；湫水河数据来自穆兴民等（2008）；三川河数据来自李焯等（2023）；屈产河数据来自赵海燕等（2022）；昕水河数据来自冷曼曼（2022）；浑河、清水川、州川河流域面积数据是支流把口水文站的控制面积，来自 Gao 等（2017）

在此所说的某地"可蓄水量"，不是指当地天然地表水资源量，而是指从天然地表水资源量扣除当地现状地表水用水量后，剩余的可用于蓄水、补水的水量。以头道拐、龙门水文站为例，说明干流上两个水文站径流量数据的关联：①龙门以上地表水资源量，减去头道拐以上地表水资源量，得到的是头道拐至龙门本地产生的地表水资源量。②龙门实测径流量减去头道拐实测径流量，得到的是从头道拐至龙门的黄河干、支流产生的地表水减去本地全部地表水用水后还剩余的水量；剩下的这部分水则基本顺着河道到了龙门以下，本书将其作为黄土高原北部可蓄在当地并用于生态补水的水量。公式 6-1 说明了干流上任意两水文站的上述关系，其中的 B 水文站位于 A 水文站下游。图 6-8、图 6-9 分别展示了头道拐和龙门径流数据 1998～2022 年逐年值以及 1987～2022 年多年平均值。1987～2022 年，头道拐至龙门年均产水量达 35.7 亿 m³，这是个不小的数目（图 6-8）。更为重要的是，该地区产生的地表水，在满足当地所有地表水用水现状需求后，还有剩余，这部分剩余水量的年均值为 28 亿 m³（图 6-9）、顺着河道到了龙门以下。这说明，黄土高原缺少的不是水资源，而是将水资源蓄在当地、用在当地的机会。若将这年均 28 亿 m³ 径流量用于黄土高原北部生态补水，相信当地生态环境面貌将得到极大改善。

B 站实测径流量−A 站实测径流量
　＝B 站以上地区地表水资源−B 站以上地区所有地表水用水量
　　−（A 站以上地区地表水资源−A 站以上地区所有地表水用水量）

=B 站以上地区地表水资源

　　–（A 站以上地区所有地表水用水量+A 站至 B 站区间所有地表水用水量）

　　–（A 站以上地区地表水资源–A 站以上地区所有地表水用水量）

=B 站以上地区地表水资源–A 站以上地区地表水资源–A 站至 B 站区间所有地表水用水量

=A 站至 B 站本地产生的地表水量–A 站至 B 站本地所有地表水用水量 　（6-1）

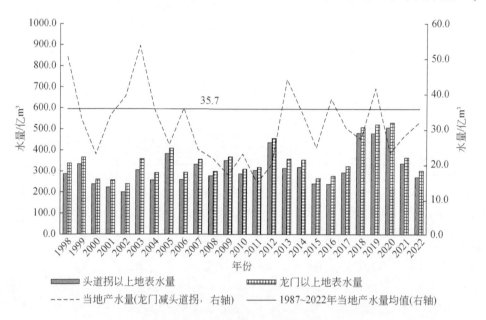

图 6-8　黄土高原北部就地补水区当地产水量

注：根据 1998～2022 年《黄河水资源公报》绘制，其中 1987～2022 年多年平均值
由 1987～2000 年多年平均值、2001～2022 年逐年值计算得到

6.5.2　现状水库

　　根据 2022 年《黄河水资源公报》，黄河流域头道拐至龙门区间内有大型水库 5 座、中型水库 43 座[①]。这 5 座大型水库总库容 18.16 亿 m³、调节库容仅 8.75 亿 m³（表 6-2）。2023 年获批的延安王瑶水库扩容工程、榆林蒋家窑水库建设项目，预计分别增加调节库容 0.17 亿 m³、1.78 亿 m³[②]。但与当地产水量相比，要实现全部降水就地拦蓄，还需要进一步提高水库蓄水能力。

---

　　① 总库容大于 1 亿 m³ 为大型水库，0.1 亿～1.0 亿 m³ 为中型水库。新桥水库总库容 2 亿 m³，至 1974 年已淤积 1.56 亿 m³，1975 年降为中型水库。公报原文中型水库为 46 座，其中 3 座位于大黑河流域的水库在 2022 年从兰州至头道拐区间调整到头道拐至龙门区间统计，此处暂不予考虑。

　　② 资料来自水利部（http://mwr.gov.cn/xw/slyw/202311/t20231129_1693742.html）、陕西省水利厅（http://slt.shaanxi.gov.cn/zfxxgk/fdzdgknr/ghxx/202311/t20231122_2307892.html）。

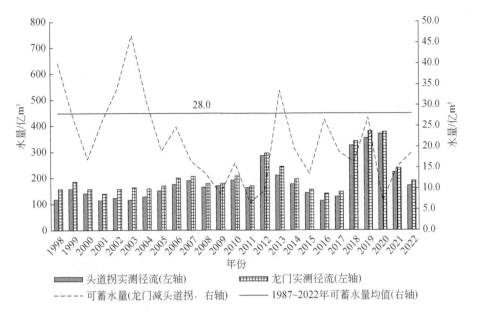

图 6-9　黄土高原北部就地补水区可蓄水量

注：根据 1998～2022 年《黄河水资源公报》绘制，其中 1987～2022 年
多年平均值由 1987～2000 年多年平均值、2001～2022 年逐年值计算得到

表 6-2　黄土高原北部大型水库

水库	所在流域	省份	总库容/亿 m³	调节库容/亿 m³
万家寨水利枢纽	黄河北干流	山西	8.96	4.45
龙口水利枢纽	黄河北干流	山西	1.96	0.71
巴图湾水库	无定河	内蒙古	1.32	0.44
王圪堵水库	无定河	陕西	3.89	2.28
王瑶水库	延河支流杏子河	陕西	2.03	0.87
合计			18.16	8.75

注：万家寨水利枢纽、龙口水利枢纽资料来自黄河水利委员会官网（http：//www. yrcc. gov. cn/hhyl/sngc/），巴图湾水库资料来自负杰和布禾（2022），王圪堵水库资料来自榆林市水利局（http：//slj. yl. gov. cn/n-show-6648. html），王瑶水库资料来自李国安（2009）

　　黄河大北干流建库条件优越，可布局系列大型骨干水库，配合支流水库实施就地蓄水。目前黄河大北干流上的大型水库仅有万家寨水利枢纽和龙口水利枢纽，调节库容合计仅 5.16 亿 m³。规划中的古贤水库、碛口水库，总库容分别为 130.59 亿 m³[①]、125 亿 m³（杨云辉等，2003），古贤水库的调节库容 34.61 亿 m³、拦沙库容 93.42 亿 m³。古贤水库和碛口水库建成后，加上万家寨水利枢纽，黄河大北干流上将布局三座较大的水利枢纽，

---

　　① 2023 年生态环境部《关于黄河古贤水利枢纽工程环境影响报告书的批复》（环审〔2023〕84 号）（https://www. mee. gov. cn/xxgk2018/xxgk/xxgk11/202308/t20230818_1038905. html）。

但它们还没有覆盖整个大北干流。万家寨水库与碛口水库相距约220km，碛口水库与古贤水库相距约172km（图6-10）。万家寨水库最大坝高105m，坝顶高程982m，工程所处位置海拔约为877m，与碛口水库正常蓄水水位（785m）之间尚有近100m的高差。虽然在万家寨水库下游约25.6km处有龙口水利枢纽、95.6km处有天桥水电站，但龙口和天桥的主要任务是发电，库容均很小①。另外，碛口和古贤水库之间也有100m左右的高差。因此，或许还可考虑在万家寨水利枢纽与碛口水库之间，以及碛口和古贤水库之间合适的位置再修建一座水库，使得大北干流上的几座水库相互承接，形成体系，实现层层蓄水拦沙的目的。

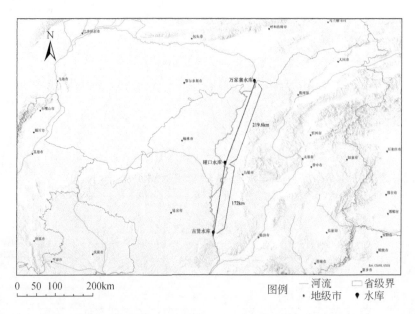

图6-10　万家寨水库、碛口水库、古贤水库相对位置及直线距离

6.6　黄土高原南部就地补水

6.6.1　就地补水区域与可蓄水量

这里所说的"黄土高原南部"，指的是黄河流域龙门至三门峡二级分区中的黄土高原地区。龙门至三门峡分区总面积约19.08万km²，但并非都是需要就地蓄水、补水的黄土高原区。区域内南部的渭河谷地、东南部的汾河下游、涑水河流域、中条山南麓、三门峡市下辖地区，地势平坦、植被覆盖率较高、人口密度大，不属于本章讨论的应就地蓄水、

---

① 龙口水库总库容1.96亿m³，正常蓄水位898m；天桥水电站库容0.66亿m³，正常蓄水位834m（http://www.yrcc.gov.cn/hhyl/sngc/201108/t20110813_101347.html；http://www.yrcc.gov.cn/hhyl/sngc/201108/t20110813_101354.html）。

补水的"黄土高原南部"[①]。换言之，本章所说"黄土高原南部"主要涉及渭河流域、汾河流域的部分区域，具体包括：①渭河上游地区、渭河中下游渭河谷地以北地区（不含渭河谷地，以下称"渭河流域黄土高原补水区"）；②汾河上中游地区（以下称"汾河流域黄土高原补水区"）。

（1）渭河流域黄土高原补水区

区域内主要的黄河支流有渭河上游段、泾河、北洛河，三处集水面积约占区域总面积91%，实测径流量基本代表了当地可蓄水量。渭河干流林家村水文站以上为渭河流域上游，其北岸是渭河泥沙的主要来源区（李芳等，2021），较大的支流有葫芦河、牛头河、通关河。泾河较大的支流有马莲河、黑河、汭河，下游设张家山水文站，于渭河中游西安市注入渭河。北洛河较大支流有周河、葫芦河[②]、沮河，下游设状头水文站，在渭河下游渭南市华县以下注入渭河。表6-3列举了这三处支流的基本情况。除泾河、北洛河外，渭河中下游北岸主要一级支流还有千河、漆水河、石川河，也流经黄土高原地区，因此都属于此处讨论的渭河流域黄土高原蓄水区。据作者计算，渭河流域黄土高原就地补水区域总面积约10.92万km²（详见附录C），渭河林家村、泾河张家山、北洛河状头水文站的总控制面积约9.91万km²（表6-4），后者占前者约91%。因此，渭河林家村、泾河张家山、北洛河状头水文站的实测径流量，在较大程度上代表了黄土高原补水区可用于就地蓄水、补水的水资源量。因此，下文在具体分析可蓄水量时，重点围绕这三处展开，最后据此估计可蓄水量总量。

表 6-3   泾河、北洛河、渭河基本情况

河流	河长/km	流域面积/万 km²	平均河道比降/‰
渭河（含泾河、北洛河）	818.0	13.48	1.3
泾河	455.1	4.55	2.47
北洛河	680.3	2.70	1.98

注：渭河、泾河、北洛河的全河长数据来自郎根栋（2015），流域面积数据来自2022年《陕西省水资源公报》，平均河道比降数据来自《陕西省志第3卷：地理志》

表 6-4   渭河林家村、泾河张家山、北洛河状头水文站控制面积

河流	水文站站名	控制面积/万 km²	控制面积占全河流域面积比例/%
渭河	林家村	3.07	22.77
渭河	咸阳	4.68	34.72
渭河	华县	10.65	79.01

①   在国家发展改革委等部门出台的《黄土高原地区综合治理规划大纲（2010—2030年）》中，这些地区地势低平，水土流失较轻，侵蚀模数在1000t/km²·a以下，水量相对充足，光热资源丰富，是重要的农业区和区域经济活动中心地带。

②   北洛河一级支流葫芦河发源于甘肃华池县，在合水县出境进入陕西富县，于洛川县、黄陵县交界附近汇入北洛河；渭河一级支流葫芦河发源于宁夏西吉县与海原县交界处，在甘肃天水市汇入渭河。

河流	水文站站名	控制面积/万 km²	控制面积占全河流域面积比例/%
泾河	张家山	4.32	94.95
北洛河	状头	2.52	93.33

注：林家村数据来自侯钦磊等（2011）、石军孝等（2023），张家山数据来自田进等（2005），状头水文站数据来自孔波等（2019）

以渭河林家村、泾河张家山、北洛河状头水文站实测径流量来看，渭河流域黄土高原补水区的水资源并不匮乏，即使在考虑渭河中下游其他地区用水需求后也是如此。2000～2022 年，渭河林家村、泾河张家山、北洛河状头水文站年均实测径流量分别为 12.5 亿 m³、11.8 亿 m³、6.2 亿 m³，合计 30.5 亿 m³（图 6-11）。当然，这 30.5 亿 m³ 还没有扣除渭河

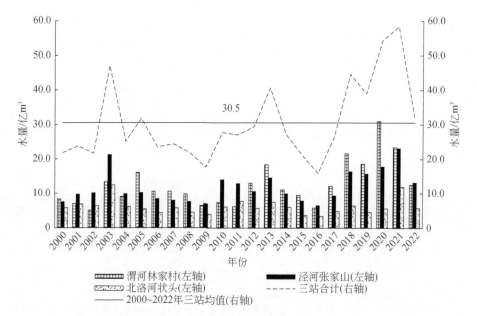

图 6-11　2000～2022 年渭河林家村、泾河张家山、北洛河状头水文站实测径流量

注：渭河林家村水文站逐年数据来自刘引鸽等（2020）、石军孝等（2023），泾河张家山、北洛河状头水文站逐年数据来自历年《黄河水资源公报》

中下游平原地区用水需求。由于渭河中下游地区河流众多，难以从总用水量中辨明其中来自渭河上游、泾河与北洛河的部分，因而此处只作简化分析。用渭河华县水文站实测径流量减去林家村及张家山水文站实测径流量，若数值为正，说明渭河中下游其他地区的用水量，可由除林家村以上及张家山以上的其他地区的来水满足①，而无需依赖渭河上游、泾河上中游来水。如图 6-12 所示，2000～2022 年，这一数值均为正。综上可知，从水资源

---

① 这里没有考虑华县至渭河入黄口河段沿岸地区的情况，是因为缺乏合适的水文站数据，无法分析该地区用水当中来自北洛河状头以上的部分。但是渭河南岸发源自秦岭山区的支流数量多、水量丰，应当足以满足该区用水需求。因此我们推测，即使将北洛河状头以上实测径流都蓄起来，也不会对该地区用水造成太大影响。

总量来看，渭河流域的黄土高原区不仅水资源不匮乏，而且将这些水资源蓄在当地、用在当地，也不影响渭河流域中下游其他地区用水需求。目前所缺乏的，是将水资源在当地利用起来的能力。以渭河上游为例，王兵和肖敏（2021）的数据表明，渭河林家村断面地表水资源年际变化较大、主要集中于汛期，由于缺乏水资源调蓄工程，才形成渭河汛期水资源无法利用、但非汛期生态水量不足的困境。

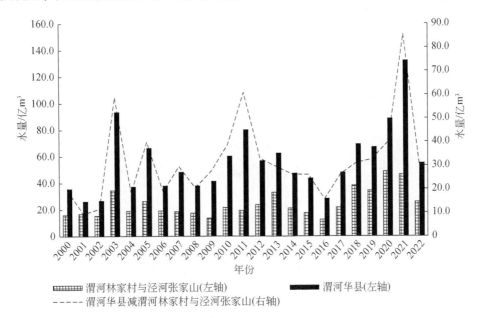

图 6-12　2000～2022 年渭河华县、林家村、泾河张家山水文站实测径流量

注：渭河林家村水文站逐年数据来自刘引鸽等（2020）、石军孝等（2023），渭河华县、泾河张家山
水文站逐年数据来自历年《黄河水资源公报》

图 6-11 也表明，渭河流域在个别年份的径流量较均值偏高较多。出于当地用水需求、蓄水能力或防洪等考虑，在降水量异常偏高的年份，应当允许一部分径流量下泄至中下游。我们暂且规定，对于渭河林家村、泾河张家山、北洛河状头水文站的任一站，若某年预计某站以上区域的来水量超过该站多年平均值的 1.5 倍，则超过的部分可下泄至中下游①。以 2000～2022 年三站的实测径流量为例分析，按照上述原则，渭河流域黄土高原补水区在 2003 年、2018 年、2020 年、2021 年分别下泄 6.7 亿 m³、2.9 亿 m³、12.2 亿 m³、12.6 亿 m³（图 6-13），2000～2022 年年均补水量从前述 30.5 亿 m³ 调整为 29 亿 m³。

---

① 三处水文站 2000～2022 年的实测径流量年际分布情况表明（图 6-13），三处水文站的历年实测径流量与各自多年平均值的比值（简称"比值"），主要在 0.5～1.5 之间浮动，仅极个别年份低于 0.5 或高于 1.5。因此，当比值小于 1.5 时，将径流量全部蓄在当地并/或进行适当的跨年调度，有利于保障黄土高原补水区补水量的年际波动不至于太剧烈，尤其是有利于保障枯水年份当地补水不至于太少，这对于可持续生态恢复是必要的。而且，比值在 0.5～1.5 之间的年份，其中又有大部分在 0.8～1.2 之间。因此，以 1.5 作为是否下泄的界限，对当地（现存或新增）水利设施的压力不至于太大。反之，若不少年份的比值超过 1.5 且以 1.5 为界限，就对当地水资源储蓄和调度能力提出更高要求。综上所述，笔者暂且规定以 1.5 倍作为是否下泄的界限，以便后文的讨论可以继续下去。当然，若有更精细的径流量数据与预测方法，下泄界限或许可以更加精确地确定，但与 1.5 比值应该不会相差太多。

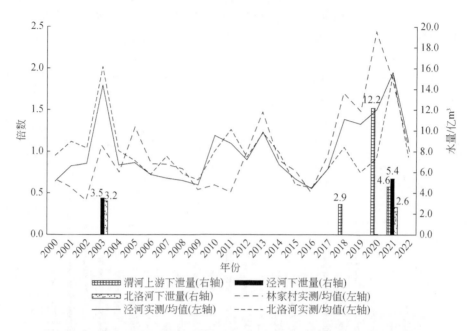

图 6-13　2000～2022 年三水文站实测径流量与多年平均值之比及下泄水量

注：渭河林家村水文站逐年数据来自刘引鸽等（2020）、石军孝等（2023），泾河张家山、北洛河状头

水文站逐年数据来自历年《黄河水资源公报》

　　虽然渭河林家村、泾河张家山、北洛河状头三处水文站的集水面积并未覆盖渭河流域黄土高原补水区全部，因而估计的 29 亿 m³ 年均补水量只是年均总补水量的一部分，但可以根据面积占比关系给出年均总蓄水量的估计值。正如前面所说的，已统计的渭河林家村、泾河张家山、北洛河状头水文站集水面积占渭河流域黄土高原补水区总面积的 91%。面积占比 9% 的剩余地区，主要是千河流域、漆水河流域、石川河流域。这些地区分散在渭河上游、泾河流域、北洛河流域之间，但水资源更紧缺，因此不妨假设这些地区的产流能力是已统计地区的 50%[①]。从而，可以假设这些地区的可蓄水量与面积占比（9%）之比，等于已统计地区的可蓄水量（29 亿 m³）与面积占比（91%）之比的 50%。也就是说，剩余未统计地区的可蓄水量年均值约 1.43 亿 m³，加上已统计的 29 亿 m³，渭河流域黄土高原补水区年均可蓄水总量接近 31 亿 m³。

（2）汾河流域黄土高原补水区

　　由于汾河水资源开发利用程度较高，汾河上中游黄土高原地区的就地蓄水，需要与第 5 章提出的引水方案密切配合。汾河河长 694km，流域面积 3.94 万 km²，河津水文站控制面积 3.87 万 km²，约占全流域总面积的 98%（王国庆等，2006；刘宇峰等，2012）。2000～2022 年，河津水文站实测径流量年均值仅 6.3 亿 m³（图 6-14）。根据历年《山西省

---

　　① 石川河是渭河中下游除泾河、北洛河以外的最大支流，流域面积 0.45 万 km²。目前石川河水资源开发程度较高，下游干流河道水量较小甚至断流（高情和雒望余，2020；张嫄等，2022）。高旭艳（2022）指出，近年石川河干流岔口断面年均下泄水量仅 262 万 m³，主要为汛期下泄洪水，其他月份几乎没有下泄水量。

水资源公报》和《黄河水资源公报》，以 2015～2021 年为例，此期间汾河地表水资源量、实测径流量分别为 21.5 亿 m³、8.8 亿 m³，已用水量占比为 58.9%。在降水偏少年份，如 2019 年，汾河地表水资源量、实测径流量分别为 15.9 亿 m³、4.6 亿 m³，已用水量达到 71%。第 5 章引水方案将为山西省带来 35 亿 m³ 水资源，可大大减轻汾河流域城市对本地产水的依赖，从而使得本地产水可以更多地配置于当地黄土高原地区水土流失治理。不过，由于相关补水已包含在引水之中且不容易分割，这里暂不对汾河流域黄土高原补水区的蓄水量进行统计。

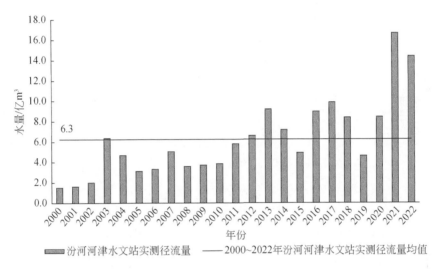

图 6-14　2000～2022 年汾河河津水文站实测径流量与多年平均值
注：汾河河津水文站数据来自历年《黄河水资源公报》

6.6.2　现状水库

根据 2022 年《黄河水资源公报》，黄河流域龙门至三门峡分区内有大型水库 12 座、中型水库 59 座。不过，不同于对黄土高原北部的讨论，由于黄土高原南部就地补水区域与龙门至三门峡分区不完全重合，上述水库并不都可用于黄土高原就地蓄水、补水规划。表 6-5 列举了现有可用于黄土高原就地补水规划的 8 座大型水库[①]。位于渭河上游、泾河和北洛河的大型水库有 4 座，总库容 12.73 亿 m³，调节库容 4.89 亿 m³。

表 6-5　黄土高原南部大型水库

水库	所在流域	省份	总库容/亿 m³	调节库容/亿 m³
冯家山水库	渭河支流千河	陕西	4.13	2.86

---

① 龙门至三门峡分区内其余 4 座大型水库为黄河干流上的三门峡水库、弘农涧河上的窄口水库、渭河南岸支流石头河上的石头河水库、渭河南岸支流黑河上的金盆水库。

水库	所在流域	省份	总库容/亿 m³	调节库容/亿 m³
羊毛湾水库	渭河支流漆水河	陕西	1.20	0.44
巴家咀水库	泾河支流蒲河	甘肃	5.40	0.20
南沟门水库	北洛河支流葫芦河	陕西	2.00	1.39
小计			12.73	4.89
汾河水库	汾河	山西	7.00	3.60
汾河二库	汾河	山西	1.33	0.41
柏叶口水库	汾河支流文峪河	山西	1.01	0.90
文峪河水库	汾河支流文峪河	山西	1.17	0.48
小计			10.51	5.39

注：表中数据由作者搜集整理。冯家山水库数据来自黄福贵等（2012），羊毛湾水库数据来自周德宏等（2019），巴家咀水库数据来自罗永海（2024），南沟门水库调节库容数据来自熊美杰（2009）。汾河水库、汾河二库数据来自张江汀（2007），柏叶口水库数据来自康超（2023），文峪河水库数据来自丁慧峰（2017）

渭河上游北岸是渭河泥沙的主要来源区，支流较多，建库潜力大。根据王凯等（2020）的研究，渭河上游通关河、小水河的水量充足，地形地质条件适宜建坝，同时流域内目前仅有一些小型引、提水工程，当地水资源开发利用潜力较大。目前拟建水库有通关河水库，坝址位于通关河入渭河口以上 4.5km 处，水库总库容 0.85 亿 m³，但受资金限制迟迟未动工[①]。

泾河上中游一路蜿蜒于黄土高原丘陵沟壑及山川之间，适宜建坝，目前中游段正在建设东庄水库，可以此为基础进行多级建坝。东庄水库位于泾河中游峡谷末端礼泉县叱干镇东庄村，地处泾河最后一个峡谷段出口。东庄水库设计最大坝高 234m，坝顶高程 804m，正常蓄水位 789m，总库容 32.76 亿 m³。按照规划，东庄水库主要承担防洪、减淤、供水任务，同时发挥一定生态效益。根据东庄水库环评报告[②]，水库蓄水后，将形成长 97km、面积超 43.36km² 的水面。尽管水库淹没区会带来一定量的生物量损失，但是静水面积增加后，渭北区域性气候有望改善，有利于库周植被生长。非淹没区的水分条件也将由于湿度和气温的变化而得到较大改善，有利于天然林生长、植被种类增加。泾河河道平均比降为 2.47‰，流域内集水面积大于 1000km² 的支流共 13 条（屠新武等，2010；郎根栋，2015）。河源至政平为上游，上游干流河谷开阔，一般在 1km 以上。东庄水库地处泾河最后一个峡谷段出口，可在东庄水库以上泾河干、支流寻找合适的位置，修建多级水库体系，与东庄水库配合完成泾河流域内就地蓄水补水任务。

北洛河拾级建坝的潜力同样有待开发。例如，早在十余年前，杨春学和李剑锋（2011）就提出北洛河一级支流仙姑河、黄莲河地质、地貌基本具备建库条件，其流域面

---

① http://www.shaanxi.gov.cn/hd/wxszsjh/lyxd/202309/t20230908_2300113.html，2024 年 6 月 20 日访问。

② https://www.doc88.com/p-7098691341647.html，2019 年 5 月 1 日访问。

积分别为 605km²、248.6km²，比降分别达 12.9‰、11.7‰，6~9 月降雨量占全年的 70% 左右。不过，根据调查，仙姑河、黄莲河流域目前仍未修建重要蓄水工程。张琳琳等（2021）指出，截至 2018 年底，北洛河流域内已建成水库 49 座，总库容 4.59 亿 m³，调节库容 2.94 亿 m³，其中重点蓄水工程只有南沟门、石堡川、林皋、拓家河、郑家河、福地等 6 座水库。北洛河干流则受地形限制和含沙量影响，迄今没有一座调蓄工程，制约了水资源的调配能力（张润平等，2023）。目前，北洛河流域在建水利项目有渭南市北洛河水库一期工程，工程总库容 0.1 亿 m³，年调节水量 0.18 亿 m³，主要目标是缓解洛惠灌区缺水现状①。

6.7　上游引水路线补水

除拦蓄黄土高原当地降水外，还可结合第 5 章的引水线路为黄土高原补水。引水线路以南分布着众多深入黄土高原的河流，将上游引水量的一部分注入这些河流，自然就能够为黄土高原补水。其中两条可重点考虑的河流是黄土高原北部的无定河和窟野河。无定河和窟野河主要分布在鄂尔多斯市和榆林市，引水线路北线、南线要么与这两处流域擦肩而过，要么横穿其中，修筑一定的引水渠连接引水线路和两条河流，就能将上游引水量的一部分注入其中，使上游来水能够深入黄土高原腹地，服务于当地生态环境建设。

无定河流域（108°18′~111°45′E，37°14′~39°35′N）位于黄土高原与毛乌素沙漠的过渡地带，自西北流向东南，全长约 491km，流域面积约 30260km²。无定河中游北岸有支流纳林河、海流兔河、榆溪河。纳林河发源于苏力德苏木，在乌审旗谷家畔汇入无定河。海流兔河发源于乌审旗中东部，在榆林市榆阳区汇入无定河。榆溪河发源于榆林市榆阳区，在榆阳区鱼河镇汇入无定河。引水线路到达苏力德苏木后，南线一路向东偏北横穿榆林市，能够很方便地与纳林河、海流兔河、榆溪河上游联通。若在此处向无定河流域注入上游来水，其受益范围将是从无定河中游延伸至下游的广阔地区。

窟野河流域（109°25′~110°48′E，38°22′~39°51′N）位于陕西省与内蒙古自治区交界处，自西北流向东南，于神木县沙峁头村注入黄河，干流长约 242km，流域面积约 8706km²。窟野河在神木县房子塔以上分为两大支流：西支为乌兰木伦河，发源于鄂尔多斯市伊金霍洛旗；东支为悖牛川，发源于鄂尔多斯市东胜区。引水路线北线到达乌审旗召镇后，继续向东北方向延伸，依次途径伊金霍洛旗红庆河镇、东胜区，自然会经过窟野河流域这两条支流。引水线南线从苏力德苏木向东北方向进入神木市南部后，将横穿窟野河干流。引水线北线、南线一起，可从不同区位协同调配水资源至窟野河流域。

除让引水线路与沿线河流直接联通外，对于距引水线路还有一定距离、但地势和地质条件允许的区域，可以修建水渠等设施，让引水线路与之相连。例如，无定河上游、无定河与窟野河之间的秃尾河、窟野河以北的皇甫川等，都是可以考虑的。

在第 5 章，我们从年均 150 亿 m³ 引水目标中规划了约 10 亿 m³ 用于引水线沿线黄土高原与宁夏回族自治区补水。初步设想，可把该水量中的 5 亿 m³ 通过上述方案补给黄土高

---

① https://swj.weinan.gov.cn/zfxxgk/fdzdgknr/zdxm/1755162347017752577.html，2024 年 6 月 20 日访问。

原北部。这 5 亿 m^3 水量将与就地蓄水的 28 亿 m^3 水量一起，为黄土高原北部地区的生态建设提供有力的支撑。

6.8　本章小节

本章重点讨论了关于黄河中游开发建设的新设想。从黄土高原生态改善的要求和黄河中游水资源利用条件两方面出发，黄土高原的治理仅凭现有的水保措施较难有更大发展空间，若要重建黄土高原良性生态循环、实现区域内可持续发展，补充足够的水资源是关键。在治沙需增水的条件下，黄河治理和中游黄土高原的治理必须统筹考虑，黄河水资源规划和下游防洪应与中游生态建设融合。

本章为黄河中游黄土高原地区生态建设提出的构想是：在中游干支流上"拾级"建坝筑库，层层蓄水拦沙，将当地降水和泥沙均拦蓄在本地，而且将当地水资源用于当地生态补水。根据计算，黄土高原北部、南部补水区年均可蓄水量分别为 28 亿 m^3、31 亿 m^3。并且，第 5 章提出的引水路线，可相机为线路沿线的黄土高原地区年均补水 5 亿 m^3。如此一来，黄土高原年均可用水量将比现状增加 64 亿 m^3。借助当地目前已有或规划中的干、支流水库，再在条件合适的地方修建更多水库，做到将这年均 64 亿 m^3 水资源蓄在当地、用在当地，不仅能从根本上解决黄土高原水土流失问题，而且使黄河下游的泥沙淤积问题不攻自破，使黄河治理局面焕发新的生机。

第7章 | 南水北调与黄河下游水资源利用

第 5 章、第 6 章分别介绍了黄河上游引水济晋和济海、黄河中游补水配合黄土高原生态恢复的设想。本章以上述设想为基础，结合南水北调工程，讨论黄河下游地表水资源量的变化与分配，使之与黄河上游引水、中游补水的新情况相适应。本章 7.1 节和 7.2 节介绍南水北调的相关情况。7.3 节分析和估算黄河上、中游新规划实施后，下游黄河相对于现状用水量将面临的水资源缺口。7.4 节和 7.5 节具体分析黄河与南水北调工程向黄河下游河段南岸、北岸地区的供水现状。在此基础上，7.6 节讨论如何应对 7.3 节提到的水资源缺口，确保黄河下游南北两岸地区利益至少不受损，甚至增加供水、缓解水资源短缺。本章与第 5 章、第 6 章及第 8 章配合，形成一个完整的黄河治理和水资源利用新体系。

7.1 我国的水资源分布与南水北调

7.1.1 跨流域水资源情况

总体说来，我国是一个缺水严重的国家。2020 年全国水资源总量为 31 605.2 亿 m³，仅次于巴西、俄罗斯和加拿大，居世界第四位，约占全球水资源总量的 6%；但人均水资源只有 2257m³，仅为世界平均水平的 1/4、美国的 1/5，在世界上名列第 121 位，是全球 13 个人均水资源最贫乏的国家之一。扣除尚未利用的洪水径流和散布在偏远地区的地下水资源后，我国实际可利用的淡水资源量则更少，仅为 11 000 亿 m³ 左右，人均可利用量仅为 900m³ 左右，并且分布极不平衡。

我国位于太平洋西岸，地域辽阔，地形复杂，大陆性季风气候显著，这些因素使得我国水资源的时空分布极不均匀。地形决定了我国的主要河流基本是东西流向，而气候决定了降水大多在南方，西北地区则降雨稀少，降水量从东南沿海向西北内陆递减。由于降水量的地区分布很不均匀，全国水资源分布也极不平衡：长江流域和长江以南耕地只占全国的 36% 左右，但水资源量却占全国的 80%；而黄、淮、海三大流域，水资源量只占全国的 8% 左右，但耕地却占全国的 40%。加之北方降水量的年内、年际变化大于南方，使得我国北方水旱灾害频繁，农业生产很不稳定。

改革开放让我国的东部和南部地区率先焕发勃勃生机。在这一过程中，南北方的经济格局也悄然变化。北方黄淮海地区一跃成为中国粮食的主产区之一，加之区域内工业和服务业迅速发展，使得这里成为我国水资源承载能力与经济社会发展之间矛盾最为突出的地区。由于资源性缺水，即使充分利用节水、治污、挖潜的可能性，黄淮海流域仅靠当地水资源已不能支撑其经济社会的可持续发展。

黄淮海流域内的北京市是我国的政治、经济和文化中心，但一直承受着人口和经济快速膨胀的巨大压力。近几十年来，伴随着城市规模的快速扩大，北京市缺水的严重程度也逐年加剧，以至于北京市三分之二的用水不得不靠超采地下水来维持，致使地下水位下降了近40m，相当于十几层楼的高度[①]。

天津市素有"北京门户"和"华北重镇"之称，是海河五大支流的交汇地，但是从20世纪中叶起，这个有"九河下梢"之称的城市也饱受缺水的困扰。由于以前高污染企业发展过多，水污染严重；又因地势较低，海水倒灌，导致海河下游及沿海浅层地下水多为咸水，可利用水资源极度匮乏。

河南省是全国唯一地跨长江、淮河、黄河、海河四大流域的省份，全省多年平均水资源总量为403.53亿m^3。然而，河南省人口基数大，人均水资源量不足400m^3。按国际公认的人均500m^3为严重缺水的标准，河南省属于严重缺水省份。2015年，河南省全省缺水64亿m^3[②]。随着工业化、城镇化、新农村建设的加快推进，河南省的用水刚性需求持续增长，水资源供需缺口进一步加大。

河北省由于地理位置既不搭长江，又不挨黄河，常年为缺水而苦恼，近年来更是干旱频发、水环境脆弱、水功能区达标率低、地下水超采严重。目前除了北京、天津以外，保定、石家庄、邢台一线的城市下方已形成世界上最大规模的地下水超采漏斗区，而且其地下水埋深已经降到60m以下。在华北平原，地面因地下水位下降每年沉降达20cm以上，沉降面积已达6.9万km^2（张基尧等，2015）。可以说，水资源短缺及水环境恶化已经成为制约区域内经济及社会可持续发展的重要因素。

7.1.2　南水北调历史

为扭转地区间水资源禀赋极度不平衡、北方社会经济发展严重受水资源制约的局面，我国设计了南水北调工程，将南方的地表水资源调往北方地区。南水北调工程规划了东线、中线、西线三条线路，共同将中国南方相对丰沛的长江水输送到缺水的北方。

由于我国缺乏贯穿南北的自然河流，要实现南水北调，需要修建大量的水利工程，从设想到规划、从规划到实施，是一个漫长而复杂的过程，经历了无数有识之士的探索和实践。早在20世纪中叶，南水北调的论证工作就已开始。1952年，毛泽东主席到河南开封视察时，创造性地提出：南方水多，北方水少，如有可能，北方向南方"借点水来"。基于此，时任水利部黄河水利委员会主任王化云通过实地考察调研，提出从通天河引水注入黄河上游的初步设想。为了实现从长江调水到黄河的构想，艰难的勘探工作持续了半个多世纪。几代工程技术人员30多次深入巴颜喀拉山脉进行水文、地质勘测，获得了大量珍贵的地形、水文、气象资料。然而，在高海拔地区险恶的条件下，完成如此浩大的水利工程，无论是从国家实力还是从工程技术方面而言，对于当时的中国都是很难完成的任务。但是从长江上游向黄河上游调水的设想从此被明确下来，几十年以来，它一直是南水北调

---

① 参见2019年央视纪录片《一江清水向北流》。

② http://hn.cnr.cn/hngbxwzx/20151110/t20151110_520455674.shtml? from＝timeline,2021年9月6日访问。

工程规划中的一条重要线路。

1958 年 8 月，在北戴河召开的中共中央政治局扩大会议第一次正式提出南水北调规划，并同时决定修建丹江口水库，以其作为南水北调向北方调水的水源地。丹江，古称丹水，是汉江最长的支流，自古以来就是长江中游通往中原地带的一条重要水路。经过水利专家多次勘察和比对后，引汉济黄的蓄水坝最终选定在丹江汇入汉江的江口处，从此丹江口成为了南水北调中线的起点。

1972 年华北大旱，水资源危机显现，然而邻近的黄河水量少，且泥沙处理十分困难。在此背景下，1974 年丹江口水库初期工程全部完工后，将水引到华北的设想便被进一步提出，这便是现今南水北调中线的基础（张基尧，2016）。

由于华北大旱，南水北调向华北调水的东线方案也被提上议程。1976 年《南水北调近期工程规划报告》提出从江苏省扬州市附近抽引长江水，沿京杭大运河等河道逐级抽引江水北调，向天津市和海河流域缺水地区供水。该规划于 1978 年得到了初审肯定，并被确定为当时南水北调实施的近期工程（王先达，2018）。南水北调东线工程起点为江都水利枢纽，该枢纽于 1961 年 12 月开始动工修建，历时 12 年完成。这座拥有 4 座电力抽水站、12 座水闸的庞大水利枢纽位于京杭大运河和新通扬运河的交汇处，可以每秒 400 多 m³ 的提水速度向北方抽引长江水。

至此，我们现在熟知的南水北调东线、中线、西线三条引水线路逐渐明晰。但要实现这三条线路引水规划，绝不仅仅是在长江上中下游各修建 3 条水路直至北方这么简单，而是一个极其复杂、影响后世千秋万代的伟业。1992 年 10 月，中国共产党第十四次全国代表大会在北京召开，在这次会议上，南水北调被列入我国跨世纪的骨干工程。在分析比较了 50 多种规划方案的基础上，南水北调工程东线、中线、西线三条线路共同调水的方案终于确定。2002 年 12 月 23 日，国务院正式批复《南水北调工程总体规划》，历史上最大的调水工程终于进入实施阶段。

7.1.3　艰难建设

20 世纪 80 年代初，受限于当时的经济发展水平，仅就当时的国力而言，还不允许东线和中线同时上马，而只能选其中之一。然而，无论是中线还是东线，各自的优势和劣势同样明显。谁先谁后，这道选择题困扰了我国十多年之久。全国水利、工程、环保等各相关领域的专家展开了激烈争论，并一直相持不下。最终，随着我国国力快速提升，东线和中线于 2002 年 12 月 27 日同步开工，标志着南水北调工程正式进入了实施阶段。在工程建设上，南水北调东线和中线工程都需要克服种种困难，其中挑战之多、难度之大，又以中线为最。

南水北调中线决定全程采用"自流"方式，即让水自行北流，同时加大向北供水的范围。要做到这一点，首先需要对丹江口水库进行加高。然而，要在原有大坝的基础上进行加高并非易事，需要克服诸多难题。1994 年起，丹江口大坝加高工程和总干渠工程的设计方案逐渐明晰，决定将钢筋植入原有闸墩来对原有坝体进行加固，并对多年以来出现的缝隙进行处理。同时，由于是在老旧坝体上进行加高处理，新旧混凝土的交界处容易产生温差，从而形成新缝隙。工程师们多次实验，采用控制新老混凝土热胀冷缩、使变形尽量减小等方式解决了这一难题。

中线建设过程中还遇到另一难题，即"土"的问题。南阳地区的土质为"膨胀土"，遇水膨胀，失水收缩，是世界公认的"工程癌症"。经过反复的实验和不断的摸索，最终工程师们通过在膨胀土中掺入3%~5%的水泥，经晾晒、粉碎、拌和后，形成可使膨胀性下降的水泥改性土，应用到工程建设中，获得了成功。

为了实现自流，中线线路还必须克服台地和洼地的阻拦。河南邓州市境内的湍河附近，是一个低洼区，地下环境复杂，引水从地下走的成本要大于从地上走的成本。因此在综合考虑性价比后，线路最终采取了架桥运水的方式，同时修建渡槽解决了汛期施工的问题。湍河渡槽内径尺寸、单跨跨度、最大输水流量均居世界首位。全长1030m的湍河渡槽共攻克了28项技术难题。

除了选择渡槽穿越一些大跨度峡谷和河流外，中线工程还采用了倒虹吸方法使引水与当地河道"擦肩而过"，包括穿黄工程和白河倒虹吸工程。此外，为了避免调水对汉江中下游产生不利影响，中线工程还同步规划设计了引江济汉、兴隆水利枢纽、改扩建闸站、整治局部航道四项补偿工程。

南水北调东线工程面临的最主要的问题则是沿线污染问题，工程成功与否直接取决于对污水治理的成效。为了达到输水要求的水质目标，需要在10年左右的时间内完成水质从劣V类向Ⅲ类的跨越。为此国家和相关各省市出台了一系列严厉的政策，包括将治污目标纳入领导干部考核标准、推行由负责人分段包干治污任务的"河长制"等，将治污减排责任层层落实到各市、县和重点污染企业。此后环境整治工程纷纷展开，区域内大批污染企业关停。仅在"十一五"期间，山东一省就在东线沿线淘汰了产能超过6000万t的水泥企业300家、产能超480万t的焦化企业36家、产能超360万t的钢铁企业24家，还有诸多工艺落后、污染严重的造纸、酒精等企业。山东全省拒批或暂缓审批涉水建设项目达1400多个，涉及总投资440亿元[①]。在强有力的措施下，南水北调东线治污成果显著，COD平均浓度下降85%以上，氨氮平均浓度下降92%，水质达标率从3%增长到100%[②]，成功实现了预定目标，为北方大地送去了清澈的生命之水。

7.2　南水北调的规划与实践

7.2.1　南水北调发展现状

南水北调工程东线、中线、西线三条调水线路使长江、淮河、黄河、海河相互联接，构成了我国中部地区水资源"四横三纵、南北调配、东西互济"的总体格局（图7-1）。

从供水的范围来看，东线工程的主要供水范围为淮河下游、南四湖、胶东、海河东南

---

① 参见人民网《南水北调东线治污十年路》，2022.02.24。

② https://www.gov.cn/xinwen/2017-11/05/content_5237304.htm，2022年2月24日访问。

部平原等地区；中线工程主要供水范围为唐白河流域、淮河中上游和海河流域的西部平原，以及北京、天津及京广铁路沿线的其他 20 多座城市；西线工程的主要供水范围为黄河中上游和西北地区。

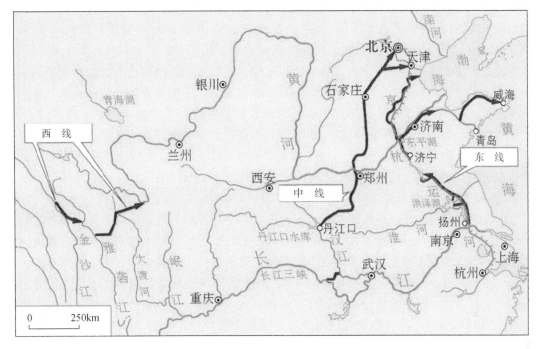

图 7-1 南水北调东、中、西线工程示意图

资料来源：南水北调工程管理司

从目的来看，东线和中线工程的供水目标是解决黄淮海地区的城市缺水问题，兼顾提供农业用水、改善生态环境、提高本地区水资源承载力。另外，中线也规划用于增加黄河下游输沙用水量，对黄河的防洪减淤乃至整个黄河治理产生效益，同时发挥类似"串联水库"的调节作用，缓解淮河和汉江的防洪压力。西线工程通过向黄河全流域补充水源，以期解决黄河干流扬黄、自流引黄、黄河冲沙和生态用水等问题。

东线工程利用了江苏省原有的江水北调工程，逐步扩大调水规模并延长了输水线路。东线工程从长江下游扬州江都抽引长江水，利用京杭大运河及与其平行的河道逐级提水北送，并连接了起调蓄作用的洪泽湖、骆马湖、南四湖、东平湖。出东平湖后分两路输水：一路向北，在位山附近经隧洞穿过黄河，输水到天津；另一路向东，通过胶东地区输水干线经济南输水到烟台、威海、青岛。东线主干线全长 1466.50km，其中长江至东平湖段长1045.36km，黄河以北段长 173.49km，胶东输水干线长 239.78km，穿黄河段长 7.87km。工程分三期实施：一期主要向江苏和山东两省供水，规划年调水量 88 亿 m³；二期在一期的基础上增加向天津、河北供水，同时进一步扩大向山东和安徽供水，年调水量扩大到106 亿 m³；三期则在一期和二期的基础上进一步增建输水线和水利工程，以扩大输水调水能力，年调水量增至 148 亿 m³①。目前，一期工程已于 2013 年 11 月 15 日建成通水，二期工程前期工作正在开展②。

中线工程从加坝扩容后的丹江口水库陶岔渠首闸引水，沿线开挖渠道，经唐白河流域西部过长江流域与淮河流域的分水岭方城垭口，沿黄淮海平原西部边缘，在郑州以西李村附近穿过黄河，沿京广铁路西侧北上，基本全程自流到北京、天津。输水干线全长 1431.945km，其中总干渠长 1276.414km，天津输水干线长 155.531km。工程分两期实施：一期建设主要为加高丹江口大坝，从丹江口水库自流引水，通过硬化明渠输水到河南、河北、北京、天津 4 省（市），规划年调水量为 95 亿 m³③；二期主要为"引江补汉"工程和干线调蓄工程。"引江补汉"工程为引长江水全程自流至丹江口水库大坝下游汉江干流，从而增加向北的调水水量和保障汉江中下游的生态用水。干线调蓄工程主要为利用已有水库和增建水库防范断水风险，提高丹江口水库调水的保证率④。中线全部完工后，年调水量将扩大至 130 亿 m³。目前一期工程已于 2014 年 12 月 12 日建成通水，"引江补汉"工程于 2022 年 7 月 7 日开工建设⑤。

西线工程目前正在进行可行性研究工作，目标是在长江上游通天河、支流雅砻江和大渡河上游筑坝建库，开凿穿过长江与黄河分水岭的巴颜喀拉山输水隧洞，调长江水入黄河上游。根据《中国南水北调年鉴 2022》，西线工程重点供水范围为黄河上中游的青海、甘肃、宁夏、内蒙古、陕西、山西 6 省（区），同时结合兴建规划中的黄河干流大柳树水利枢纽等工程，还可向临近黄河流域的甘肃河西走廊地区供水，必要时也可相机向黄河下游补水。2020 年水利部将《南水北调西线工程规划方案比选论证报告》报送国家发展和改革委员会，其推荐的调水方案为：采用上下线组合方案，上线从雅砻江和大渡河干支流调水 40 亿 m³，在甘肃玛曲县贾曲河口入黄河干流；下线从金沙江、雅砻江和大渡河干流调水 130 亿 m³，在甘肃岷县入洮河。第一期工程规划上下线分别调水 40 亿 m³，共调水 80 亿 m³。

根据南水北调总体规划，三条调水线路互为补充。本着"三先三后"⑥、适度从紧、需要与可能相结合的原则，南水北调工程最终规划调水总规模为 448 亿 m³，其中东线 148 亿 m³，中线 130 亿 m³，西线 170 亿 m³，建设时间需 40～50 年。

7.2.2　南水北调工程效益

南水北调工程将优化全国水资源配置，缓解我国北方水资源紧张状况，支持北方海河流域、黄河流域等地区的经济社会发展，改善北方生态环境。截至 2023 年 9 月，南水北

---

① 规划年调水量数据一期工程来自《中国南水北调年鉴 2021》，二期和三期工程来自《中国大百科全书·南水北调工程总体规划》。https://www.zgbk.com/ecph/words? SiteID = 1&ID = 403102&Type = bkzyb&SubID = 83600，2023 年 10 月 19 日访问。

② https://www.thepaper.cn/newsDetail_forward_24823822，2023 年 10 月 19 日访问。

③ 规划年调水量数据来自《中国南水北调年鉴 2021》。

④ https://www.sohu.com/a/507924897_120099890，2023 年 10 月 25 日访问。

⑤ https://www.gov.cn/xinwen/2022-07/08/content_5699847.htm，2023 年 10 月 19 日访问。

⑥ "三先三后"原则即"先节水后调水、先治污后通水、先环保后用水"。

调东中线一期工程已累计调水超 650 亿 m^3，惠及沿线 40 多座大中城市 280 多个县市区，直接受益人口超过 1.76 亿人[①]。南水北调工程的效益主要有两个部分：社会经济效益和生态效益。

（1）社会经济效益

一些研究表明，南水北调工程所能产生的社会经济效益巨大（韩振强等，1998；贾绍凤，2003）。据估计，南水北调东、中线一期工程建设期间，工程投资平均每年提高国内生产总值增长率约 0.12 个百分点，东、中线一期工程参建单位超过 1000 家，加上上下游相关行业的带动作用，每年增加数十万个就业岗位[②]。工程完工后，南水北调缓解了北方地区的水资源短缺问题。目前，南水已占北京城区日供水量的 73% 左右；在天津，14 个区居民已喝上南水；在河南，受水区 37 个市县已全部通水；在河北，4 条配套输水干渠已全部建成通水；在山东，胶东半岛已实现南水全覆盖；在江苏，东线一期工程提高了 7 市50 个区县共计 4500 多万亩农田的灌溉保证率。根据《中国南水北调年鉴 2022》计算，以 2016～2021 年全国万元 GDP 平均用水量 65.1 m^3 计算，南水北调为北方增加了 498.68 亿 m^3 水资源，为受水区超 7 万亿元 GDP 的增长提供了优质水资源支撑。此外，南水北调工程极大地改善了京杭大运河、长江与汉江之间的通航条件，为区域间经济发展提供了保障。南水北调中线的兴隆、丹江口等水利枢纽工程通过水力发电为地方经济发展提供了绿色能源，截至 2021 年底已累计发电 289.12 亿 kW·h，收入超过 60 亿元，相当于替代约 870 万 t 标准煤，减排约 2300 万 t 二氧化碳，为地方经济的高质量发展做出了贡献。另外，南水北调还解决了 700 万人长期饮用高氟水和苦咸水的问题。

（2）生态效益

除经济效益外，南水北调工程产生了明显的生态环境效益。东、中线调水实现以后，可以有效缓解受水区的地下水超采局面，同时还可以增加生态供水，使北方地区水生态环境恶化的趋势初步得到遏制，并逐步恢复和改善生态环境。据国务院发展研究中心编写的《南水北调工程生态环境效益评价》报告估算，南水北调东线、中线 2030 年生态效益可以达到 724.92 亿元。西线调水除了能促进上游矿产、能源资源的开发外，同时也将有利于改善生态环境、促进水土保持、遏制沙漠化，在全球气候变暖、极端气候增多的情况下，增强国家抗风险能力，为经济社会可持续发展提供保障。

南水北调工程的实施，还将加大相关区域水污染防治力度，通过发展生态工业治理，推进污水的资源化和再利用，可以有效治理由工业"三废"、生活污水和集中排放废弃物造成的环境污染。目前，东、中线一期工程通水后，东线一期工程输水干线水质做到了全部达标，并稳定达到地表水 Ⅲ 类标准；中线水源区水质总体向好，工程输水水质一直保持在 Ⅱ 类或优于 Ⅱ 类[③]。在中线工程建设中，还设立了工程源头国家级生态功能保护区，带动了区内生态林业、生态畜牧业、绿色农业的发展，有效解决了水源区水污染问题（李斌等，2018）。

[①] https://news.bjd.com.cn/2023/09/13/10561442.shtml，2023 年 10 月 19 日访问。

[②] https://news.cctv.com/2019/12/12/ARTIonIXOKMIflnC9xehFIXj191212.shtml，2023 年 10 月 26 日访问。

[③] http://nsbd.mwr.gov.cn/zx/mtgz/201910/t20191009_1364696.html，2022 年 2 月 25 日访问。

7.2.3　对南水北调工程的质疑

虽然就目前南水北调工程的实施和运行状况来看，工程所取得的成就和效益是显著和丰硕的，但一直以来面临许多质疑的声音。有批评认为，南水北调这种需要超慎重决策的巨型工程，其迅速上马似乎犯了"大跃进"式的失误①。有地质专家指出："南水北调其实就是挖肉补疮，引水坝以下因流量减少或断流容易造成干旱化、沙化、水质恶化等情况。"② 中线工程建设期间，就有人质疑，"江汉平原大旱，是因为南水北调的建设影响了生态"、"一下子调走湖北这么多水，会不会出现北方受益、水源地受损的局面"（沈立，2015）。"调得来、用不好"、"大调水、大浪费"，在南水北调工程的建设过程中，诸如此类的质疑声音从未绝耳。

事实上，中线工程的实际运行成本也确远高于初期预估，而体制问题、水费收缴机制、历史遗留问题等都是南水北调工程运行过程中面临的挑战（沈立，2015）。随着生态环境重要性越来越被重视，并在已有许多前车之鉴的情况下，人们广为关注南水北调工程的生态环境影响，是可以理解的，且这种关注也能起到促进决策者慎重决策的作用。但如深入分析我国水资源分布的现状和将来，科学预测各地今后社会经济发展和生态环境恢复的用水需要，就不难发现，若要继续保障我国北方社会经济发展和生态保护，就必须向域外"借"用大量水资源，而这个域外只能是南方。所以，南水北调将是我国北方今后社会经济高质量发展和生态环境建设的必然需要。从这点上来说，本书完全认同南水北调的思想。虽然本书的重点是如何更好地利用好黄河——这条我国北方最大的河流的水资源，但这与承认南水北调的重要性并不矛盾。实际上，如同本章下文和第 8 章将说明的，本书提出的黄河治理和水资源利用新方案，在较大程度上还需依托目前的南水北调工程，与今后将建设的西线工程也相得益彰。

我们认为，从我国北方目前以及今后的社会经济发展和生态环境建设要求来看，跨流域调水将是一个必然的历史选择。当然，各时期跨流域调水的规模到底该如何确定、多少为最佳、哪些是最好的调水线路和方式，这些都是需要继续探讨和解决的问题。与此同时，由于跨流域调水隐含着高额社会经济和生态成本，怎样更好地利用好北方自有的水资源，当然也应该是首要加以考虑的问题。

7.3　黄河上中游治理新设想下，黄河下游
水量及用水缺口

在第 5 章中，我们提出了引上游黄河水济海、济晋的设想。该设想也为黄河中、下游的治理和水资源利用提供了全新的机会与挑战。对中游而言，引水后上游来水的绝大部分将绕开目前的中游干流河道而直接进入晋北和海河流域，这为黄河中游和黄土高原北部的

---

① http://www.h2o-china.com/news/81787.html，2022 年 2 月 25 日访问。
② http://m.kdnet.net/share-7494799.html，2022 年 2 月 25 日访问。

治理带来了机遇。对下游而言，上游引水、中游补水在为地处黄河下游以北、在黄河供水区范围之内的海河流域带来更多水资源的同时，也改变了进入黄河下游河道的水量，因而也将改变黄河下游供水区的水资源供给量和分配格局。

目前，黄河下游供水区包括天津、河北、山东和河南四省（市）。黄河上游引水、中游补水后，北京、天津、河北以及黄河下游河道以北的河南和山东部分地区，也即海河流域的大部分地区，将新增从黄河上游直接引来的水量。但与此同时，进入黄河下游河道的径流量将减少。另外，上述海河流域部分地区，以及河南和山东两省位于黄河下游河道以南的地区，均接受南水北调工程来水。因此，如何协同南水北调来水、由黄河上游引至海河流域的增加水量、黄河下游河道剩余水量这三者以保障目前黄河下游供水区内各地区水资源总量不减少，甚至有所增加，是本章下文要讨论的问题。

需要回答的第一个问题是，黄河上游引水、中游补水后，下游河道还有多少水量？首先需要确定本章"下游河道"的概念。正式的黄河下游干流河段起自桃花峪，而黄河中游指河口至桃花峪河段。由于第 6 章中游补水设想已覆盖了河口至龙门（大北干流）中游河段，而黄河下游的用水又离不开中游龙门以下河段的供水与蓄水功能（详见第 8 章），所以下文虽然说"下游河道"，实际则指"龙门以下河道"。

在确定龙门以下河段的剩余水量时，不妨先假设在上游引水、中游补水后，龙门已无水下泄至龙门以下河段，那么龙门以下河段的径流量就将完全依靠该河段内黄河干、支流的自身产水。一种方法是根据相关干、支流资料加总得到该河段总产水。然而，一个更直接的方法是利用黄河水利委员会公布的黄河各干流水文站的实测径流量计算得出。根据两水文站的相对位置，用下游水文站的实测径流量，减去上游水文站的实测径流量，得到的就是两水文站间河段的产水量（不含上游站的来水）减去区间内河段耗水量的差值①。用紧邻黄河入海口的利津站实测径流量，减去龙门站的实测径流量，得到的结果可以回答龙门至利津地区的用水是否需要依靠龙门以上地区的下泄水量这一问题。根据《黄河水资源公报》，1956～2019 年利津站多年平均实测径流量为 272.93 亿 m³，龙门站多年平均实测径流量为 251.54 亿 m³，比利津站少 21.39 亿 m³，即龙门—利津区间产水量比耗水量多出 21.39 亿 m³。以上数据说明，平均而言，1956～2019 年期间即使龙门无水下泄，龙门—利津区间耗水也可实现自给自足。

1956～2019 年的跨度达 64 年，也许不太能反映最近情况，因此我们利用另外两个时间系列重复上述计算过程②：1987～2022 年，利津站年均实测径流量仅 177.34 亿 m³，而龙门站的均值为 206.81 亿 m³，比利津站多约 29.5 亿 m³，即龙门—利津区间产水量比耗水量少 29.5 亿 m³。也就是说，1987～2022 年期间，为满足龙门—利津区间的用水需要，平均每年需有 29.5 亿 m³ 外来水量，这当然是来自龙门以上河段。若龙门无水下泄，龙

---

① 如果这一差值为 0，则说明区间内产水量恰好等于区间内耗水量；若区间上游河段无水下泄，区间内耗水可恰好全部由区间内产水提供，区间内既不余水也不缺水。如果这一差值为正，说明区间内产水量大于区间内耗水量；若区间上游河段无水下泄，区间内耗水可以完全由区间内产水提供，区间内不仅不会缺水，还有余水。如果这一差值为负，说明区间内产水量小于区间内耗水量；若区间上游河段无水下泄，区间内耗水不能完全由区间内产水提供，区间内会出现缺水，缺水量是该差值的绝对值。此思路在 6.5 节、公式 6-1 也有详细说明。

② 根据 2000～2022 年《黄河水资源公报》公布的 1987～2000 年多年平均数据、2001 年及以后各年数据计算。

门—利津区间平均每年将缺水 29.5 亿 m³。2000～2022 年，利津站减龙门站实测径流多年平均值为 -15.1 亿 m³（图 7-2），说明黄河下游河段平均每年需要龙门以上河段来水 15.1 亿 m³。若龙门无水下泄，龙门—利津区间平均每年将缺水 15.1 亿 m³。

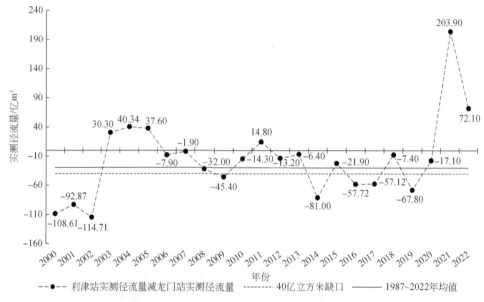

图 7-2　2000～2022 利津站减龙门站实测径流量差值（亿 m³）

注：作者根据 2000～2022 年《黄河水资源公报》数据绘制

以上分析清楚表明，不同时间系列下计算得到的结果有很大差异。根据第 8 章对龙门以下黄河流域丰枯水周期的介绍，该区间存在长周期和短周期现象，最近一期长周期为 1987～2022 年（2022 年也是我们掌握数据的最后一年），而短周期为 6～11 年不等。由于本章的分析旨在从长远考虑问题，也为最大限度地为新规划下可能出现的下游用水缺口做准备，我们取 1987～2022 年差值，作为接下来分析的基础。也就是说，我们假定新规划实施后，在不考虑其他因素影响情况下，下游平均每年供水缺口为 29.5 亿 m³。

与上述分析相关，有几点需要说明：①假定新规划实施后下游平均每年缺水 29.5 亿 m³，是以龙门以上无水下泄至下游为条件，同时还意味着利津站再无径流下泄入海，这些正与本书重点强调的观点一致。②虽然假定了龙门再无水量下泄，但实际上在新规划下每年还是会有约 31 亿 m³ 水下泄至小北干流，用于弥补因黄土高原南部补水而使渭河（包含泾河）、北洛河等支流少向黄河下游干流输出的水量（详见第 6 章）。该 31 亿 m³ 水量来自经我们估算的上游可以实现的年均战略备水（年均共 36 亿 m³，详见第 8 章）。第 8 章把这部分上游来水称为"置换水"，顾名思义，即用它去置换因黄土高原南部补水而使黄河下游径流量损失的部分。③由于 2014 年后南水北调东、中线工程开始运行，图 7-2 中标出的之后各年的用水缺口也应受其影响，但不易剥除该影响①。

---

① 图 7-2 中数据表明，即使在南水北调东线和中线工程分别于 2013 年和 2015 年开始以较大规模向华北供水后，2015～2022 年 8 年中也有 6 年黄河下游河段缺水，其中有 3 年缺水量超过 50 亿 m³。

那么，在除了 31 亿 m³ 置换水外龙门再无其他水量下泄的情况下，下游河段供水会出现多大的缺口呢？回答这一问题需要考虑以下几个方面：①黄河下游供水区内今后生产生活和生态需水的增加（对此我们在第 2 章有讨论）；②南水北调可供继续挖掘的潜力；③下游用水可节省的空间；④黄河河口三角洲所需生态用水。回答这些问题都有一定难度，也不是本章能深入讨论的。因此，下文仅根据以上计算得到的 1987 ~ 2022 年黄河下游年均用水缺口 29.5 亿 m³，外加 10.5 亿 m³ 以满足下游今后用水需要的上升（在扣除了节水潜力后），以及黄河河口三角洲生态用水需要，加总为 40 亿 m³，以此为新规划下下游河段将面临的总供水缺口。

7.4　黄河下游河段用水现状

以上分析仅使用了龙门和利津水文站实测径流数据。虽然能说明在上游引水、中游补水后，黄河下游用水区将面临达 40 亿 m³ 的供水缺口，但没有说明目前取自黄河下游河段的实际水量，以及该水量在各用水地区之间的分配，所以也不可能帮助说明相关缺口具体可怎样解决。要考虑如何弥补上述缺口，需要对以上总量和分布都有所了解，以找到合适的解决方案。同时，如上文所述，黄河下游海河和淮河流域均已有南水北调作为补充水源，准确估计下游河段缺口水量的做法还必须考虑到目前南水北调水量在下游各区之间的分布。

在考虑相关缺水补偿措施时，有一点十分重要，即海河流域会是黄河上游引水的主要受益者。海河流域位于黄河下游河道之北，而位于黄河下游河道以南的淮河流域将得不到上游引水的恩泽[①]。所以，或许应该由海河流域年均减少从黄河下游河道取水 40 亿 m³。但海河流域各省市目前从黄河下游河道取水是多少呢？

如果不由海河流域全部或部分补齐黄河下游河段缺水，是否可以由南水北调工程从海河流域转调部分水量至黄河下游南岸一些同时使用黄河水和南水北调水的地区，由这些地区来减少取自黄河下游河段的水量，以消除缺口呢？

总之，虽然仅是一个如何克服在上游引水、中游蓄水后黄河下游河段出现的供水缺口问题，但如要找到解决该问题的切实妥当的方法，还需要对黄河下游河道两岸引黄水量和南水北调水量及其分配，有全面的了解。7.4 节重点介绍和分析黄河下游供水量在海河流域地区与淮河流域地区之间的分配。7.5 节介绍和分析南水北调水在这两地之间的分配情况[②]。

（1）京津冀地区黄河水指标分配

海河流域包括京津冀地区、河南和山东两省位于黄河以北的地区，其中京津冀地区总

---

① 但见 7.6 节。

② 本节和下节只集中介绍分析京津冀和河南、山东两省黄河南北两岸的引黄水量和南水北调水量，但严格地说，在考虑龙门以下的"黄河下游"河段水量和用水时，还应考虑陕西和山西两省分布在龙门以下干流河段沿岸的地区。由于这些地区主要从黄河最大的两条支流——渭河和汾河取水，而从龙门至桃花峪的黄河干流取水较少，因此由龙门无水下泄导致的下游干流用水缺口，影响的主要是京津冀地区和河南、山东两省。所以，接下来分析下游水量和用水时，主要关注京津冀地区和河南、山东两省。

面积约 12 万 km²，总人口约 11026 万人[①]，是我国政治、经济、文化发展的核心区域，也是我国水资源最紧缺的地区之一。

目前京津冀地区的供水主要依靠永定河等"六河五湖"（永定河、滦河、北运河、大清河、潮白河、南运河和白洋淀、衡水湖、七里海、南大港、北大港）周边地区的水资源以及黄河水和南水北调来水。由于最近几十年区域用水总量大大超过了合理开发利用的强度，导致该地区在大部分年份遭受河流干涸、湖泊萎缩等生态环境问题；另外，地下水大量超采也使得地下水位持续下降，引发地面沉降、海水入侵等问题。基于这些情况，很多人把目光投向了北方最大的水脉——黄河。目前，"八七"分水方案向河北、天津每年分配 20 亿 m³ 黄河地表水，而且北京也开始逐渐引入黄河水以满足其用水需求。2019 年 3 月，永定河首次大规模引黄河水进京，进行跨流域生态补水。黄河水从位于晋西北的山西万家寨水库扬水入京，水头于该月 19 日抵达官厅水库，并下泄至永定河。此次补水为期 3 个月，总补水量为 1.6 亿 m³[②]。但由于此次北京从黄河引水是取自中游，所以说至今为止北京还没有从黄河下游引水。

（2）山东省黄河水指标分配

黄河是山东省最重要的客水资源，全省已有 13 市 80 多个县（市、区）用上了黄河水，沿黄各市共有万亩以上引黄灌区 65 处，引黄灌溉面积 233.33 余万 hm²。在严格执行区域取用水总量控制的同时，合理优化配置黄河水资源对山东省经济社会发展意义重大。

"八七"分水方案中，山东省分水指标为 70 亿 m³。2010 年，山东省水利厅、黄河水利委员会山东黄河河务局联合印发了《山东境内黄河及所属支流水量分配暨黄河取水许可总量控制指标细化方案》（以下简称《山东指标细化方案》），将山东省 70 亿 m³ 控制指标细化至 14 市，其中干流水量指标 65.03 亿 m³，支流水量指标 4.97 亿 m³（表 7-1）。据此，山东省水利厅每年将黄河干流用水总量控制指标分配给各县（市、区），黄河水利委员会对各市许可水量进行总量控制。

表 7-1　山东境内黄河用水许可总量控制指标　　　　　（单位：亿 m³）

城市	干流	支流	合计
济南	5.68	0.68	6.36
淄博	4.00	—	4.00
泰安	1.21	2.81	4.02
莱芜	—	1.48	1.48
济宁	4.00	—	4.00
菏泽	9.31	—	9.31
德州	9.77	—	9.77
聊城	7.92	—	7.92
滨州	8.57	—	8.57

---

① https://www.sohu.com/a/466109148_120065076,2022 年 2 月 25 日访问。

② https://web.shobserver.com/news/detail? id=139759,2022 年 2 月 25 日访问。

续表

城市	干流	支流	合计
东营	7.28	—	7.28
青岛	2.33	—	2.33
潍坊	3.07	—	3.07
烟台	1.37	—	1.37
威海	0.52	—	0.52
合计	65.03	4.97	70.00

注：数据来自《山东境内黄河及所属支流水量分配暨黄河取水许可总量控制指标细化方案》

从《山东指标细化方案》可知，得到较多水指标的区域大多分布在黄河以北地区，包括德州、聊城的全部，以及济南、滨州、东营的部分地区。因黄河从济南、滨州、东营三市横穿而过，暂且采用简单平均二分法将这三个城市的黄河用水指标一分为二，对山东省黄河南北两岸黄河地表水用水量估计如下：

山东省黄河以北地区黄河地表水用水量 = 9.77 + 7.92 + （6.36 + 8.57 + 7.28）/2 = 28.795（亿 m³）。

山东省黄河以南地区黄河地表水用水量 = 4 + 4.02 + 1.48 + 4 + 9.31 + 2.33 + 3.07 + 1.37 + 0.52 + （6.36 + 8.57 + 7.28）/2 = 41.205（亿 m³）。

以上估算表明，山东黄河以南地区可从黄河取用的水量约为41.21亿 m³，占山东省黄河水总指标的58.87%。黄河以北地区黄河可用水量约为28.80亿 m³，占山东省黄河水总指标的41.13%。

根据历年《山东省水资源公报》，2001～2015年这15年间，山东省年均用水量为225.28亿 m³，黄河年均供水量占全省用水量的比例为25.82%，但该占比在15年中逐年攀升。随着经济和社会的发展，山东省各市引黄用水需求逐年扩大，供需矛盾愈加突出。特别是从2014年春季开始，山东省受厄尔尼诺事件影响，沿黄各市降水量较往年显著减少，遭遇了严重旱情，部分地区农作物大面积受灾，甚至多地生活及工业用水发生困难，各市对客水资源的依赖度增加，部分市引黄水量明显超过细化方案控制水量及许可水量。

（3）河南省黄河水指标分配

河南省是我国严重缺水的省份之一。从全国看，全省水资源总量仅为408.59亿 m³，位居全国第16位。人均综合用水量239m³，相当于全国平均水平的一半[①]。从全省看，河南省水资源的分布特点是西南山丘区多，东北平原区少。

具体地说，河南省水资源面临十分严峻的形势，突出表现在：①地表水资源严重短缺，且时空分布不均，而地表水资源分布与人口、耕地、城镇分布以及全省经济布局极不适应的关系，又进一步加重了一些地方水资源供需之间的矛盾。②不少地区地下水资源过量开采，水环境负效应问题比较突出。过量开采地下水，不但造成地下水资源衰竭，而且会产生地面塌陷及裂缝等一系列生态环境问题。③目前对已有水资源的开发力度较高，进

---

① 参见2020年《河南省水资源公报》。

一步开发的潜力小。然而，在严重的资源性缺水的同时，一些地方还普遍存在浪费现象，用水效率仍较低。④水污染严重，进一步加剧了水资源短缺矛盾。不仅地表水体污染严重，而且大面积的浅层地下水也受到污染。如不及时采取有效措施，随着工业化、城市化进程的加快和人民群众生活水平的提高，全省水资源供求矛盾将会更加突出。

"八七"分水方案分配给河南省的总耗水量指标为55.4亿 m^3，其中黄河干流35.67亿 m^3，黄河支流19.73亿 m^3。河南省境内黄河用水分配细化指标如表7-2所示。

表7-2　河南省境内黄河用水分配细化指标　　　（单位：亿 m^3）

城市名	取水许可指标	耗水指标
郑州市	6.60	6.30
开封市	5.50	5.50
洛阳市	16.71	12.52
安阳市	1.35	1.15
新乡市	10.82	9.30
焦作市	4.68	3.52
濮阳市	8.92	7.18
许昌市	0.50	0.50
三门峡市	3.40	2.55
商丘市	2.80	2.80
周口市	0.45	0.45
济源市	3.50	2.63
平顶山市	1.00	1.00
合计	66.23	55.40

注：数据来自《河南省黄河取水许可总量控制指标细化方案》

河南省位于黄河北岸供水区的地级市有安阳、新乡、焦作、濮阳和济源，位于黄河南岸供水区的地级市有郑州、开封、洛阳、许昌、三门峡、商丘、周口、平顶山。依据表7-2中耗水指标数据可计算河南的黄河水用水分布情况①。采用与前文分解山东用水指标同样的方法，可得出河南境内黄河以北和以南地区黄河地表水用水量各为：

河南省黄河以北地区黄河地表水用水量=1.15+9.30+3.52+7.18+2.63=23.78（亿 m^3），

河南省黄河以南地区黄河地表水用水量=6.3+5.5+12.52+0.5+2.55+2.8+0.45+1=31.62（亿 m^3）。

河南省在黄河以北黄河地表水用水量加总为23.78亿 m^3，约占河南省黄河水总指标的43%，其余约57%为河南省黄河以南地区指标，为31.62亿 m^3。也就是说，河南省黄河以北地区以不足该省五分之一的土地面积占用了其超四成的黄河水指标，不难看出黄河水对于河南省黄河以北地区的生产和生活起着多么重要的作用。

---

①　前文计算山东黄河用水时，由于《山东指标细化方案》分配的是耗水指标，故表7.1中数据为耗水指标数据。此处采用河南省的耗水指标数据进行计算，与以上对山东的计算口径一致。

（4）黄河下游南北两岸引黄水指标

综合以上分析，根据目前从下游黄河引水的各省（市）引黄指标，细化到地级行政区层面，黄河下游南北两岸的黄河地表水用水量分别是：

黄河下游南岸黄河地表水用水量 = 41.2 + 31.7 = 72.9（亿 m³），

黄河下游北岸黄河地表水用水量 = 20 + 28.8 + 23.8 = 72.6（亿 m³）。

下游南北两岸引黄水量基本持平。考虑到黄河上游引水、中游补水后下游出现的用水缺口为 40 亿 m³，该缺口完全可通过调整北岸引黄指标来弥补，也即黄河下游以北的海河流域地区减少来自黄河下游的耗水量 40 亿 m³，将黄河下游北岸黄河水耗水规模减至约 32.6 亿 m³。考虑到黄河下游以北的海河流域地区将从黄河上游引水中得到 90 亿 m³ 的水量，减去少从黄河下游引的 40 亿 m³，该地区将在新方案下净增 50 亿 m³ 水量——这是一个不小的增量。

7.5 南水北调水量分配情况

（1）南水北调东线水量分配

自 2014 年起，黄河下游南北两岸除本地产水和引黄水外，还有南水北调来水。南水北调东线一期工程规划年调水量 88 亿 m³，供水范围为黄淮海平原东部和胶东地区，其中黄河以北地区为山东省黄河以北平原。根据南水北调东线有限公司对该工程的介绍，东线一期工程向黄河以北地区输送的水量为 4.42 亿 m³[①]。之后，为有力支撑华北地区地下水超采综合治理工作，充分利用东线供水富余能力，加大向北供水力度，东线进一步修建了北延应急供水工程，起点为山东段六五河节制闸，终点为天津九宣闸，在需要时向河北、天津市应急调水。2021 年北延应急供水工程正式向河北、天津供水，2021～2022 年度该线向黄河以北地区供水 1.83 亿 m³[②]。2022 年起，工程进入常态化供水阶段，在 2022～2023 年度水量调度中，分别向河北和天津调水 2.4 亿 m³ 和 0.4 亿 m³[③]。由于北延应急供水工程所调水量较小、年限较短，在此暂且忽略不计。综上，经粗略计算可知，南水北调东线每年向黄河以北地区调水 4.42 亿 m³，向黄河以南地区调水 83.58 亿 m³。

（2）南水北调中线水量分配

南水北调中线工程的调水本着适度偏紧精神，根据汉江来水条件而多水多调、少水少调。依据规划，中线一期工程年调水水量约为 95 亿 m³，其在河南省及京津冀地区的分配水量如表 7-3 所示。其中，中线一期工程每年向河南省分配水量 37.70 亿 m³，扣除南阳引丹灌区分水量 6 亿 m³ 和总干渠输水损失，至分水口的水量为 29.94 亿 m³[④]。截至 2022 年 12 月 12 日，中线工程已累计向河南供水 180.02 亿 m³，平均每年供水 22.50 亿 m³[⑤]。

---

① https://www.nsbddx.com/1/gcjs.html，2023 年 10 月 27 日访问。

② https://www.gov.cn/xinwen/2022-06/01/content_5693439.htm，2023 年 10 月 26 日访问。

③ https://www.thepaper.cn/newsDetail_forward_23327689，2023 年 10 月 19 日访问。

④ https://slt.henan.gov.cn/2021/09-09/2309867.html，2023 年 10 月 21 日访问。

⑤ https://slt.henan.gov.cn/2022/12-12/2655593.html，2023 年 10 月 21 日访问。

表 7-3　南水北调中线向各省市多年平均调水情况

省市	多年平均分配水量/亿 m³	占多年平均北调水量比例/%
河南	37.70	39.713
河北	34.71	36.564
北京	12.37	13.031
天津	10.15	10.692
合计	94.93	100

资料来源：仲志余等，2018

进一步地，需要区分河南省在黄河以北及以南地区所调用的南水北调水量。2014 年南水北调中线工程通水前，河南省水利厅、南水北调办制定了《河南省南水北调中线一期工程水量分配方案》①，将中线工程规划调取的 29.94 亿 m³ 在河南省各市县之间进行分配，分配指标如表 7-4 所示。

表 7-4　河南省南水北调中线一期工程水量分配指标　　（单位：亿 m³）

地区	分配指标
郑州市	5.4
南阳市	3.994
新乡市	3.916
安阳市	2.832
焦作市	2.69
平顶山市	2.5
许昌市	2.26
鹤壁市	1.64
濮阳市	1.19
漯河市	1.06
周口市	1.03
邓州市	0.92
滑县	0.508
合计	29.94

注：数据来自《河南省南水北调中线一期工程水量分配方案》

由表 7-4 可知，河南省黄河以北地区（新乡市、安阳市、焦作市、鹤壁市和濮阳市）南水北调中线总调水量为：3.916+2.832+2.69+1.64+1.19 = 12.268 亿 m³（≈12.27 亿 m³），约占中线向河南调水总量的 41%。河南省黄河以南地区（郑州市、南阳市、平顶山市、许昌市、漯河市、周口市、邓州市和滑县）中线总调水量为：5.4+3.994+2.5+2.26+1.06+1.03+0.92+0.508 = 17.672 亿 m³，约占中线向河南省调水总量的 59%。

① https://www.henan.gov.cn/2014/10-13/239052.html，2023 年 10 月 26 日访问。

（3）黄河下游南北两岸南水北调分配水量

综上所述，加上南水北调中线对京津冀的分配水量，南水北调中线工程每年共向黄河下游以北地区调水量为 12.27+34.71+12.37+10.15=69.5 亿 m³，向黄河下游以南地区调水量为 95-69.5=25.5 亿 m³。

进一步将南水北调东线和中线调水量相加，南水北调东、中线已建工程每年向黄河下游以北地区调水 4.42+69.5=73.92 亿 m³，向黄河下游以南地区（包括山东胶东地区）调水 83.58+25.5=109.08 亿 m³。

南水北调东中线目前向黄河下游以北地区每年共调水 73.92 亿 m³ 的事实，说明还存在另一种办法解决新规划下因黄河上游引水、中游补水而造成的 40 亿 m³ 下游黄河用水缺口问题。可考虑由黄河下游北岸海河流域让出 40 亿 m³ 南水北调水给予黄河下游南岸地区，再由黄河下游南岸地区相应减少从黄河下游河道引水，而北岸海河流域继续保持目前从黄河下游引水的水平。

至此，7.4 节、7.5 节已提出两个方案。究竟可以如何弥补黄河下游河道 40 亿 m³ 水资源缺口，以及如何在下游两岸之间分配总客水资源，将在下节详细讨论。

7.6　黄河下游用水分配方案

在介绍了黄河下游以北和以南地区黄河供水与南水北调水使用情况后，可对新规划下水资源在两地区之间的分配进一步展开讨论。

这里所说的水资源，具体指黄河下游两岸的客水资源，包括从黄河下游河道的引水、南水北调水，以及实行本书关于黄河治理和水资源利用新规划后从上游引至海河流域的水。根据上文分析，黄河下游地区每年共从黄河下游引水 72.9+72.6=145.5 亿 m³，获得南水北调东、中线调水 88+95=183 亿 m³，两者共计 145.5+183=328.5 亿 m³。黄河下游南岸引黄水与南水北调水共 72.9+109.08=181.98 亿 m³，黄河下游北岸引黄水与南水北调水共 72.6+73.92=146.52 亿 m³。本书上游引水、中游补水的新规划，将使海河流域每年从黄河上游获水 90 亿 m³，但也会给下游河道造成 40 亿 m³ 的水量缺口。前文已经指出，该缺口或可由海河流域同量减少从黄河下游河道引水来解决，或可由海河流域转让 40 亿 m³ 南水北调水至黄河下游南岸区域，再由下游南岸区域从黄河下游河道引水中减少相同数量。

实际上，除上述两种方案外，还存在许多种其他可能的方案。这是因为，严格地讲，目前黄河下游两岸从黄河河道的引水，以及南水北调水，是可以在两岸之间"机动"调配的。南水北调水自不必说，调水线从最南端丹江口水库一直向北穿越黄河下游南北岸地区至北京，其水量是可以在下游黄河两岸之间机动调配的。同样，黄河下游河道之水也是可以更多向北岸或更多向南岸机动配置的。当然，这种"机动性"也受两方面因素制约。一是目前这两种水在下游黄河南北两岸之间的调配当然是由国家根据南北两岸用水需要的强弱而决定的。但根据同样道理，当南北两岸用水供需格局发生变化时，国家也是可以修改相关决定的。二是无论是南岸还是北岸，要多引黄河下游河道水或南水北调水，都需要有相应规模的配套引水工程，但这些问题都是可以克服的。

假定这两种制约因素都得以解决，那么可用图 7-3 说明黄河下游河道水、南水北调水在黄河下游两岸之间调配的机动性。首先讨论黄河下游河道引水。图 7-3 中最贴近原点的 45°线 a—b 表明黄河下游河道引水在南北两岸之间的所有可能的分配。该线起自纵轴 a 点向右下滑与横轴相交于 b 点，意指所有黄河下游河道水都可以在南北两岸之间机动分配。线 a—b 与两轴的交点分别表明了下游南北两岸可向黄河下游河道引取的最大水量（145.5 亿 m^3）。该线上的 A 点（72.9，72.6）表示在"八七"分水分案下目前南北两岸的实际引黄水量（单位：亿 m^3）。

其次，图中另一条 45°线 c—d 表示在 a—b 线的基础上追加了 183 亿 m^3 南水北调水量。其与两轴的交点 c、d 分别表示追加了目前的南水北调水量后黄河下游北、南两岸最大可能的客水量：145.5+183=328.5 亿 m^3。追加南水北调水量后，黄河下游南北两岸总客水量在两岸之间的分配由 B 点标出。在该点上，南北两岸获得的引黄水量和南水北调水量总和分别为 181.98 亿 m^3 和 146.52 亿 m^3。

可再在图 7-3 中加入从黄河上游的引水。本书提出了从黄河上游共引 150 亿 m^3 水以济海、济晋，其中 90 亿 m^3 将引至黄河下游以北的海河流域。但由于因此而造成黄河下游河道 40 亿 m^3 用水缺口，所以实际上该方案为黄河下游两岸净注入了 50 亿 m^3 水量。图 7-3 中最靠右上方的 45°线 e—X 标出了追加 50 亿 m^3 水量后的情况。该线与纵轴的交点表明了追加该水量后理论上黄河下游北岸可以得到的总客水量，但该线向右下滑至 X 点后即戛然停止，这是因为至 X 点后，黄河北岸地区实际上已为南岸地区让出了所有南水北调水和黄河下游河道引水，而不可能让出更多——按新规划由上游引来的 90 亿 m^3 水量只可能留在北岸地区。由于新规划造成了黄河下游河道 40 亿 m^3 用水缺口，a—b 与 c—d 线分别内移至 a'—b' 和 c'—d' 位置。

以上讨论仅表明了在三种情况下总客水量在黄河下游两岸之间各种理论上可能的分配组合，实际中可能的分配组合还受许多其他因素影响，其中最为重要的当属基本公平原则，即以现状为基准，保障黄河下游南北两岸任何一方得到的水量至少不减少。南水北调前，黄河下游河道水在两岸之间的分配一直受"八七"分水方案决定，在图 7-3 中即为 A 点。追加南水北调水量后，黄河下游南北两岸可用水量至少不减少。因此，追加南水北调水量后，可能的分配组合缩小至 c—d 线上的 C—D 区间。当然，目前已知的实际分配点为 B 点。再以 B 点为现状基点，追加新规划下上游引水水量并再次贯彻基本公平原则，可把可选的南北两岸分配组合缩小至 e—X 线上的 E—F 区间。

前文 7.4 节、7.5 节指出了两种可能的弥补由本书黄河新规划导致的下游河道 40 亿 m^3 用水缺口的方案，即由下游北岸海河流域减少从黄河下游河道引水 40 亿 m^3，或由北岸海河流域让出同样多的南水北调水，然后由南岸地区相应减少从黄河下游河道引水 40 亿 m^3。在图 7-3 中，该两个方案都由 e—X 线上的 E 点代表。南岸地区减少从下游河道引水 40 亿 m^3 后，北岸地区不向南岸地区转让等量的南水北调水，理论上这也是可能的，如图 7-3 中 e—X 线上的 G 点就代表了这一情景。但该点不在 E—F 区间，因为它是不符合上述基本公平原则的。同样，任何由南岸地区部分减少从黄河下游河道引水（小于等于 40 亿 m^3）而北岸不相应转让等量南水北调水的做法，在图 7-3 中由 e—X 线上的 G—E 区间表示，也是不符合基本公平原则的。

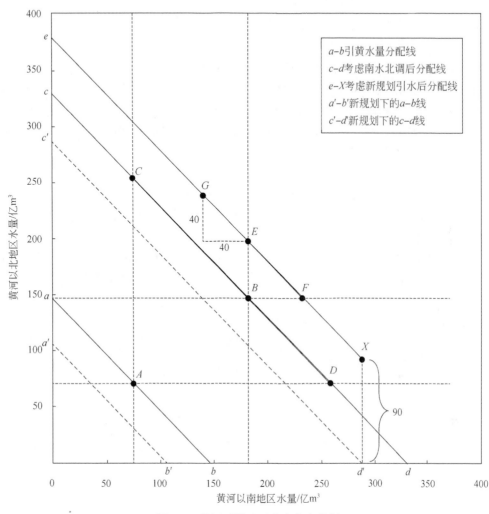

图 7-3　黄河下游地区分水方案分析

无论是图 7-3 中的 *a—b* 或 *c—d* 分配组合线，还是黄河新规划下的 *e—X* 分配组合线，决定最终选择的最重要因素还是黄河下游南北地区的实际用水需要及其随时间推移而起的变化，以及前面提到的基本公平原则。工程上的问题（如提供相应配套工程）一般都能克服，起码从长期来说是如此，而我们所关注的也正是相关水资源的长期、高效的利用。

根据目前掌握的资料，本书还不能做出判断的是，应把黄河新规划下从黄河上游净引入的 50 亿 m³ 水全部留在海河流域，还是也让出部分（通过相应转让南水北调水或减少取用黄河下游河道水）给南岸地区。图 7.5 中 *e—X* 线上 *E—F* 区间中各点，代表了这些可能的分配组合。最终选择的组合，应为其中一点①。

———————————

① 海河水利委员会在考虑了海河流域经济社会发展趋势和强化节水措施后，预测 2030 年海河流域生活、生产、生态多年平均需水量为 515 亿 m³，缺水 20 亿 m³（户作亮，2011）。如此，海河流域缺水量将不到 50 亿 m³ 的一半。当然，这只能是一种参考。根据不同的预测标准，可以有完全不同的预测结果。

7.7 本 章 小 节

黄河上游引水、中游补水的目的是充分利用好黄河现有的水资源，而这又与满足黄河下游用水需要密切相关。本章介绍了黄河下游两岸目前从下游河道引水和使用南水北调水的情况，探讨了黄河新规划对下游两岸用水的影响。基于黄河干流水文站利津站和龙门站的实测径流差值和对下游其他用水需求的估算，新规划下黄河下游河道每年缺水约 40 亿 m^3。对黄河下游以北和以南地区现状黄河用水量和南水北调供水量的拆解可知，黄河下游北岸地区目前使用下游黄河水量约 72.6 亿 m^3，南水北调水量为 73.92 亿 m^3；南岸地区使用下游黄河水量为 72.9 亿 m^3，南水北调水量为 109.08 亿 m^3。此外，海河流域按照新规划将从上游引水 90 亿 m^3。无论是从现状引黄水量还是南水北调水量来说，新规划均有空间弥补黄河下游河道出现的 40 亿 m^3 缺口，并为两岸用水区净增 50 亿 m^3 水量。进一步地，本章对该净增水资源在黄河下游以北和以南地区的分配进行了讨论。

上述分析和结论都是建立在年均水量计算的基础上。然而黄河水量有丰枯年之分，枯水年黄河来水少，或为实现从上游引水 150 亿 m^3 的目标带来困难。而丰水年则来水多，存在只能将余水排入大海的风险。如何把丰水年的多余水资源利用起来供枯水年使用，一方面以保障新规划下引水目标的顺利、稳定实现，另一方面以在全流域对黄河水资源作跨年平衡，这是下一章要讨论的内容。

第8章 战略备水

本书第 5 章提出，每年从黄河上游引水 150 亿 m^3 以解决海河流域和山西省的水资源短缺问题。从多年历史平均数据来看，黄河上游的水资源禀赋可以保障引水方案的实施。然而，黄河径流量的年际波动较大，要实现每年引水 150 亿 m^3 的目标，就不能只关注多年平均数据，还需要结合水资源的年际变化来考虑。根据黄河水利委员会公布的相关数据，在个别枯水年份，黄河上游的富余径流量（以头道拐水文站实测径流量算）小于 150 亿 m^3；而在丰水年份，该数值又远超 150 亿 m^3。为了避免发生枯水年上游水资源不足、丰水年水资源又大量浪费的局面，本章提出在黄河上游尤其源头开展"战略备水"的建议，也就是利用水利工程实现黄河上游水资源的年际调蓄。

然而，如对问题加以全面思考，不难发现，虽上游是黄河的主要水源，也有较大蓄水空间，但中下游是黄河流域的主要用水区，如果中下游拥有富余蓄水能力，在根据本书上游引水设想确保上游可每年引水 150 亿 m^3 至山西和海河流域后，如上游仍有多余水量而无额外蓄水能力，上游丰水年的部分水量或许可流至中下游加以储蓄。更为重要的是，龙门以下中下游各支流也年均向黄河干流注入约 100 亿 m^3 水量，而且波动较大。如何能使这些支流每年稳定地向黄河干流注入水量，为中下游用水区提供稳定的水源，也是一个值得深思的问题[①]。总之，若要有效地实现黄河战略备水的设想，还需根据全流域径流和用水情况，从全流域角度考虑黄河战略备水的问题。

开展黄河战略备水的目的，就是要最大限度地利用好黄河的宝贵水资源，而不至出现丰水年大量弃水、枯水年又大量缺水的局面。当然，在经过战略备水确保枯水年也能充分满足全流域用水需要后，如仍有多余水量，则剩余水量也可以且应该经现有黄河中下游河道下泄入海。

备水的目的当然更是为了确保今后黄河在相关区间内能实现稳定供水，也就是说本质上是一项前瞻性的研究，但如何准确预测黄河全领域今后的产水及波动则是一件极为棘手的事。虽然现在已有一些关于流域内各区间丰枯水周期规律与径流波动的研究，但还仅仅处于起步的阶段，大多局限于对以往降水和产水轨迹的研究，并在此基础上推断未来。这一方法也是本书将沿用的，即本书仅限于对以往流域内各区间产水轨迹进行分析，并假定今后各区间的产水轨迹将与此完全吻合。当然，今后不可能是以往的简单重复，但这是目前我们所能做的。

本章 8.1 节分析黄河上游径流量的年际波动，及其与新规划下每年从黄河引水 150 亿 m^3 水资源的矛盾。为从全流域角度考虑黄河战略备水的需要和规模，了解黄河流域各主要区

[①] 根据第 6 章的分析和提议，黄河中游大北干流区间各黄河支流流域的降水，将就地拦蓄为当地补充水量，本章将不另作讨论。

间的丰枯水年的分布，即丰枯水周期，极为重要。8.2 节总结现有关于黄河上游和中下游径流丰枯周期的研究。8.3 节提出黄河流域战略备水的三大目标，以及由三大目标决定的备水规模和需要的备水能力。8.4 节分析黄河上游和中下游（龙门以下）流域目前具备的备水能力、与战略备水三大目标所需备水能力之间存在的缺口，以及可能的解决办法。8.5 节简略讨论本书战略备水设想与南水北调西线的关系。

8.1 黄河上游径流量年际波动与每年引水 150 亿 m³ 的矛盾

本书第 5 章基于头道拐水文站多年平均实测径流量，认为黄河上游年均富余水量远超 150 亿 m³，因此可以从上游引水 150 亿 m³ 至海河流域和山西省及沿途各地，缓解当地水资源短缺。然而，虽然多年平均数据较好地反映了水资源的长期状况，但掩盖了重要的年际波动，并不能确保上游每年都有足够的剩余水量去实现每年从上游引水 150 亿 m³ 的目标。也就是说，还必须考虑黄河上游径流量的年际分布。

黄河上游径流量的年际变化很大，个别年份可能无法满足 150 亿 m³ 的引水目标，而另一些年份又可能远超该目标。与全流域一样，黄河上游的主要补给方式是降水。受气候条件影响，上游流域内降水量和天然河川径流量有明显的年际波动。图 8-1 展示了 1998 ~ 2022 年头道拐以上天然径流量的逐年变化。另外，根据更大跨度的最近 67 年历史数据，1956 ~ 1986 年、2005 ~ 2022 年水量相对较丰，头道拐以上天然径流年均值分别为 347.13 亿 m³ 和 339.22 亿 m³。1987 ~ 2004 年是相对枯水期，头道拐以上天然年径流量为 286.19 亿 m³，相较于丰水期减少 16% ~ 18%。

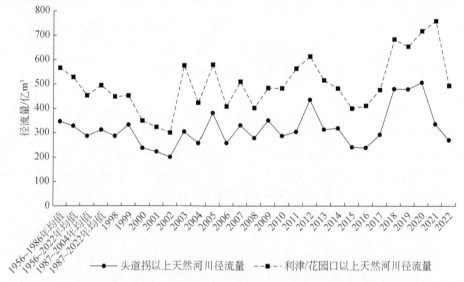

图 8-1 黄河上游及全流域天然河川径流量的年际变动

注：数据来自历年《黄河水资源公报》。由于利津站数据缺失，2003 年及以前使用花园口数据代替利津站数据。图中四个多年平均值，均由作者根据《黄河水资源公报》的 1956 ~ 2000 年均值、1987 ~ 2000 年均值、2001 ~ 2022 年逐年值计算

头道拐水文站地处黄河上、中游交界处，其实测径流量可代表上游可引水量上限。5.2 节已经说明，从多年平均数据来看，上游平均每年富余水资源量超过 150 亿 m³，可以满足引水需求。但根据我们拥有的逐年数据（图 8-2），仅 1998～2022 年，头道拐实测径流量就有 9 年小于 150 亿 m³，意味着在这些年内无法满足引水需求。而 2012 年、2018～2020 年的实测径流量又远超过 150 亿 m³，形成枯水年上游水资源不足以满足 150 亿 m³ 引水要求，而丰水年水资源又远远有余的现象。

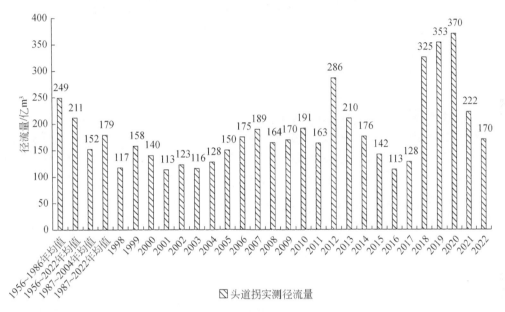

图 8-2　头道拐水文站历年实测径流量

注：数据来自历年《黄河水资源公报》

其实，即使不考虑本书提出的引水方案，黄河径流量的大幅年际波动也是值得考虑的问题。作为水资源极其短缺的华北、西北地区的核心水源，黄河径流量的年际波动给流域内经济社会的稳定发展带来了巨大挑战。区别于年际波动，就径流年内波动来说，其造成的挑战已是相当大的，但年内汛期与非汛期之间毕竟间隔时间不长，且流域内主要为农业区（也为用水大户），一般来说汛期降水又恰逢作物生长最需水的时间，这大大降低了年内降水和径流不稳定造成的社会经济和生态影响。但大幅度的年际波动就不同了，尤其是在一连几年枯水的年份。对农业来说，水是影响产量的重要因素之一。黄河枯水期对应少雨年份，此时降水较少，土壤含水量也少；同时气温较高，土壤蒸发和植物蒸腾作用都会加剧，更需要从河道引水灌溉，从而进一步减少河流径流量（李二辉等，2014）。对工业来说，黄河上中游一些地区煤炭资源丰富，但煤化工行业需水量大，实际产能需与水资源相匹配，但产能建设需要相对稳定性，不可能逐年调整。因此，黄河径流量年际分布不均，就导致了枯水年水量成为流域内许多行业的制约短板①。总之，从满足人们用水的角度来说，丰、枯水年黄河供水能力的大幅波动，极不利于流域内各地区人民的生产生活和生态建设，亟需最大限度地确保黄河供水特别是干流供水的长期稳定。

8.2 黄河径流的丰枯周期

在对黄河战略备水概念、目标和规模展开讨论前，首先有必要对黄河丰枯水周期有所了解。河流径流量一般具有阶段性特征，一个完整的河流丰枯周期（一些研究称之为"水文周期"）由持续一定年份的丰水期、枯水期构成；一个枯水期结束、下一个丰水期开始时，即进入下一个丰枯周期②。要实行战略备水，以尽可能地确保黄河供水的跨年稳定，就必须了解黄河径流量的丰枯水周期情况。由于黄河上游和中下游分别受不同气候系统（大气环流及地形等）的影响，两地年际（以及年内）降水量分布有明显不同，因而也呈现不同的丰枯水周期规律。黄河中下游地区夏、秋雨季主要受东亚季风和副热带高气压带（副高）影响，而上游地区受此影响相对较小。另外每年东亚季风和副高对黄河流域影响的规模和程度又与在太平洋赤道区域交替发生的厄尔尼诺现象和拉尼娜现象有关，而这些也较少波及黄河上游流域。关于两个地区的丰枯水周期的研究目前尚属起步阶段，以下仅就相关研究做初步整理和探讨。

8.2.1 上游

目前关于历史上黄河上游径流量周期性变化的研究，按照研究方法可分为两类。第一类研究是利用一定时间段内的历史文献或水文站数据，根据各年径流量与多年平均径流量的大小关系，确定某年属于丰水期、平水期还是枯水期。蓝永超等（2006）使用唐乃亥水文站 1920 ~ 2004 年的实测径流量数据，认为黄河上游一个完整的丰枯周期大约持续 18 年，其中 1990 ~ 2004 年是枯水期，2006 年以后进入丰水期。张营营等（2017）根据唐乃亥水文站 1956 ~ 2012 年径流时间序列累积距平值，发现黄河上游径流在 1975 ~ 1989 年呈上升趋势、1990 ~ 2012 年呈下降趋势。王学良等（2022）分析了 1956 ~ 2020 年兰州站的实测径流数据，认为黄河上游在 20 世纪 90 年代至 21 世纪初处于枯水期，在 21 世纪 10 年代进入丰水期。总结上述研究，可大致得出结论：1985 年前后 ~ 2010 年前后，黄河上中游经历了一个枯水期；2010 年前后 ~ 2020 年处于一个丰水期。也就是说，1985 ~ 2020 年构成了一个枯水—丰水周期，其中前 25 年是枯水期，后 10 年是丰水期。张国胜等（2000）、成艺等（2022）、姬广兴等（2023）的研究结论基本与此一致。

第二类研究同样基于历史数据，但是使用了不同的方法。小波分析法将河流径流量变

---

① 例如，2014 年前后内蒙古、宁夏、陕西的煤化工项目曾因水资源短缺停工（https://www.chinanews.com.cn/ny/2014/09_15/6591957.shtml），2021 年山东省德州市半导体工厂因缺水停工（https://xueqiu.com/6307595498/173259735）。

② 有的研究定义的丰枯周期以枯水期开始、以丰水期结束。由于是周期性变化，因此并不影响分析。

化分解为多个周期，并假设一定时期内的河流径流量变化是由多个气象和水文周期叠加形成的，根据小波方差可以对多个周期的重要性进行排序。张少文等（2004）使用该方法分析了青铜峡 1724～1997 年的天然河川径流量，发现黄河上游年径流量存在长度分别为 128 年、64 年和 32 年的三个周期，判断黄河上游自 1997 年开始将进入枯水期。刘俊萍等（2003）采用兰州站 1919～1996 年的天然径流数据，认为黄河上游径流变化的主周期是 22 年，推断 1996～2007 年黄河上游将处于枯水期。郭彦等（2015）对唐乃亥站 1957～2009 年的分析则表明黄河上游年径流波动的主周期为 23 年。蓝云龙等（2022）利用黄河源区黄河沿、玛曲、唐乃亥水文站 1956～2020 年的实测径流数据，计算出 1990～2005 年是黄河源区径流量第一主周期的枯水期，而 2005～2017 年是相应的丰水期。张少文等（2007）则构建 BP 网络预测模型，基于青铜峡站 1723～2000 年的天然径流，预测黄河上游天然径流在 2001～2013 年围绕多年平均值小幅波动，2014～2037 年是黄河上游相对丰水时段，2038～2050 年则是黄河上游相对枯水时段。总体来看，1985～1990 年，黄河上游开始进入枯水段；2005～2010 年，黄河上游开始进入丰水段。

部分研究基于 500 年以上时间序列数据分析黄河丰枯水周期，结论与上面的分析有所不同。以颜济奎（1981）对黄河上中游 1470～1980 年丰枯水变化的研究为基础，毕慈芬等（2009）将数据序列延长至 2007 年，分析了黄河上中游径流量丰枯变化，他们的主要结论有：①黄河上中游一个丰枯周期平均持续为 70～80 年；②1933～2007 年属于第七个丰枯周期，其中 1969～1980 年、1985～2007 年是两个连续的枯水段，预测 2014 年黄河上中游将迎来丰水期。李勃等（2019）使用三门峡站 1470～2017 年的年均天然径流数据，根据距平累积值认为黄河在 1990～2017 年处于枯水期。类似的研究还包括田鹏等（2020）。然而，尽管使用超长时间序列分析丰枯周期有助于了解黄河历史上的径流趋势，但从指导当前水利实践的角度来看，还是应该将分析的时间序列控制在一定长度内，过大时间尺度的分析可能不利于准确把握近期的径流特征。

从目前已有的研究来看，无论是关于历史上黄河上游丰枯水周期轨迹的研究，还是关于黄河今后几十年中丰枯水周期趋势的预测，都还缺乏应有的广度和深度，更不用说有一致的结论，其背后的气候原因也不明朗。因此亟需我们进一步做好做实相关方面的研究和预测，这对尽可能准确地稳定黄河供水、确保黄河供水跨年跨期基本稳定，是十分重要的。然而，在本章下文的分析中，需要确定一个离目前最近的丰枯水/枯丰水周期，以使分析可以继续下去。为此目的，根据已有研究资料和数据，我们谨以 1987～2022 年作为黄河上游最近的一个枯丰水周期，其中 1987～2004 年为枯水期，2005～2022 年为丰水期。

8.2.2　中下游

黄河流域面积广阔，黄河中下游所处的地理空间与上游有较大差异，气候条件也较为不同，从而径流量的时间分布也有差异。黄河中下游降水主要发生在夏、秋两季，对应形成黄河的伏（夏）汛和秋汛。每年夏季，东亚季风由东南向西北、自海洋吹向陆地，黄河流域的降水也随之增多。但受地形和距离影响，东亚季风带来的夏季降雨从黄河流域东南向西北逐渐减少。此外，副高也是影响黄河中下游降水的重要环流系统（王有恒等，

2021）。每年夏季，副高从我国南部向北部移动，从而推动雨带的移动。7～8月，随着副高北移，副高外围的暖湿气流输送至华北和黄河流域，雨带到达黄河流域，黄河形成伏汛，为黄河的主汛期。8月下旬至10月上旬，副高南撤，带来华西秋雨，黄河形成秋汛（俞亚勋等，2013）。华西秋雨虽降雨强度不大，但因来自南海和印度洋的暖湿空气与南下的冷空气频频交汇，从而形成较长时间的降雨，总降水量较大。受华西秋雨影响形成的黄河秋汛洪水一般出现在龙门以下地区，尤其是泾河、渭河和伊洛河等黄河中下游地区[①]，如此形成黄河上中下游不同河段的径流丰枯区别。

上述大气环流对黄河流域的影响，又会受到海温异常的影响。每隔数年，太平洋赤道区域交替出现厄尔尼诺和拉尼娜现象。厄尔尼诺事件是指赤道中部、太平洋东部海温异常变暖的现象（拉尼娜与之相反），通常在秋冬季逐渐增强并达到鼎盛，次年春季开始衰减，其对黄河不同区间降水的影响不同。杨特群等（2007）发现，厄尔尼诺发生后次年（强度开始衰减），兰州至头道拐区间、黄河中游特别是山陕区间，汛期降雨总量偏多2成以上的概率明显高于气候概率[②]，而兰州以上汛期降雨总量正常或略偏少的概率较大。王有恒等（2021）研究指出，厄尔尼诺事件在黄河上游地区对气温变化的影响大于对降水的影响，而在黄河中下游地区则对降水有更大的影响：其强度与降水量呈显著的负相关性，即强度增大时降水量下降，减弱时降水量上升。有关厄尔尼诺（拉尼娜）与黄河中下游降水丰枯周期的关系将在后文做更详细的介绍。

用数据或能更清楚说明黄河上中下游河段径流量时间分布不同的现象。图8-3给出了头道拐以上区间和头道拐—利津区间天然河川径流的对比，可以看出上游和中下游之间的径流变化不完全同步。尤其是从2020～2021年的变化最为明显：黄河中下游径流增加了211.62亿m^3，而黄河上游径流则减少了170.33亿m^3，如此大幅度的反向变动充分说明黄河上游和中下游的丰枯周期具有不可忽视的不一致性。因此，除考虑黄河上游丰枯周期外，还需对中下游地区的周期进行单独考虑。

黄河中下游降水的多少在很大程度上决定了黄河中下游径流量的丰枯。目前对于黄河中下游径流量丰枯周期的研究，一类是根据降水历史数据总结规律，另一类是根据径流历史数据总结规律。

根据王有恒等（2021）和王俊杰等（2022）的研究，近六七十年来，黄河上游地区年降水量呈增多趋势，而中下游地区呈减少趋势。郑景云等（2005）建立了黄河中下游地区1736年以来的降水变化序列，发现1916～1945年和1981～2000年两个时段黄河中下游地区降水明显偏少。殷方圆和殷淑燕（2015）发现1960～2010年黄河中下游地区降水整体呈减少趋势，在此期间，60～70年代属于相对多雨期，80～90年代降水量减少；进入21世纪，降水量又略有回升。李夫星等（2015）研究了1952～2011年黄河流域水文气象要素变化后指出，黄河流域降水量在1952～1960年和1973～1985年为上升期，1960～1972年和1986～2011年为下降期。

---

① http://www.yrcc.gov.cn/xwzx/hhyw/202204/t20220428_240219.html，2024年2月22日访问。
② 气候概率是指利用历史资料统计得到的某种气候现象或某个气象要素的某级（类、型）在有资料时段内出现的频率。

康玲玲等（2008）研究了黄河花园口站1485～2007年的天然径流量后认为，自1485年以来的500多年，黄河下游经历了9个枯水期和8个丰水期，2008年仍处于1986年开始的枯水期里，距枯水期平均持续时间还差5年，预计2013年枯水期结束。潘彬等（2017）研究了黄河下游1962～2012年的天然径流量变化特征，认为1962～1979为一个枯水期、1980～1985为一个丰水期、1986～2012为第二个枯水期。潘彬等（2017）对1986年及其之后年份的丰枯判断与康玲玲等（2008）基本一致，不过前者认为2017年仍属于枯水期。刘琳等（2011）研究了黄河北干流的天然径流量变化，指出1919～2006年该区段呈现出径流量明显减少的趋势，特别是龙门—潼关区间径流量减少显著。

基于径流量历史数据的研究虽然可以直接反映黄河下游径流量丰枯变化，但已有研究多直接采用花园口或利津水文站的数据，而没有完全剥离黄河上游水量对下游径流的影响［如康玲玲等（2008）、潘彬等（2017）的研究］。图8-3则清楚展示了不受上游水量影响的头道拐—利津区间天然河川径流量。从图中可看出，1998～2022年头道拐—利津区间天然河川径流量出现三个水量先减后增的短周期，大约为1998～2005年、2006～2013年、2014～2022年，而这些短周期的形成是可以根据同期厄尔尼诺（拉尼娜）和华西秋雨现象加以解释的。

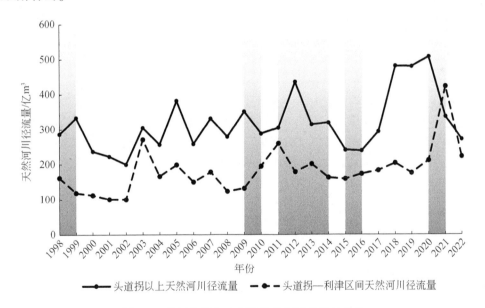

图8-3　黄河上游和中下游天然河川径流量对比

注：数据来自历年《黄河水资源公报》。由于利津站数据缺失，2003年及以前使用花园口数据代替利津站数据。
图中灰色区域标出上、中下游天然径流量逆向变化年份

厄尔尼诺为赤道中部和太平洋东部海水每隔数年就会异常升温的现象，是太平洋区域内年际气候变异中的最强信号，会引起包括中国在内的全球许多地区的严重气候异常（张人禾等，2017；彭艳玉等，2023）。厄尔尼诺发生时，我国夏季雨带偏南，出现"北旱南涝"，而拉尼娜发生时雨带则偏北，出现"北涝南旱"（赵振国，1996；袁帅等，2019）。厄尔尼诺一般以2～4年为周期，加上拉尼娜现象，两者轮换的整个过程具有2～7年的准

周期性特征（赵宗慈等，2023），这与图 8-3 展示的黄河中下游的径流短周期长度大致对应。郝志新等（2007）研究指出，黄河中下游地区的降水，具有 2～4 年、准 22 年及 70～80 年等振荡周期，其中 2～4 年周期与厄尔尼诺事件关联。在厄尔尼诺事件发生的当年或次年，黄河中下游地区的降水比常年偏少。韩作强等（2019）研究发现，黄河山陕区间、泾渭洛河区间和三门峡以下区间的主汛期降水在厄尔尼诺发展年和拉尼娜衰减年均偏少[①]。

华西秋雨主要影响黄河流域的陕渭地区。2021 年黄河中下游地区降水相比于往年大大增加，其原因除了受拉尼娜现象影响外，还有华西秋雨异常偏强的影响（李多和顾薇，2022；魏胜玮，2023）。2021 年 9 月，黄河流域平均降水量达 70 年以来历史同期最高，尤其是中游地区降水异常偏多，山西、陕西、河南 3 省的平均降水量大幅增长，为 1961 年以来历史同期最高（魏胜玮，2023）。华西秋雨也具有 4～8 年的周期循环特征（王春学等，2015；李一诺和李跃清，2024），除 2021 年外，2003 年[②]、2007 年和 2011 年黄河中下游径流也受到了较强的华西秋雨的影响（贾小龙等，2008；蔡芗宁等，2012）。此外，20 世纪 80 年代中期以前华西秋雨降水偏多，80 年代中期到 20 世纪末异常偏少，21 世纪开始再次逐渐增强（李一诺和李跃清，2024），这与黄河中下游径流长周期下的丰枯分布也可以大致对应。不同于对黄河上游的分析，本章后面章节分析中下游战略备水时，将关注振荡更为明显的短周期。虽然在关于黄河中下游径流量丰枯周期的研究中，既有针对短周期（跨期几年）的研究，也有针对更长时间跨度的长周期的研究，但目前对后者的了解，还没有像对前者的了解那么清晰。

本节确定黄河不同河段丰枯周期的目的仅是为了使得下文的分析能够进行下去，以说明关于战略备水的思考所牵涉到的各种问题，而并不是因为相关研究已有明确定论。实际上，无论是针对上游还是中下游，关于丰枯水周期的结论仍存在许多不确定性，需要更进一步的研究。但考虑到战略备水想法所涉及的许多重大国家利益，这样的努力是完全值得的。

8.3 战略备水的目标、规模与所需备水能力

要应对黄河径流量大幅年际波动，办法是加强黄河流域水资源的年际调配能力，以保障年际水资源供应稳定。这不仅是本书引水方案顺利实现的基础，也是提高黄河水资源总体利用效率、促进和稳定全流域内社会经济发展的要求。在此，我们提出一个重要的概念——"战略备水"，即依靠水利工程，**在丰水年份充分储蓄富余的水资源，供枯水年份使用**，以尽可能地实现黄河水资源供应的年际稳定。本节将从确保本书上游引水方案的顺利实施和提高黄河全流域年际供水稳定性两大原则出发，提出战略备水的三大目标并讨论相应的备水规模和备水能力建设。

---

① 韩作强等（2019）对发展年和衰减年的定义为：发展年指厄尔尼诺（拉尼娜）事件开始于本年 6 月之前的年份，衰减年指冬季达到峰值后的次年，且不是拉尼娜（厄尔尼诺）事件的开始年。

② https://www.guancha.cn/politics/2021_10_14_610749.shtml？s＝sywglbt，2024 年 2 月 22 日访问。

目标一：保障每年可从黄河上游引水 150 亿 m³，即上游在丰水年储蓄的水资源要足以支持其在枯水年仍能达到 150 亿 m³ 的对外引水规模。

目标二：在满足第一个目标后，如黄河上游在丰水年仍有富余水资源，则加大储蓄和跨年调配黄河水资源量，在丰水年份就地存蓄所有上游余水，以整体稳定黄河上游对内和对外供水能力，使之不发生较大年际波动。由于黄河径流量主要来自上游，稳定上游供水，就在很大程度上稳定了黄河全流域供水。

目标三：在黄河中下游尤其是龙门以下区间开展水资源跨年调蓄，以进一步稳定黄河中下游年供水规模。

8.3.1 目标一：保障上游每年对外引水 150 亿 m³

在保障黄河上游每年达到 150 亿 m³ 对外引水总量的目标下，战略备水规模指的是在一个丰枯水周期内，为使黄河上游在枯水期也能继续提供 150 亿 m³ 富余水量以济晋、济海，黄河上游应在丰水期储蓄的累计水资源规模。为了表达方便，在此将一个丰枯水周期记为 T，T 是元素为若干连续年份的有限集合，由周期 T 当中富余水量低于 150 亿 m³ 的枯水年份构成的集合为 K，其他年份构成的集合为 F，上述三个集合满足 $K+F=T$。据此，一个丰枯水周期的战略备水规模由公式（8-1）给出：

$$\text{战略备水规模} = \sum_{k \in K} (150 \text{亿m}^3 - \text{上游径流量}_k)$$
$$\leqslant \sum_{f \in F} (\text{上游径流量}_f - 150 \text{亿m}^3) \tag{8-1}$$

在具体估算为实现战略备水目标一黄河上游应有的备水规模前，有三点需要先指出：第一，因为"战略备水"是一个前瞻性概念，即在现在采取必要行动以保证今后实现一定目标，所以需要对上游今后可能发生的枯水年、枯水期（多年连续），以及各枯水年、枯水期（多年连续）的缺水程度，进行预测。要做到完全准确的预测是不可能的，只能尽量科学地去预测。一条河流年天然径流的多少主要由降水决定，而降水多少又受当地气候影响。在全球变暖的大背景下，虽然已有许多关于全球气候变暖大趋势的研究，但很难将相关的全球预测落实到某一具体地区和河流，更不用说某条河流的某个区间。又如 8.2 节所述，关于黄河流域今后降水量和径流量趋势的研究已有一些，但大多只是根据区域内降水和黄河径流的某些历史数据及资料，或前几十年，或更长历史时期，而进行的外推。一般说来，用跨期较长的历史数据外推得出的关于今后趋势的结论，对同样长跨期的今后进行预测，或许有一定准确性，但对跨期较短的今后趋势的预测，则会出现较大偏差。本书提出战略备水概念，当然是着眼于今后，但为不致使相关测算对较近期的将来严重缺乏指导性，还是应该用较短和较新跨度的历史数据，去推论在较近的将来黄河上游的降水和径流量及其变化。因此，无论是针对战略备水目标一还是目标二，下文将主要使用黄河水利委员会公布的 1998～2022 年各年历史数据、1956～2000 年的年均数据、1987～2000 年的年均数据等，并以这些数据为准，对实现相关目标所需的战略备水规模进行初步估算①。

第二，需要对公式（8-1）右边的"黄河上游"进行界定，以选择相应的水文站，并以该水文站数据计算所需战略备水规模。有两种可能的界定。在本书第 5 章，我们提出的引水方案是以规划中的大柳树水库为起点，因此一种界定是基于引水口位置，为的是确保各年引水口上游均有足够水量来完成引水目标。在大柳树引水口下游仅 70 余公里处，有下河沿水文站，从大柳树引水口至该水文站中间没有任何重要取水口，故该水文站丰枯水数据能准确反映引水口上游是否年年都会有 150 亿 m³ 水量可引。但是，除了保证每年有足够水资源完成对外引水任务外，黄河上游还需满足上游所有地区的现状用水需要，以确保上游无用户因引水而遭受负面影响。下河沿水文站实测径流中有一部分是要供宁蒙地区（包括灌区）使用的。因此，为确保同时满足该区间的所有现状用水需要，用于公式（8-1）的更合适的水文站数据应该是头道拐水文站的实测径流量。该水文站恰好位于黄河上中游交界处，其数据能充分顾及上游宁蒙段及所有区域的用水需要。

第三，头道拐水文站的实测径流数据还受到黄河上游水库蓄水的影响，因而并不完全真实反映黄河上游逐年的地表水资源情况。在长期，如要确保黄河上游有足够水资源以保障目标一的实现，首先需要考虑的是其实际径流量情况或规律，然后在此基础上考虑在丰水年内是否可储蓄足够水量来供枯水年使用。在我们考虑的期限内，黄河上游有几个大水库在运行，其中龙羊峡和李家峡水库正是在该期间修建和投入运行。要真正反映上游可引水量的年际分布，需要对现有的相关水文站的径流数进行"还原"，即需要将上游水库的年蓄水变量（年末蓄水量减年初蓄水量）加入头道拐水文站的实测径流量，下文将相加后的数称为"上游还原径流量"。头道拐实测径流量、还原处理后的"上游还原径流量"年际波动如图 8-4 所示（计算方法与细节见附录 F）。1987～2022 年，头道拐实测径流量均值、上游还原径流量均值分别是 178.8 亿 m³、186.3 亿 m³。其中，1987～1997 年、1998～2006 年头道拐实测径流量和上游还原径流量差距较大。例如，1987～1997 年，头道拐实测径流量的均值为 167.8 亿 m³，还原径流量的均值为 175.5 亿 m³；2005 年，头道拐实测径流量为 150.2 亿 m³，还原径流量为 266.3 亿 m³，对应该年头道拐以上大、中型水库蓄水变量高达 116.1 亿 m³。

根据上游还原径流量数据，用每年 150 亿 m³ 引水目标减去 1987～1997 年多年平均值（175.5 亿 m³）、1998～2022 年各年数值，得到的结果如图 8-5 所示。正值表明当年还原径流量小于 150 亿 m³，不足部分称为当年的缺水量；负值表明当年还原径流量超过 150 亿 m³，超出部分称为当年的富余水量。2005～2022 年，除个别年份外，基本可实现每年 150 亿 m³ 引水目标。2000～2004 年，则与每年 150 亿 m³ 引水目标存在较大差距。

在使用头道拐水文站近年数据计算为实现每年从上游引水 150 亿 m³ 目标，所需的上游战略备水规模时，有三个方面的问题需要密切考虑。第一，在某一给定丰枯水周期内，是否有足够的富余水量（各径流量超过 150 亿 m³ 年份的富余水量加总）来完全弥补或覆

---

① 下文出现的 1987～1997 年多年平均值，是根据《黄河水资源公报》的 1987～2000 年多年平均值、1998～2000 年逐年数据计算得到。

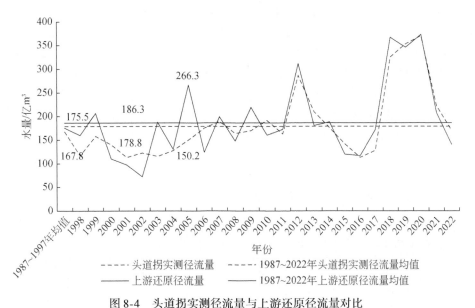

图 8-4　头道拐实测径流量与上游还原径流量对比

注：数据来自历年《黄河水资源公报》、赵文林等（1999）、胡建华等（2005）、姚文艺等（2017）

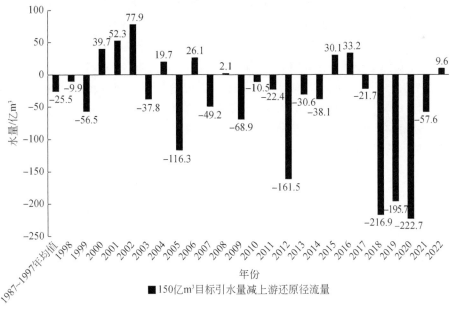

图 8-5　150 亿 m³ 引水目标与上游还原径流量的差值

注：作者根据历年《黄河水资源公报》整理、计算

盖缺水水量（各径流量低于 150 亿 m³ 年份的缺水量加总），即公式（8-1）能否成立。第二，年际流量波动幅度。其他情况相同时，如波动幅度较高，则所需用于备水的水库库容也较大，反之亦反。第三，如把缺水年份的波动称为正向波动（峰），余水年份的波动称为负向波动（谷），则其他情况相同时，以集中度或扎堆程度（即多年连续的程度）最大

的"峰"或"谷"为准，其扎堆程度越高，所需用于备水的水库库容也越高。但由于根据最大"峰"和最大"谷"计算出来的值会有差别，分析时取两者中最小值。

为方便讨论，也为区分概念，下文将公式（8-1）不等号左边给出的数值称为"备水规模"，即在一定丰枯水周期内，为达目标，累计需要蓄水的数量。很明显，备水规模受丰枯水周期内正负向波动幅度的影响。但是，在思考实际需要用于备水的水库蓄水库容时，则还需考虑正负向波动的扎堆程度。下文将综合考虑了径流量年际波动幅度和正负向波动扎堆程度这两项因素而确定的所需蓄水库容，称为"备水能力"①。为实现上游稳定引水目标，我们更关心的是所需备水能力。

以下就上述三个方面的问题分别展开讨论。首先，针对第一方面的问题，答案严格取决于对上游丰枯水周期的划分。例如，1998～1999 年是丰水年，其富余水量合计约 66 亿 m³；而 2000～2004 年是枯水年，年均水资源缺口超过 30 亿 m³，5 年合计水资源缺口超过 151 亿 m³。如果将 1998～2004 年视为一个丰枯水周期，显然无法实现每年从黄河上游引水 150 亿 m³ 的目标。就战略备水而言，所需规模达 151 亿 m³，而 1998～1999 年仅有 66 亿 m³ 余水可蓄。反之，如把 2009～2016 年视为一个丰枯水周期，其中 2015～2016 年为枯水年，但其缺水量完全可以用 2009～2014 年的富余水量补足。当然，条件是我们有充分的战略备水能力把这些余水蓄起来。

那么怎样定义离我们最近的一个黄河上游丰枯水/枯丰水周期呢？本章 8.2 节总结了有关黄河上游丰枯周期变化的研究成果，并在此基础上初步确定了 1987～2004 年为黄河上游最近的一个枯水期、2005～2022 年为最近的一个丰水期。据测算，1987～2004 年、2005～2022 年黄河上游还原后的年均径流量分别为 160.8 亿 m³、211.7 亿 m³。基于这一"枯—丰"周期定义，根据图 8-5 所示的数据，可以看出，黄河上游有足够的水量来满足每年向外引水 150 亿 m³ 的要求。实际上，通过计算可以发现，即使在该周期的枯水期内，即以 1987～2004 年为单位进行内部年际调蓄，也能完成上游每年向外调水 150 亿 m³ 的目标②。枯水期如此，丰水期就更不用说了③。

根据公式（8-1），备水规模是一周期内所有枯水年份的缺水量加总，但由于我们没有 1987～1997 年的逐年径流量数据，因此无法针对整个 1987～2022 年周期计算备水规模，也无法对整个周期内所需得备水能力进行计算，仅能针对其中的 1998～2022 年做这两项计算。根据目前掌握的 1998～2022 年逐年数据，可以看出 2000～2002 年、2004 年、2006 年、2008 年、2015～2016 年、2022 年是缺水年，该期间内所需备水的规模共为 291 亿 m³，是同期内所有正向波动的加总。

针对第二类（年际波动幅度）和第三类问题（正、负向波动扎堆程度），同样的，由

---

① 当某个丰枯周期内的缺水、余水呈现单峰、单谷分布时，备水规模与备水能力数值相等。

② 1987～1997 年上游还原径流量多年平均值为 175.5 亿 m³，平均每年富余水量约 25.5 亿 m³，也就是该 11 年富余水量合计 280.54 亿 m³。1998～2004 年缺水量合计 85.4 亿 m³，完全可以由之前的 280.54 亿 m³ 富余水量弥合，还剩 195.14 亿 m³。当然，这一分析不考虑不可避免的跨年调蓄自然损耗（如蒸腾和各种渗漏）。在以下的讨论中，由于这样的自然损耗较难确定而规模又不可能过大，出于简化分析的目的而忽略不计。

③ 2005～2022 年为丰水期，但 2006 年、2008 年、2015～2016 年、2022 年均出现径流量缺口。不过，图 8-4 数据充分表明，该丰水期中其他年份的富余水量可远远补足这些缺口。

于我们缺乏 1987~1997 年的逐年数据，我们不能对整个枯丰水周期（1987~2022 年）进行全面分析。但根据目前掌握的 1998~2022 年逐年数据，在 1987~2004 年的枯水期内，2000~2002 年属于一个重要的正向波动扎堆情况（图 8-5），而且是现有数据最大的一个扎堆情况。据此，将 2000~2002 年三年缺水量总计约 170 亿 m³，作为相关跨期内所需的备水能力①。也就是说，如果发生类似于 2000~2004 年间多年连续枯水情况，而要确保上游向外引水 150 亿 m³ 目标，则需要上游在该连年枯水情况发生前，有 170 亿 m³ 蓄水。在 2005~2022 年丰水期内，黄河上游也出现了 2015~2016 两年连续枯水（图 8-5），缺水量加总约 63 亿 m³，也就是说，覆盖这两年缺水的战略备水能力仅需 63 亿 m³，远比 1987~2004 年枯水期所需的战略备水能力小。综上，根据 1998~2022 年的逐年数据，黄河上游实现每年稳定向外引水 150 亿 m³ 目标所需要的备水能力为 170 亿 m³②。

目前龙羊峡水库的调节库容近 200 亿 m³，已超过我们需要的 170 亿 m³ 战略备水能力。这说明，实际上黄河上游目前已有足够的战略备水能力，条件当然是需要改变目前上游已有水库的经营目标，由主要服务于提供电力转变为本书提倡的提供必要的战略备水能力。有关黄河上游在不同战略备水目标下目前已有和尚缺的战略备水能力，8.4 节有更详细的讨论。

在讨论实现战略备水目标一时，前文表明即使在一丰枯水周期的枯水期内，跨年调蓄就能确保目标一的实现。但如要实现更大的战略备水目标，单纯地在枯水期内进行跨年调蓄是远远不够的，需要在一个周期的丰水期和枯水期之间进行跨期调蓄。这就需要更大的战略备水规模和更长期的战略备水能力。下文考虑一个更大的战略备水目标。

8.3.2 目标二：在实现战略备水目标一的基础上，就地存蓄所有上游余水，以稳定上游的年供水

前文的分析表明，如果只是为了实现战略备水目标一，则最近的丰水期（2005~2022 年）内出现了大量的富余水量。除了其中一部分需要用来克服该丰水期内出现的几年缺口外，其余的富余水量在战略备水目标一下都将经头道拐水文站沿黄河中游河道下泄至中下游，其中大部分或将入海（因中下游无法在当年内消化掉上游丰水期内的这些余水供水）。然而，如本书前文各章所一再强调的，黄河流域所在的我国北方地区恰恰是我国水资源最为紧缺的地方之一。如何才能使每一滴黄河水都能真正用于我国北方地区的社会经济和生态建设，而不是白白流入大海，是本书最为关心的问题。

黄河水资源的大部分源于上游，尤其是龙羊峡水库以上的源头地区，同时上游特别是

---

① 虽然 2004 年又缺水达 19.7 亿 m³，但可以由 2003 年 37.8 亿 m³ 富余水量补足，因此不将 2004 年纳入对正向波动扎堆的分析中。假若 2004 年缺水量大于 2003 年富余水量、需由其他年份富余水量补足，才需要将 2000~2004 年视为同一个正向波动扎堆。

② 根据于海超等（2020）文中图 1（1969~2018 年黄河上中下游各站实测径流变化）、图 3（1969~2018 年黄河各水文站的天然径流变化）的信息，可大致看出 1987~1997 年黄河上游径流量没有出现大规模正向波动扎堆的情况。因此，在 1987~2022 年这一周期内，以 2000~2002 年三年作为正向波动扎堆计算的 170 亿 m³ 备水能力有较好的参考性。

源头地区又是大规模储蓄黄河水的最佳区域。可以从两方面来说明黄河上游蓄水优势：第一，上游尤其是源头地区具备大规模储存水的水文和地形条件。关于这点，本章8.4.2节会继续说明。第二，在上游进行战略备水在水资源调配上更具机动性。在目前情况下，一旦大量上游水量下泄至中游，则将直接流入中游三门峡和小浪底水库，而目前该两个水库的主要目的是用于拦水冲沙，虽也有部分水量用于下游两岸人民的生产生活和生态建设，但大部分会随沙入海。可以这样说，在目前情况下，从战略备水的角度来说，中下游是一个缺乏"战略纵深"的区域。所以，如要实现更大目标的战略备水，最佳的备水区域还是上游，尤其是源头区。

当然，在实现了本书提出的黄河治理和水资源利用新规划后，这一情况会发生变化。例如，黄河中游大北干流也可起到一定的备水作用（见第6章），但更主要的还是三门峡和小浪底两大水库的运行宗旨可因此发生根本性变化，即从以拦水冲沙为主转为服务于黄河全流域备水。但是，即使这样，还是更改不了中下游地区缺乏大规模战略备水空间的事实。有关中下游地区战略备水空间的进一步分析，将在本章8.4.3节展开。

既然黄河的大部分水量来自上游，而上游又拥有开展大规模蓄水的条件（当然是在采取一定的工程手段后），在实现了战略备水目标一的基础上，如何利用好这一条件，将上游余水充分地就地存蓄起来，是实现黄河战略备水的下一个重要目标。

对上游"余水"的理解，这里特指在实现了战略备水目标一以后，上游仍剩余的水量，即在某一丰枯周期的总水量中扣除了用于济海、济晋的年均150亿 m³ 引水和上游本区域用水后，上游仍剩余的水量。最近20多年的逐年数据如图8-5所示。上文具体说明了相关余水主要出现在最近的2005~2022年黄河上游丰水期中，把这十余年中出现的余水相加，再减去在每年引水150亿 m³ 目标下出现的101亿 m³ 缺口（来自2006年、2008年、2015~2016年、2022年），即为黄河最近丰水期内出现的余水总量，约1111亿 m³。如上文所示，1987~2004年枯水年间仍有余水约195亿 m³。因此，1987~2002年这一丰枯周期内，黄河上游余水量共1306亿 m³。

有几点需要说明：第一，2022年黄河上游径流量较前几年有较大回落，但不能确定丰水期是否已经结束，这里仅根据目前掌握的数据进行加总。第二，把相关余水存蓄起来的目的，当然是更好地用于流域内各地的生产生活和生态建设，所以需按一定标准把这些余水逐年调拨出去，其中包括调拨到丰水期各年。第三，需调拨的时间跨度为目前掌握的最近一期丰枯水周期的时间跨度。如前文所述，我们基于现有研究而用于分析的丰枯水周期是1987~2022年，长度共36年，其中1987~2004年为枯水年，2005~2022年为丰水年。同时也应该指出，由于1987~2022年周期以枯水期起，而根据一般理解所谓跨期调水即是用丰水期的水去补枯水期的不足水量，但我们不妨假定目前的丰水期过后，下一个枯水期会大致与最近这个周期内的枯水期相同。当然，历史是不可能像这样完全重复的，但仍可为我们的分析提供借鉴。若不这样，由于我们缺乏1987年以前丰水年的逐年数据，分析将难以展开。

如此，一个确定逐年调拨标准的简单方法是把总余水量1306亿 m³ 平均分摊到1987~2022年共36年的各年，每年约36亿 m³。这也等同于说，在该36年间，目标二的实现使得上游在维持自身现状供水的基础上，每年还有150亿 m³ 地表水用于济晋、济海，以及

36 亿 m³ 地表水供进一步调配。由于枯水期 1987～2004 年间的年均余水量小于 36 亿 m³，故仅可供当年消化或在相邻年份间调配。丰水期 2005～2022 年的 18 年间，除满足当年战略备水目标一引水任务外，平均每年还有约 36 亿 m³ 水量或消化在上游，或输向中游和下游，用于当地的生产生活和生态建设，但其他余水需要储蓄起来留待紧邻的下一个枯水期使用。目标二下的备水规模由公式（8-2）给出：

$$
\begin{aligned}
战略备水规模 &= \sum\nolimits_{k \in K}(36\,亿\,m^3 + 150\,亿\,m^3 - 上游还原径流量_k) \\
&= \sum\nolimits_{f \in F}(上游还原径流量_f - 150\,亿\,m^3 - 36\,亿\,m^3)
\end{aligned} \tag{8-2}
$$

式中，k 表示当年上游还原径流量小于 186 亿 m³ 供水目标的年份，f 表示当年上游还原径流量超过 186 亿 m³ 供水目标的年份。目标二下的备水规模，是将所有上游还原径流量不足 186 亿 m³ 的年份的缺水量加总，或将所有上游还原径流量超过 186 亿 m³ 的年份的余水量加总。与对目标一的分析一样，由于我们没有 1987～1997 年逐年数据，因此无法针对整个 1987～2022 年周期计算目标二下的备水规模，仅能针对其中的 1998～2022 年做此计算。根据 1998～2022 年逐年数据，该期间内所需缺水年份的缺水量（正向波动）加总结果是 704 亿 m³。

与对目标一的分析类似，我们关心的是为实现黄河上游向全流域稳定供水所需要的备水能力，即为了把丰水年份水量超过 186 亿 m³ 的部分蓄起来、留待枯水年使用所需要的蓄水库容。图 8-6 是各年上游还原后径流量减去 186 亿 m³ 的计算结果①，正值表明当年径流量不足 186 亿 m³ 的部分（正向波动），负值表明当年径流量超过 186 亿 m³ 的部分（负向波动）。与分析目标一的逻辑相同，目标二所需备水能力也受到正向/负向波动的幅度和扎堆程度影响。从图 8-6 可看出，2005 年、2012 年的余水量大致可覆盖紧随其后的缺水年份的缺水量，而 2018～2021 年则出现集中余水②，合计 549 亿 m³，说明负向波动扎堆导致备水能力至少为 549 亿 m³；2000～2004 年为集中缺水，缺水量合计 333 亿 m³，所需备水能力小于负向波动要求的备水能力③。综上，实现目标二所需备水能力约 549 亿 m³④。

实现目标二后，上游不仅每年可对外引水 150 亿 m³ 以济晋、济海，还平均每年拥有 36 亿 m³ 额外可供水量，这 36 亿 m³ 额外水量的分配利用，将与黄河中游补水及相应的下游用水规划密切相关：①本书第 6 章提出，黄土高原南部依靠渭河上游、渭河中下游北岸支流在关中平原以外的区域，将当地产水就地拦蓄并用于当地生态补水，年均补水规模为 31 亿 m³。第 7 章指出，黄土高原南部年均蓄水 31 亿 m³，将等量减少黄河龙门以下地区可用水量，为此提出由上游战略备水规划向龙门以下提供年均 31 亿 m³ 水量，用于弥补因黄土高原南部补水而使渭河（包含泾河）、北洛河等支流少向黄河下游干流输出的水量。本书将上游战略备水规划提供的这 31 亿 m³ 上游来水水量称为"置换水"，顾名思义，即用

---

① 1987～1997 年上游还原径流量均值为 175.5 亿 m³，减去 150 亿 m³ 后年均（对目标一而言）余水 25.5 亿 m³；将该时段作为平均意义上的余水年份处理，减去 36 亿 m³ 后得到年均（对目标二而言）缺水 10.5 亿 m³。

② 此处的"余水量"指的是当年还原径流量在扣除 150 亿 m³ 和 36 亿 m³ 后，仍然剩余的部分。

③ 虽然我们因缺乏 1987～1997 年逐年数据而无法对此期间的正向/负向波动扎堆情况进行详细分析，但通过文献，我们认为此处估计的 549 亿 m³ 备水能力具有较好的参考性。

④ 根据目标二定义，这也包括了实现目标一所需的 170 亿 m³ 备水能力。

它去置换因黄土高原南部补水而使黄河下游径流量损失的部分。②36 亿 m³ 新增可供水量中余下的 5 亿 m³，可供上游使用。

当然，仅把丰水期内实现目标一后的总余水量平均分摊到同一丰枯水周期内的各年，或严格按固定比例分配至上游或中游，似乎是一个欠妥的做法，没有考虑到上中下游各地各年的实际需水情况（如某年全流域普遍地或仅某些地区出现了严重旱情）。因此，似乎应该考虑根据各地逐年的实际需水情况，对余水进行更为精准的调配。然而，也须认识到，这种形式的精准调配也会带来问题。在对各地逐年的实际需水情况缺乏精准了解，且相关情况不可能做到完全透明时，反而会让人觉得这种精准调配有失公允。或许可根据各年各地的实际需水情况（比如某年普遍发生了旱情）进行某种跨年调整（如某普遍旱年由上游多补给些水，其他年份则少补给些，等等），但至于该调整后的总余水量如何分配给各地，则仍由相关部门根据如"八七"分水方案的方式分配给各地。当然，在实行了本书提出的黄河治理和水资源利用新规划后，目前的"八七"分水方案是首先需要修改的，由某种为各地接受的新分水方案替代。但无论如何，来自上游的这 36 亿 m³ 水量，可为黄河上中下游提供一个重要的机动水源。

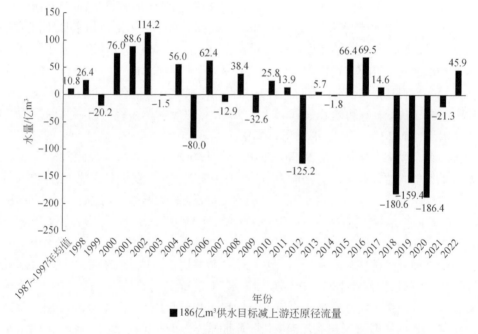

图 8-6 186 亿 m³ 供水目标与上游还原径流量的差值

注：数据由作者根据历年《黄河水资源公报》整理、计算

8.3.3 目标三：稳定中下游黄河年供水：备水规模和能力

一般说来，除了个别旱情或水害十分严重的年份，稳定黄河干流向中下游的供水对这些区域内人们的生产生活和生态建设十分重要。对此，来自黄河上游的稳定供水（以及顺

应中下游旱涝情况的供水）当然能起到重要作用，但是否可仅依靠稳定上游来水，来完全实现中下游各用水区的供水稳定呢？

首先，需要说明，本小节将仅分析如何实现龙门以下中下游的黄河供水稳定，以下所称"黄河中下游"均指龙门以下区间。关于龙门以上大北干流区间的供水和补水问题，以及对黄土高原的可持续治理方案，已在本书第 6 章深入分析和讨论。第 7 章估算了黄河龙门以下河段的自产水规模，指出如无上游来水，该规模将不足以满足目前下游两岸从黄河的引水要求，并提出了解决的办法。

其次，本章所说的稳定中下游黄河供水，具体是指稳定黄河干流对下游两岸用水区的供水，而并不关注黄河中下游各支流流域的供水稳定。在利用黄河水资源方面，各支流流域大多只能对其自己流域内的水资源加以利用，而其水资源的多少主要由流域内的降水决定。诚然，各支流流域内降水的使用情况，目前也受黄河水利委员会"八七"分水方案的制约，但在其允许范围内主要还是由各支流根据当年降水情况和截水能力自己决定，余水则流入干流。虽然各支流流域也可通过从干流提水用上黄河干流水，如山西汾河流域（以及海河桑干河流域）通过从万家寨水库提水用上黄河干流水那样，但高昂的提水成本往往会严重限制提水规模。黄河中下游干流水的用户主要还是黄河下游河道两岸的广泛区域，它们可通过提水但主要是自流方式大范围地用上黄河干流水。我们在帮助黄河中下游各主要用水区稳定地用上来自黄河的供水方面所能做的，就是稳定每年中下游黄河干流内的径流量。这在目前情况下是如此，在实行了本书提出的黄河治理和水资源利用新规划后，也是如此。所不同的是，不少目前无法从黄河干流自流引水的地区，在新规划下能做到，比如通过从上游直接引水济海济晋，以及由中游补水惠及大北干流两岸。

最后，本书第 6 章也详细分析了黄土高原南部的补水问题，并估算了补水规模，平均每年约 31 亿 m³。本章上节提出了可从上游备水目标二下的年均余水约 36 亿 m³ 中，拿出 31 亿 m³ 去"置换"因黄土高原南部补水而使下游失去的水量，也即上游将有 31 亿 m³ 下泄至龙门下游河段。所以，按年均计算，黄土高原南部补水将不影响龙门以下河段的水量。接下来的分析将这 31 亿 m³ 水资源称为"置换水"，该部分流入中下游干流的水量已是稳定的。

8.3.3.1 黄河中下游干流稳定供水的目标

要深入分析黄河中下游干流稳定供水的问题，首先需要确定稳定供水的目标。在这方面，历史仍是最好的指引。在新规划下，考虑到上述置换水后，该目标的最大可能值即是黄河中下游历年来自本河段的干流水量的多年平均值。为此，需要使用历史数据。但在使用历史数据时，需要排除上游下泄水量的影响。有两种方法确定中下游稳定供水目标：方法一是，如不考虑上游来水影响，黄河中下游干流河道除有小量自产水外，其主要水源为汇入其中的各条支流，主要为渭河、伊洛河、大汶河、北洛河、汾河和沁河（以多年平均入干流量从大到小排列）。可由这些支流历年汇入黄河干流的水量近似得到黄河中下游来自其自身河段的历年干流水量，再取其多年平均值作为中下游每年稳定供水的目标[①]。方

---

① 各支流入干径流量分别由各自入干前最后一个水文站的实测径流量代表。

法二是，从渭河的历年入干流量中减去上游（林家村以上）入渭流量、泾河入渭流量、渭河流域（不含北洛河）其他就地蓄水补水的小支流入渭流量，得出扣除黄土高原南部补水量之后的渭河流域（不含北洛河）入干水量，再加上龙门以下除了渭河（不含北洛河）和北洛河以外的其他主要支流（伊洛河、大汶河、汾河和沁河）的入干流量，得出扣除黄土高原南部补水量后的中下游支流历年入干总流量①，然后加上来自上游的 31 亿 m³ 置换水，为中下游干流历年径流量，再取其多年均值作为中下游每年稳定供水的目标。两种方法得出的结果应该是一致的。如仅仅是为了确定黄河中下游稳定供水的具体目标，两种方法中取任一都可，但针对下文讨论相应的备水规模和备水能力时，则用方法二更合适。原因是来自上游的 31 亿 m³ 置换水，已是一个稳定的流量。因此，在考虑为实现中下游稳定供水目标所需要的备水规模和能力时，只需针对中下游剩余干流流量，考虑其年际稳定性。

　　在确定了计算方法后，还需考虑合适的时间跨度，即用什么时间跨度内的历史数据来计算合适的黄河中下游稳定供水目标。根据本章 8.2 节对黄河中下游丰枯水周期文献的回顾，存在长周期与短周期交互并存的局面。在下文，我们关注的主要是短周期，但也不能完全忽视长周期的作用，尤其是在制定稳定供水的具体目标时，因为稳定供水的具体目标是一件涉及长远的事。根据我们掌握的 2000 年以来的逐年数据，中下游黄河六条主要支流每年流入干流水量总数可由图 8-7 计算得到（各年总入干流量等于年均入干流量 102.49 亿 m³ 减图中对应年份的距平流量）。图中既给出了六条支流实测的各年入干流量总数，也提供了经还原相关区间内各年水库蓄变量（仅 2003～2022 年）后的逐年入干流量总数。比较还原后和还原前的数据，虽然不少年度的入干总流量发生了显著变化，但跨越 23 年的年均总值变化不大，仅从还原前的 102.49 亿 m³ 增加到还原后的103.04 亿 m³，相差仅 0.55 亿 m³。而真实的差值很有可能比这还小许多，这是因为在还原过程中缺失了三年（2000～2002 年）蓄变量数而假设该数均为零，但由于该三年都为严重枯水年，因而有理由相信该三年的真实蓄变量数可能都为负，所以真实的还原后年均值很有可能会比目前的 103.04 亿 m³ 要小不少。由于不能确定真实的还原后年均总入干流量，我们仍用各支流总入干流量的还原前年均值（102.49 亿 m³）作为中下游干流稳定供水的具体目标（图 8-7）②。

---

　　① 根据第 6 章的分析，渭河上游、泾河、渭河以北其他小支流（例如漆水河）以及北洛河的入渭/入黄径流量，都将用于黄土高原就地蓄水补水，因此这些径流量基本不进入中下游黄河干流。只有当这些支流在某年的径流量超出其多年平均径流量 1.5 倍时，才将超出部分下泄至中下游黄河干流。在设立中下游稳定供水目标时，我们包含了这部分下泄水量的影响。因此，这里所说的"扣除黄土高原南部补水量之后的渭河流域（不含北洛河）入干水量"＝渭河华县实测径流量−渭河林家村实测径流量−泾河张家山实测径流量−渭河流域（不含北洛河）其他就地蓄水小支流入渭径流量+超 1.5 倍下泄量。按照第 6 章的估计，"渭河流域（不含北洛河）其他就地蓄水小支流入渭径流量"的年均值为 2 亿 m³，我们按照华县实测径流量的年际分布，将这年均 2 亿 m³ 入渭径流量分解到各年，进而完成上述计算。伊洛河、大汶河、汾河和沁河入干径流量等于各自入干前最后一个水文站的实测径流量。

　　② 虽然还原蓄变量能显著影响个别年份的径流量，但对跨期较长的年均径流量影响不大，因为在较长一段时间内，蓄变量的均值将趋于零。又因为我们在数据缺失的情况下无法确定真实的六支流还原后年均入干流量，故图 8-7 仍以还原前年均入干流量作为中下游干流稳定供水的目标。下文在分别讨论中下游三区间时，也沿用还原前年均入干流量，并以此确定三区间分别的稳定供水目标。

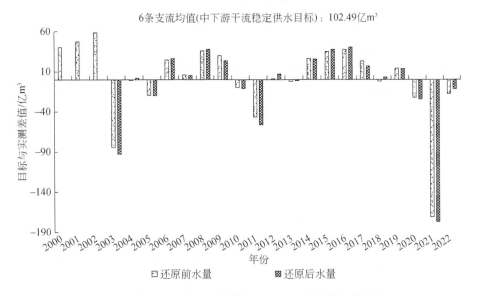

图 8-7　中下游 6 支流还原前和还原后入干水量加总距平

注：数据由作者根据黄委会公布的相关水文站实测径流数整理而得，并与下文图 8-8～图 8-10 展示数据一致；还原过程中使用的各年蓄变量数据来自黄委会公布的龙三区间（渭河、汾河、北洛河）和三花区间（伊洛河、沁河）每年蓄变量数据。由于东平湖同时为黄河下游泄洪区，并缺失大汶河其他水库逐年蓄变量数据，因此未对大汶河入黄流量数（戴村坝实测径流数）进行还原。对数据来源的进一步说明见下文

8.3.3.2　黄河中下游干流稳定供水所需的备水规模和能力：三区间分析

从图 8-7 也能清晰看出，从 2000 年到 2002 年的 23 年间，出现了三个明显的从枯到丰的短周期，各 6～11 年不等，分别为 2000～2005 年、2006～2011 年、2012～2022 年。这与前文 8.2 节所述的此期间赤道太平洋厄尔尼诺和拉尼娜现象的交替出现基本吻合。

目标既定，接下去要考虑的是如何实现该目标，也即思考所需的备水规模和备水能力。有两点需要说明：首先，由于 2000～2022 年这 23 年明显地分为了三个不同的短周期，而且最后的一个短周期中出现的入干流量正负向波动显著地比前两个周期的要大，所以需要根据这最后一个短周期确定所需的备水规模和能力。另外，应该指出，由于由厄尔尼诺和拉尼娜现象导致的短周期一般都呈单峰–单谷轨迹，所以计算所需的备水规模和备水能力实际上是同一回事①。

其次，似乎可沿用在讨论实现上游备水目标一、目标二时采用的方法，即加总由距平图中最大单峰或单谷标出的正向或负向波动值，来确定中下游为实现备水目标三所需的备水能力。但这一方法实际上不适合中下游的情况，这是因为先前方法仅适用于当所有备水能力都来自干流水库的情况。而目前龙门以下黄河干流水库仅有三门峡和小浪底水库，以

---

①　虽然从中下游 6 支流总体径流情况来看可划分为以上三个丰枯水短周期，但对个别河流来说，其丰水期或枯水期则可能并不完全按这三个短周期展现。当出现这种情况时，下文分析将主要按具体河流的丰、枯水期展开。存在这种不一致情况的案例主要涉及前两个短周期，即 2000～2005 年、2006～2011 年。

及大汶河入黄口的东平湖水库，三者调节库容加总刚好 100 亿 m³，仅龙门下游六支流 2021 年一年余水（177.32 亿 m³）的 56.4%。黄河出龙门后仅有晋豫峡谷一处可建大型水库，目前此处已建有三门峡和小浪底两座水库，似乎再无空间修建更多大型水库。

一个可能的提升干流备水能力的方案是利用黄河下游河道本身，也即利用黄河下游总体来说非常宽阔的河床于蓄水。这听起来似乎有悖于我们对黄河的常规认识，因为长期以来我们观念中的黄河下游河道就是用来排泄洪水的。但如前文已指出的，河道既可以用来排水，也可以用来蓄水。关于这一方面的进一步讨论将在下文 8.4.3 节继续展开。

与上游不同，在思考如何实现黄河中下游干流稳定供水时，除了利用好黄河干流目前已有和可能具备的备水能力外，还需重点考虑支流的备水能力。但与干流备水能力相比，支流备水能力有较大的局限性。这可用集水面积来说明。一支流水库可用于备水的集水面积，仅是该水库上游的集水面积，而一干流水库可用于备水的集水面积，是该干流水库上游的所有支流的流域面积。其实，正如我们在下文将进一步指出的，不同支流上的备水能力相互间还是有一定"调剂"空间的，但与干流备水能力相比，支流备水能力的局限性是显而易见的。

由于干流备水能力能起到重要作用，本节下文将以不同的干流备水能力为依托，把龙门以下河段及支流分为三个区间：①龙门至小浪底（含小浪底，龙—小区间），包括的主要支流有渭河、北洛河、汾河；②小浪底至利津（小—津区间），包括的主要支流有伊洛河、沁河；③东平湖和大汶河（东—大区间）。前面提到，龙门以下稳定供水的目标为年均供水 102.49 亿 m³（图 8-7）。将这一目标依据各主要支流在三区间的分布进行分解，得到的就是三区间各自的稳定供水目标。接下来将分别讨论三个区间的稳定供水目标与为达目标所需的备水规模与备水能力。

（1）龙门—小浪底区间（龙—小区间）

需要进一步说明龙门—小浪底区间（龙—小区间）的稳定供水目标。由于存在不考虑置换水和考虑置换水两种计算方法，我们将前者称为"置换前均值"，将后者称为"置换后均值"，分别是 68.44 亿 m³、37.4 亿 m³。在进一步分析备水规模和备水能力时，因为来自上游的 31 亿 m³ 置换水已是一个稳定的流量，所以只针对龙—小区间剩余入干流量来考虑其年际稳定性，是更加合适的。因此，我们取 37.4 亿 m³ 作为龙—小区间稳定供水目标。实现稳定供水 37.4 亿 m³ 后，再加上上游每年稳定供给的 31 亿 m³ 置换水，龙—小区间可实现每年稳定供水约 68.4 亿 m³。

基于以上目标，下文分析各年径流量与目标的差距。图 8-8 为龙门至小浪底区间还原了当年蓄变量的三条支流（渭河、北洛河、汾河）逐年总入干水量的距平图。图中同时给出了未考虑置换水（"置换前水量"）和考虑了置换水（"置换后水量"）的两组数据①。

在分析备水规模和备水能力之前，还有两点需要澄清。首先，需要确定黄河中下游最

---

① 置换前水量是各支流实测入干径流量之和，置换后水量等于置换前水量减去黄土高原南部蓄水量（见第 6 章和 8.3.2 节）。与制定目标时相同，在分析逐年情况时，我们应当考虑渭河上游、泾河、北洛河遇到特大降水、特大径流量时对入干水量的影响。第 6 章指出，当这三处某年径流量超出多年平均值 1.5 倍时，应允许超出部分下泄至干流。图 8-8 所示的逐年"置换后水量"，是包含了这一部分下泄水量的。

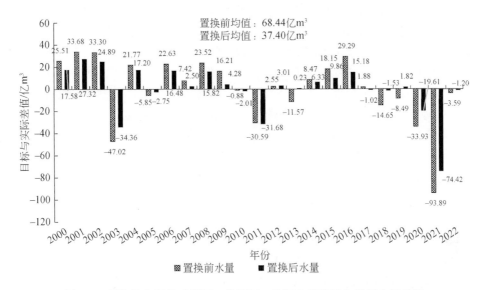

图8-8　置换前和置换后渭河、北洛河、汾河入干流量与目标水量差值

注：该图置换前水量逐年数据为渭河华县站、北洛河状头站和汾河河津站实测径流数据之和加上龙门—三门峡区间的年蓄水变量，再减去三门峡水库年蓄水变量。该式中最后一个减项是因为《黄河水资源公报》中龙门—三门峡区间的年蓄变量数据包含了干流水库的蓄变量数。《黄河水资源公报》没有提供2000～2002年龙门—三门峡区间的年蓄水变量数据，该三年蓄变量以0值替代。置换后水量逐年数据为渭河华县站减去泾河张家山站及渭河上游林家村站实测径流数据，再加上汾河河津站实测径流数据和龙门—三门峡区间的年蓄水变量，再减去三门峡水库年蓄水变量。林家村站数据来自石军孝等（2023）和刘引鸽等（2020），其2022年数据缺失，由该站2000～2021年均值代替。其余水文站实测径流数据、龙门—三门峡区间和三门峡水库的年蓄水变量数据均来自2000～2022年《黄河水资源公报》，其中龙门—三门峡区间的年蓄水变量数据仅从2003年开始公布

近一个短周期具体的起末时间。由于我们仅使用2000～2022年的数据，且自2022年起中下游降水已呈下降趋势，所以我们把最近短周期的末年定在2022年。至于起始时间，中下游三区间流量数据似乎给出了不同的答案。根据伊洛河和沁河入干流量加总数据以及大汶河数据，似乎起始时间是2012年，但根据渭河、北洛河和汾河加总数据，起始年份似乎应该是2014年。其间的差别实际上也能理解：由于三个区间并不处于同一地理位置上，它们受赤道太平洋厄尔尼诺/拉尼娜现象的影响不可能完全相同。此处，为统一起始年份，我们取2012年为起始年[①]。

其次，由于龙门以下支流入干总流量的2000～2022年均值小于最近短周期的均值，导致以最近的短周期算，总余水量明显多于总缺水量。出现上述情况的最主要原因是2021年降水量远超常年。虽然这样的特大降水事件并不经常发生，但并非完全不可能。当发生

──────────

①　不过，如仅考虑置换前水量，以2012年为最近一个丰枯水短周期的起始年后，严格地说在2012～2022年中存在两个余水"谷"，前一个仅跨2013年一年，后一个则跨2018～2022五年。但如考虑置换后水量，则第一个余水谷（11.57亿 m³）就不存在了，反而在2013年出现了缺水额0.23亿 m³。这是因为，黄土高原南部补水区接纳了所有该年余水，而且其接纳的水量比这一余水（11.57亿 m³）还多出0.23亿 m³。一般说来，黄土高原南部补水所起的作用是，在余水年（以置换前水量计），缩小或完全消除余水，甚至可把一余水年变成一枯水年；在枯水年，则缩小缺水规模，因为一部分缺水由补水区承担了，个别情况下甚至可把一枯水年变成一余水年（如2017年）。

这样的事件时，虽然也应该考虑将部分降水下泄入海以减少发生重大洪灾的可能性，但也不能一股脑地都将超常余水下泄入海。如准备得当，此时实际上可以是大量储蓄水量的最好时机。当相关地区平常降水不多，偶尔出现的特大降水实际上可被视为该地区添加水资源的不可多得的机会。要抓住这样的机会，最关键的一步当然是事先准备好足够的备水能力。为此，我们将以最近短周期中的余水规模，来计算所需的备水规模和能力。

基于 37.4 亿 m³ 的稳定供水目标和逐年的"置换后水量"、以 2012～2022 年为短周期进行分析，可得到龙—小区间所需要的备水能力，为图 8-8 中 2012～2022 年"置换后水量"数据序列中的负向波动（2017～2022 年）之和的绝对值——97.78 亿 m³，减去 2019年出现的微弱缺水额 1.82 亿 m³，共 95.96 亿 m³。如此该区间每年能为龙门以下黄河干流稳定地提供 37.4 亿 m³ 水量，加上来自上游的 31 亿 m³ 的置换水，共约 68.4 亿 m³。来自上游的置换水可在上游和中游大北干流区间调蓄，三门峡和小浪底水库共约 65 亿 m³ 的调节库容完全可用于储蓄发生在龙—小区间的余水，但这与要求的 95.96 亿 m³ 备水能力相比，还差 30.96 亿 m³（近似为 31 亿 m³）备水能力。

（2）小浪底—利津区间（小—津区间）

黄河在该区间拥有两条重要的支流——伊洛河和沁河。图 8-9 给出了 2000～2022 年这两条支流实测入干流量总量的距平值，以及根据该区间年蓄变量还原后的情况（2003 年起），后者在 2021 年的余水达到 70.6 亿 m³。

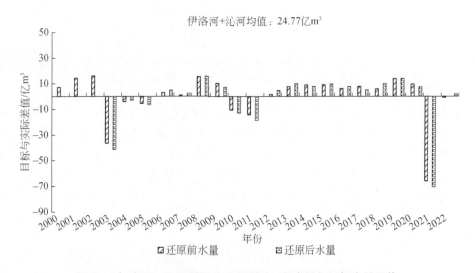

图 8-9　伊洛河、沁河还原前和还原后入干水量与目标水量差值

注：该图还原前水量逐年数据为伊洛河黑石关站、沁河武陟站实测径流数据之和，还原后水量为在还原前水量的基础上加上三门峡—花园口区间的年蓄水变量减去小浪底水库的年蓄水变量。数据来自 2000～2022 年《黄河水资源公报》，其中三门峡—花园口区间的年蓄水变量数据仅从 2003 年开始公布

在最近的 2012～2022 年短周期内，从满足每年为下游稳定供水 24.77 亿 m³ 的目标来说，两河加总后的入干流水量余水年仅有一年，即 2021 年。以此计算所需备水规模和能力，即为该年的所有余水量，共 70.66 亿 m³。相比之下，缺水年长达 9 年，即 2012～2020 年；2022 年大致为平水年。可见从更好地利用好黄河中下游宝贵的水资源、尽可能

地减少弃水、以在更高水平上（每年 24.77 亿 m³）稳定地向用户供水来说，2021 年的特大降水年，实在是上天赐予的一次绝好的集水机会。当然，要做到这一切，关键是拥有足够的备水能力。

在小浪底以下直至利津（不含东平湖），目前仅有几座支流水库拥有一定规模的蓄水能力，分别分布于伊洛河和沁河的上中游地区，其中最主要的当属伊洛河上的故县和陆浑水库，以及沁河上的张峰、河口村水库。这四座水库的调节库容加起来共计 15.3 亿 m³，仅占 2021 年两河总余水量 70.66 亿 m³ 的 21.65%。实际上，2021 年这两条河流流域内的大量降水，都经黄河下游干流河道下泄入海了。

然而，枯水年缺水、丰水年弃水——这是否是这两条河流以及整个黄河中下游地区永恒的宿命呢？有没有可能在相关区间内发展新的备水能力呢？8.4.3 节将继续探讨这些问题。

（3）东平湖和大汶河区间（东—大区间）

图 8-10 给出了大汶河 2002～2022 年入干流量距平值，年均入干流量为 9.28 亿 m³，这也应该是大汶河稳定地向黄河干流输水的目标。以此为目标，图 8-10 显示，在最近的丰枯水周期内（2012～2022 年），共有三年为余水年，其余 8 年为缺水年。继续用该短周期内各余水年（除 2012 年外）的余水量总和作为所需备水规模和能力，为 22.9 亿 m³。

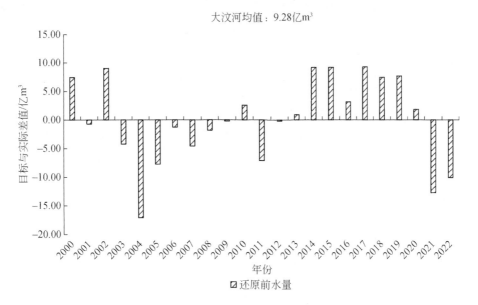

图 8-10 大汶河还原前入干水量与目标水量差值

注：该图逐年数据为大汶河戴村坝站实测径流数据，因缺少该站 2017～2020 年数据，由东平湖陈山口实测径流数替代（见附录 D.1 中说明）。由于缺失其他大汶河水库蓄变量数据，未还原戴村坝实测径流数；另由于东平湖同时为黄河干流泄洪区，未还原 2017～2020 年陈山口站实测径流数。陈山口和戴村坝数据来自《黄河水资源公报》和李勇刚等（2023）

关于备水能力，目前大汶河水量调蓄主要依托在其下游的东平湖水库。该水库出水口直接连接黄河干流，目前也是黄河水利委员会在黄河下游安排的一个泄洪区，也就是说，该水库也能接纳黄河干流的水量。东平湖水库的调节库容为 35 亿 m³，远大于以上计算的大汶河需要的备水能力（22.9 亿 m³）。

东平湖水库是否确有超出大汶河需要的备水能力呢？这就需要跳出目前的短周期来思考黄河中下游三区间需要的备水能力和规模。从帮助确保龙门以下干流总供水量在最近的短周期保持在 102.49 亿 m³ 的角度来说，东平湖能把大汶河最近三个余水年（2020～2022年）的余水都蓄起来。但如换一个丰枯水短周期，东平湖 35 亿 m³ 的蓄水能力就明显不足了。虽然我们从中下游全局的角度为 2000～2022 年划分了三个丰枯水短周期，即 2000～2005 年、2006～2011 年、2012～2022 年，但在大汶河流域，存在一个从 2003 年起至 2009年的丰水期。在该丰水期，大汶河总余水达 36.97 亿 m³，大于东平湖的总调节库容。不过，大汶河上游还有两座水库———雪野水库和光明水库，分别有 1.12 亿 m³ 和 0.53 亿 m³ 调节库容。但即使加上这些库容，针对大汶河 2003～2009 年这个丰水周期来说，也仍有 0.32 亿 m³ 大汶河余水无处可蓄。

以上讨论，实际上也揭示了一个问题，即在不同的丰枯水周期，同一河段的丰水年余水量对中下游总余水量的贡献会是不同的。在 2003～2009 年丰水期，大汶河的贡献率要远比 2012～2022 年短周期中的丰水期的高。

（4）区间之间的"协同"

上述黄河中下游三个区间相互间实际上是"协同"完成一个任务，即每年稳定地向龙门以下干流河道提供 102.49 亿 m³ 流量。在不同的短周期，三区间都面临不同的情况，尤其是余水年长短和余水量。三区间需要"协同"才能完成以上任务。具体地说，三区间需要严格地把各自的余水量都蓄起来，并事先准备好必要的备水能力来这样做。当然，各区间都很难预测今后几年或更长时间内发生的情况，但历史是一个很好的指引。在把余水蓄起来后，或用于本区间的缺水年，或用于弥补其他区间可能出现的水量缺口。

由于宗旨是各区间把自己的余水量都蓄起来，所以针对大汶河，更合适的确定所需备水规模和备水能力的方法似乎是选取 2003～2009 年这个丰水期，对其余水量加总，答案如上文。至于其他两区间，在我们拥有数据的三个短周期中，2012～2022 年短周期中的丰水期余水量，恰好已是最高的，所以不需调整。

然而，由于是协同完成一项共同的任务，各区间实际上也不用完全根据自己区间在某个丰水期中的最大余水量，来规划自己的备水能力。就以 2003～2009 年丰水期中的大汶河为例。2003～2009 年大汶河共有余水 36.97 亿 m³，但它或许不需要完全由自己把这些余水蓄起来———它可以"借用"别的区间的备水能力，比如龙—小区间的。可能会有读者疑惑，龙—小区间在大汶河的上游，大汶河怎么可能借用龙—小区间的备水能力呢？确实，大汶河不可能直接借用，但可以间接借用。龙—小区间在 2000～2005 年短周期内共有两个余水年，分别是 2003 年和 2005 年，各有余水 34.36 亿 m³ 和 2.75 亿 m³；中间的 2004 年为缺水年，缺水 17.20 亿 m³；周期内其他年份以及周期后直至 2009 年都为枯水年。如此算来，该区间 2003～2009 年共有余水 19.91 亿 m³。而该区间仅干流水库（三门峡和小浪底）就有约 65 亿 m³ 调节库容，也就是说有剩余库容 45.09 亿 m³。通过协同行动，可安排龙—小区间在这 7 年中共少向下游输水 36.97 亿 m³（约龙—小区间一年的目标输水量），这部分水量由两座水库临时蓄起来；下游因此而缺失的同样水量，由大汶河从其同期的余水中补足。在这个例子中，严格地说大汶河都完全不需要有任何的备水能力。

当然，如上文所述，大汶河实际上也确有差不多足够的能力来完全储蓄它在 2003～2009 年丰水期中的余水。

再考虑小浪底—利津（小—津）区间，该区间在 2000～2005 年周期有三个余水年，2003～2005 年（之后一连四年都为枯水年），余水总数 51.12 亿 m^3。如上文所述，其主要支流伊洛河和沁河上各有两座大型水库，该四座水库总调节库容 15.3 亿 m^3。如全部用于储蓄余水，小—津区间还剩余水 35.82 亿 m^3 无处可蓄。如大汶河能把其区间内的所有库容（共 36.65 亿 m^3）都用起来，仅留 0.32 亿 m^3（36.97-36.65＝0.32）借助于龙—小区间，则龙—小区间还有 44.77 亿 m^3（45.09-0.32＝44.77）剩余库容，比小—津区间无处可蓄的 35.82 亿 m^3 水量还多 8.95 亿 m^3。龙—小区间支持小—津区间的具体做法当然还是，相应减少其三年年度输水目标下的输水量共 35.82 亿 m^3。这样一来，为支持小—津区间、东—大区间蓄水，龙—小区间共需在三年内减少入干水量 35.82+0.32＝36.14 亿 m^3。实际上，这个水量与其单年的年度目标输水量（37.4 亿 m^3）基本持平。至于如何把这减少的 36.14 亿 m^3 总量分摊到各年，得视受支持区间的需要而定。

（5）供水指标

我们可把这种间接借用叫做"调剂"，为协同行动的最具体体现，也最能说明协同行动的重要性。为更方便说明其中道理，设黄河水利委员会为每个区间（以及每条支流）根据其年供水目标设定一定的、具体到各个年份的供水指标。它与本书第 2 章中介绍和讨论的现行"八七"分水方案用水指标的区别在于，现行指标仅针对需方，而这里提出的指标针对供方。这种供水指标既给予相关区间内的黄河支流一定的向干流输水的许可，也给它们规定同量的输水义务（即既是许可，也是义务）。设有区间一和区间二，在某年或某几年，区间一可以转让其部分指标给区间二。接纳这些指标后，区间二便可以也必须按所接受的指标上规定的时间和数量向干流额外输水（所谓"额外"即在其自有指标所规定的量之外），不多也不少。两区间由此协同完成共同的稳定供水任务。

以上转让可以是转让方发起的，也可以是接受方或被转让方发起的。但无论是哪方发起的，贡献了相关备水能力的一方或许需向另一方收取一定的费用，以覆盖其修建和/或维护这些备水能力的成本。在前述例子中，发起方及接受方即为大汶河或小—津区间，转让方则为龙—小区间。但根据情况，完全可以设想转让方，即龙—小区间，为发起方，比如当龙—小区间在某个时候有较多闲置备水能力时[①]。谁最有可能成为转让方？转让一方需要有较多的供水指标，也意味着有较多的径流，以及较大的备水能力。如果自身指标不多，它能转让的指标也只会很少；如无相应的剩余备水能力（也就是说无较大的总备水能力），它也不能把相关指标转让出去；如无较大的径流，它也不可能替代接受方在规定时间内存蓄那么多水量，又在今后的某个时候，在接受方需要时替代接受方向干流"偿还"（超出其自身指标许可范围的）那么多水量[②]。就黄河中下游三区间来说，龙—小区间似

---

① 或者如龙—小区间发生多年旱情而无法完成其自身的指标输水任务，而需要别的区间替代其完成相关指标任务时（且别的区间也有能力这么做的话）。

② 转让方之后为接受方"偿还"同样水量时，严格地说也有相应的指标"转让"，即从（原）接受方到（原）转让方，但这种转让只是对之前转让的"回复"，或为之前转让的后续，而只能看做是之前转让的一部分。

| 155 |

乎均符合这些条件。

相反，被转让的一方一般会是常年水量不大，但逐年水量波动很大的区间或支流流域。由于常年水量不大，流域内也不会修建较大的备水能力；由于常年水量不大，它自身也不会有较多的供水指标（即总供水目标中属于它的那一部分）。这些因素都很难使它成为转让方。这也就是为什么在前述例子中，我们没有选小—津区间（伊洛河、沁河）和大汶河为转让方。

除龙—小区间外，另一个理想的转让方是上游以及大北干流区间（新规划下大北干流将建坝蓄水以为黄土高原补水）。由于置换水，每年上游都有约 31 亿 m^3 水量下泄到龙门以下河道。在战略备水目标二下，这年均 31 亿 m^3 水量都先由上游蓄起来。或许根据情况，上游也可由此成为转让方。

（6）调剂与市场

从制度设计的角度来说，以上供水指标在不同区间/供水方之间的转让，可以是供水方之间的一种"调剂"，也可以是相互间的一种市场交易。特别是当这种转让附带着被转让方向转让方付出一定费用时，其就显得是一种交易。但也不尽然。如果转让方并不把这种转让当作盈利的手段，而只是为了弥补相关的损失（比如额外的水库管理和维持成本等）才收取相应的费用，似乎也不能把它完全看做是一种交易。但也何尝不能让这种转让成为一种市场交易呢？即符合上述转让方条件的某供水方，修建更多的备水能力来专门从事供水指标转让，并收取较高费用，作为一种盈利手段。这或许也能为符合条件的相关方提供激励使其投资于修建更多社会需要的备水能力。如果不是为了盈利，不同供水区间的这种供水指标转让应更合适地被看作是一种"调剂"，即区间之间为了完成共同的任务而做出的一种合作。但如果是相互调剂的话，那转让方和被转让方之间应有比较"平衡"的关系。具体地说，任何一方都应该既有时成为转让方，也有时成为被转让方，而且两种角色之间几乎是对称的关系。合作，或为另一方提供支持，应该是相互的，而不能是单向的。但在实际世界，由于各供方拥有的实际条件不同，这种角色均等互换，往往是很难做到的。

当然，如果实际情况只允许非对称的转让关系，也并不完全意味着只能由市场来"替天行道"。另一个选项就是政府，由政府来为保障稳定供水提供枢纽的作用——这也是在全球较为普遍的制度安排。但政府与市场也不是相互排斥的，有时政府也可利用市场来更有效地完成其功能。

总之，不同供水区间在供水指标也即供水和蓄水责任方面的相互转让，能为相关供方以及社会有效节省备水能力。那么，就龙门以下黄河中下游来水，根据现在各区间的备水能力，是否可完全依靠以上讨论的供水指标转让，来达到下游干流稳定供水的目标呢？

（7）2021 年特大降水

在没有上游来水的基础上（所有置换水被临时蓄在上游），虽然调动所有龙门以下备水能力蓄水能抵御如再次发生 2000～2005 年短周期那样的情况，把所有余水都蓄起来，但却抵御不了 2021 年发生的黄河中下游地区的特大降水。三区间在该年的余水是：龙—小区间 74.42 亿 m^3；小—津区间（伊洛河、沁河）70.66 亿 m^3；东—大区间（大汶河）12.77 亿 m^3。三者加总达 157.85 亿 m^3。三区间各有大型水库调节库容为：龙—小区间

（不计算黄土高原南部补水区库容）74.23 亿 m^3；小—津区间 15.95 亿 m^3；东—大区间 36.65 亿 m^3。三者加总 126.83 亿 m^3，低于余水总额 31.02 亿 m^3。以上统计虽然没有纳入三区间六条主要支流以及其他支流上的不少中小型水库的库容，故有可能低估了真实的备水能力，但误差不会过大；另一方面，也不可能在特大降水开始前将所有大型水库的调节库容都腾空。总之，根据以上统计，存在较大规模的备水能力缺失，约 31 亿 m^3。

这一缺失是不可能通过前面讨论的供水指标转让，或区间之间其他方式的"调剂"来克服的。如何才能克服这一备水能力上的缺失，或者如再次发生 2021 年那样的特大降水，是否还需要允许大量降水下泄入海——这是我们将在下节讨论的问题。

8.4　黄河流域备水能力的现状与提升

8.3 节按照三大依次递进的战略备水目标，依据黄河上、中、下游最近一个丰枯水周期（长期或短期）中逐年干流径流情况，分析并估算了三大目标下黄河上中下游所需要的备水规模和备水能力。本节将梳理黄河上中下游目前已拥有的备水能力，找出其与实现三大目标所需的备水能力之间的差距，并寻找解决办法。

8.4.1　黄河流域目前拥有的备水能力及利用方式

战略备水最重要的方式是水库蓄水，与本书讨论的备水能力相应的是水库调节库容。根据 2022 年《中国水利统计年鉴》，截至 2021 年，黄河流域已建成水库总库容为 871 亿 m^3。到 2019 年，调节库容达 450 亿 m^3[①]。

应该说，目前黄河全流域拥有的水库蓄水能力是相当低的，这一点可以通过与长江流域情况比较来说明。截至 2021 年，长江流域已建成的各类水库总库容近 3600 亿 m^3，总调节库容达 1800 余亿 m^3[②]。又据《2021 年长江流域及西南诸河水资源公报》，2021 年长江流域地表水耗水量为 861.05 亿 m^3，调节库容约为地表水耗水量的 2.1 倍。但据 2021 年《黄河水资源公报》，同年黄河供水区地表水耗水量为 327.03 亿 m^3，调节库容仅为地表水耗水量的 1.38 倍[③]。虽然黄河流域一直有几座大型水库处于规划中（如古贤水库，调节库容约 34.61 亿 m^3；大柳树水利枢纽，调节库容约 56 亿 m^3），但至 2024 年仍未落地实施。

从水库的实际运用情况来看，目前黄河水库体系的蓄水动态，与我们提供的战略备水要求相差甚远。根据各年《黄河水资源公报》，黄河流域 2018～2021 年利津水文站以上地表水资源量多年平均值为 703.67 亿 m^3，较 1987～2000 年、1956～2000 年多年平均值偏高 51%、32%，但黄河流域大中型水库蓄水总量仅增加了 16.73 亿 m^3，年均入海水量则高达 355.6 亿 m^3（图 8-11）。与此对照，2002 年黄河流域地表水资源量仅 300.3 亿 m^3，

---

① https://www.chinathinktanks.org.cn/content/detail?id=ksohcr55&pt=1,2024 年 3 月 26 日访问。

② 数据来自 2020 年《中国水利统计年鉴》、水利部网站（http://www.gov.cn/xinwen/2021-12/03/content_5655678.htm）。

③ 因为没有查到 2021 年黄河流域水库调节库容数据，此处用 2019 年数值进行计算。

较 1987~2000 年多年平均值偏少约 166 亿 m³，但当年水库供水量只约 74 亿 m³。这些都表明，黄河流域现有水库体系在水资源年际调节方面有很大改进空间。宋天华等（2020）也指出，从多年平均的角度来说，上游龙羊峡、刘家峡水库可以满足宁蒙灌区的用水调控，但在来水较多或较少的年份，由于下河沿水文站上游缺少大型水利枢纽调峰补枯，仅凭龙羊峡和刘家峡水库不能保障宁蒙灌区的年际用水安全。

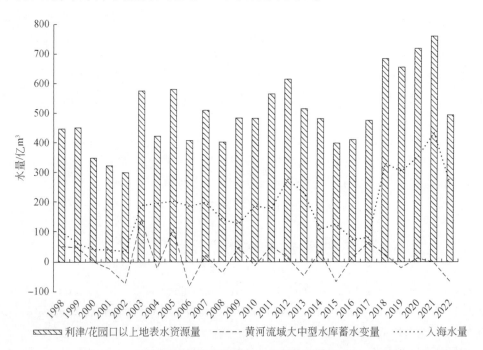

图 8-11　黄河流域地表水资源量、水库蓄水变量（亿 m³）

注：数据来自历年《黄河水资源公报》

再说了，一部分现有水库还承担着发电、生态功能，限制了它们在枯水年的调度功能。黄河水库体系中龙羊峡水库和刘家峡水库是黄河干流库容最大的两座水库，但其功能定位均以发电为主（表 8-1），龙羊峡更是承担着对于西北电网调频调峰任务。2017 年建成的龙羊峡"水光互补"项目，缓解了我国西北地区光伏发电稳定性差的问题，使得龙羊峡水库在能源开发方面的地位更加突出。发生连年枯水情况时，如果大规模消耗水库内的水资源，会降低水库水位和发电效益。

由于目前黄河水库库容总体偏低，且水库需承担除水资源调配以外的多项功能，黄河水库调节体系目前的蓄水能力远不能达到稳定黄河供水能力、满足三大战略备水目标的要求。

事实上，在供电十分紧张的 20 世纪，尤其是七八十年代以及之后的一段时间，大量依靠兴建水库来发展我国的水电事业，甚至是在水资源尤为紧张的黄河流域，以提高我国的供电水平，是完全可以理解的。然而，在流域内社会经济发展如此迅猛的今天，在水资源已日益制约这一发展持续进行下去的时候，还将流域内大量水资源用于提供水电，就似乎不再显得那么合适了。特别是，相较于在全国或各大区域之间调度电力，调度相应水资源的成本要高得多。例如，修建一条南水北调中线工程的成本，要远比修建一条以每立方米水千瓦时计算的相同规模的南电北送输电线路，其经济和社会成本要高得多。因此，国家完全可在水资源更为丰富的我国南方尤其是西南地区，大量修建水电设施，而允许黄河流域的水资源首先服务于满足流域内人民的生产生活和生态建设需要。令人兴奋的是，我国已在西南地区兴建了不少新的水电设施，希望这些新设施同时能为生活在黄河流域内的人们带来福祉，不但能为他们提供额外的电力，同时也能允许黄河流域内现有的和将来的水利设施，有机会腾出来将其蓄水能力主要用于满足流域内人们的各种用水需要，而不是主要用来发电。

基于以上分析，我们需要做出怎样的努力，才能确保黄河流域上、中、下游有足够的备水能力来支撑上文提出的战略备水三大目标顺利实现呢？尤其是，有哪些可能的区域可用来大规模蓄水，有哪些相应的重要水利工程可以修建，以及有哪些现有的水库和水利设施可以转变其运作范式，来为战略备水服务。在下文讨论中，我们将假定流域内的所有水利设施仅用于或首先用于战略备水目标，同时年内的所有季节性调水能力需要已隐含其中。或者说，可允许相关的水利设施同时产生水电效果，但不为水库开闸放水的主要目的。

8.4.2 上游备水能力提升与途径

根据现有资料统计，黄河上游目前已有备水能力（调节库容）约242亿 m³（表8-1），而实现战略备水目标一、目标二共需备水能力549亿 m³，备水能力缺口307亿 m³。

表8-1 黄河上游大型水库的总库容、调节库容 （单位：亿 m³）

	水库	所在地区	开始蓄水年份	任务	总库容	调节库容
黄河上游干流	龙羊峡	青海	1986 年	发电为主，兼顾防洪和灌溉等	247	193.5
	李家峡	青海	1996 年	发电为主，兼顾灌溉	16.5	
	公伯峡	青海	2004 年	发电为主，兼有防洪、灌溉、供水	6.2	1.45
	拉西瓦	青海	2009 年		10.56	
	积石峡	青海	2010 年	发电	2.94	
	班多	青海			0.16	
	盐锅峡	甘肃	1961 年		2.7	
	刘家峡	甘肃	1968 年	发电为主，兼有防洪、灌溉、防凌、供水和养殖	57	35
	青铜峡	宁夏	1968 年	灌溉、发电为主，结合防凌、防洪、城市供水	6.06	
	海勃湾	内蒙古	2014 年	防凌、发电、改善生态环境和防洪综合利用	4.87	4.43

续表

水库		所在地区	开始蓄水年份	任务	总库容	调节库容
黄河上游支流	曲什安河莫多水库	青海			1.79	
	曲什安河尕曲水库	青海			1.13	
	大通河纳子峡	青海	2014 年		7.33	1.72
	大通河石头峡	青海	2014 年		9.85	5.55
	宝库河黑泉水库	青海			1.82	
	洮河九甸峡	甘肃	2007 年		9.43	
黄河上游干流合计					353.99	234.38
黄河上游支流合计					31.35	7.27
黄河上游合计					385.34	241.65

注：龙羊峡、刘家峡水库调节库容数据来自《黄河流域综合规划（2012～2030）》，李家峡、公伯峡、积石峡、班多水库、盐锅峡、尕曲水库、纳子峡、石头峡、九甸峡数据来自国家能源局大坝安全监察中心官网，莫多水库数据来自青海省人大网，黑泉水库数据来自《青海日报》2010 年 4 月 26 日第 003 版《黑泉水库水源安全保护工作启动》，海勃湾数据来自贺顺德等（2016），其他水库数据来自黄河水利委员会，石头峡水库数据还参考了青海省政府官网

　　黄河上游拥有全流域最好的蓄水条件，适合建库的地方多，蓄水空间大。从地形条件来看，黄河源头玛多至宁夏中卫下河沿河段多处出现川峡相间的河谷形态，共有峡谷 26 处，峡谷总长约占该河段长度的 40%[①]。峡谷两岸通常为陡峭的山崖，高出河面百余米至六七百米。其中，龙羊峡是上游比降最陡的峡谷，位于青海省境内，峡谷长约 38km，落差 235m，纵比降达 6.1‰，已建成的龙羊峡水库目前拥有黄河干流水库中规模最大的调节库容；最长的峡谷是拉加峡，位于龙羊峡上游青海、甘肃交界的玛曲、玛沁、同德县境内，全长约 216km，上下口落差 588m，也具备较好的建库蓄水的条件[②]。

　　龙羊峡至兰州下游的乌金峡河段河道共长 528km，落差 1030m，平均比降达 1.95‰。该区间共有大小峡谷 14 处，部分已用于修建各种小水电，但也可经改建或扩建成为重要的备水能力，其他峡谷处或可兴建新的各类大小水库。除干流外，该河段还有洮河、湟水等重要支流。这些支流地势起伏也较大，具备修建各类梯级水库的条件。

　　从水量条件来看，上游尤其是兰州以上的蓄水优势也十分突出。贵德、兰州、头道拐水文站 1987～2000 年多年平均天然地表水量分别为 190.87 亿 m³、295.68 亿 m³、297.69 亿 m³，表明上游来水主要集中在龙羊峡以上河段和龙羊峡—兰州河段。特别是，龙羊峡以上河段年均产水接近龙羊峡水库的全部调节库容，说明该河段有充足的水量可蓄，起码在丰水年内是如此。龙羊峡—兰州段也有较大的水源，并有洮河、湟水两大支流的汇入。

　　除地形、水量以外，在上游尤其是靠近源头的地方蓄水还具有重要的海拔优势。尽可

---

　　① 黄河全流域干流共有大小不等的峡谷 30 处，其中 28 处位于上游，2 处位于中游。上游的 28 处中仅 2 处位于宁蒙和鄂尔多斯台地区间，其余位于宁夏中卫下河沿上游，这其中有 7 处位于龙羊峡上游，包括拉加峡。自源头算起，这 30 处峡谷分别为：茫尕峡、多石峡、麦多唐贡玛峡、官仓峡、拉加峡、野狐峡、拉干峡、龙羊峡、阿什贡峡、松巴峡、李家峡、公伯峡、积石峡、寺沟峡、刘家峡、牛鼻子峡、朱喇嘛峡、盐锅峡、八盘峡、柴家峡、桑园峡、大峡（下峡）、乌金峡、红山南峡、红山北峡、黑山峡、虎峡、青铜峡、晋陕峡谷、晋豫峡谷。

　　② http://yrcc.gov.cn/hhyl/hhgk/hd/sx/201108/t20110814_103449.html，2022 年 10 月 6 日访问。

能地就高蓄水可以提高相关水资源调动的机动性，所蓄之水可根据需要流向水库以下流域的许多地方，不仅仅是黄河中下游，也包括上游的广大区域。

与本书新规划密切配套的大柳树水库也能为上游提供部分蓄水能力，但新规划下其功能将主要是为上游济海济晋引水服务，充当相关引水工程的引水口。实际上，为保障引水口每年都有 150 亿 m³ 外引，相关的战略备水能力当然应位于其上游，这进一步说明在上游尤其是靠近源头的地方修建相应备水能力的重要性。同样，如要使得其他上游地区能够受益于战略备水，相关的备水能力也必须修建在比这些受益地区的海拔高度更高的地方。

最后，河道不仅可以用于排水，也可以用来蓄水，尤其是当原有水量的大部分已通过别的线路引出了该河道时。这里具体指从宁夏中卫（紧挨大柳树水库）起到内蒙古河口段，长度约 1000km。设宽度平均为 1.5km，水深平均为 2m，则可利用该河段蓄水约 30 亿 m³——也是一个不小的蓄水能力。虽然这些蓄水无法自流供上游其他地区利用，但一方面它可为宁蒙灌区以及周边地区增加水量，另一方面可供下泄至中游和下游区域，均与本书提及的上游战略备水目标二下的余水使用想法相一致。

虽然下河沿—河口区间总体地势平坦，但仍有 240 多米落差，平均比降 0.25‰，所以或许需要在现有河道上修建若干拦水坝或滚水坝以将蓄水有效控制在现有河道的各区间内。当然，也可考虑在该段河道以修建水库的方式兴建更多蓄水能力。在此段河道修建中小型水库目前也已有成功的案例——海勃湾水利枢纽。海勃湾正常蓄水位 1076m，总库容 4.87 亿 m³，调节库容 4.43 亿 m³。海勃湾有平原建库、软地基建坝两项突出特点，为在黄河河套地区进一步修建蓄水能力提供了很好的参考。诚然，平原建库意味着水库的坝高有限，库容也有限，但河套地区是黄河流域上游的主要用水区，区域内的用水需要又因为其农业发达而具有很强的时间性，在其临近地方储备一定的水量有助于确保其用水需要及时得到满足。当然，部分水量也可根据需要下泄至中下游地区。

8.4.3　中下游备水能力提升与途径

根据 8.3.3 节中的三区间分析，虽然为实现龙门以下中下游河段的稳定供水，该河段中现有的备水能力（干流和支流的）通过相互调剂能应对 2012 年之前的丰水期降雨，把降水全部蓄起来，但应对不了 2020～2022 年丰水期降水，尤其是 2021 年的特大降水。单就 2021 年特大降水来说，即使龙—小、小—津、东—大三区间的备水能力能做到无缝合作，且假定所有调节库容都能用上（即事先清空了所有调节库容），可计算出三区间的总备水能力与三区间在该年的总余水量之差，答案是存在约 31 亿 m³ 的备水能力缺口。

然而，三区间之间的合作不可能是完美无缝的，而且即使能做到完美无缝，也不一定能解决所有问题。下文仅以 2021 年特大降水为例，并以存蓄三区间在该年的所有余水量为目标，探讨在龙门以下黄河中下游流域应增加多少备水能力以及怎样做的问题。

8.3.3 节给出的龙门下游三区间 2021 年余水情况是：龙—小区间 74.42 亿 m³，小—津区间 70.66 亿 m³，东—大区间 12.77 亿 m³。又根据表 8-2，三区间各有大型水库调节库容为：龙—小区间 74.23 亿 m³（含支流库容），小—津区间 15.95 亿 m³，东—大区间 36.65 亿 m³。该表虽然纳入了龙门以下区间所有已建的大型水库，但没有能够纳入中小型水库，或是一个重要的疏忽。该表同时标出了属于黄土高原补水区域的水库，这些水库的调节库容不进入我们对龙门以下区间现有备水能力的统计范围。

表8-2　黄河龙门以下大型水库情况　　　　　（单位：亿 m³）

河流	水库	所在流域	所在省份	开始蓄水年份	总库容	调节库容
黄河干流	三门峡水库	黄河干流	河南	1957 年	96	13.82
	小浪底水库	黄河干流	河南	2001 年	126.5	51
	西霞院水库	黄河干流	河南	2007 年	1.62	0.452
	小计				224.12	65.272
汾河	汾河水库	汾河	山西	1961 年	7	3.6
	汾河二库	汾河	山西	1999 年	1.33	0.41
	柏叶口水库	汾河支流文峪河	山西	2013 年	1.01	0.8951
	文峪河水库	汾河支流文峪河	山西	1962 年	1.17	0.48
	小计				10.51	5.3851
渭河	冯家山水库	渭河支流千河	陕西	1974 年下闸蓄水，2003 年加高加固至现在库容	4.13*	2.86*
	石头河水库	渭河支流石头河	陕西	1989 年	1.47	1.2
	羊毛湾水库	渭河支流漆水河	陕西	1970 年	1.2*	0.52*
	黑河金盆水库	渭河支流黑河	陕西	2002 年	2	1.45
	巴家咀水库	渭河支流泾河支流蒲河	甘肃	1962 年建成，1974 年加高至现在库容	5.4*	0.203*
	小计				3.47	2.65
北洛河	南沟门水库	北洛河支流葫芦河	陕西	2014 年	2*	1.39*
	小计				0	0
伊洛河	故县水库	伊洛河	河南	1994 年	13.2	5.83
	陆浑水库	伊洛河支流伊河	河南	1965 年	11.75	5.1
	小计				24.95	10.93
沁河	张峰水库	沁河	山西	2008 年	3.94	2.39
	河口村水库	沁河	河南	2014 年	3.17	1.96
	小计				7.11	4.35
大汶河	雪野水库	大汶河北支牟汶河支流瀛汶河	山东	1966 年	2.21	1.12
	光明水库	大汶河支流柴汶河	山东	1958 年	1.04	0.53
	东平湖水库	大汶河	山东	1962 年	40	35
	小计				43.25	36.65

河流	水库	所在流域	所在省份	开始蓄水年份	总库容	调节库容
其他	窄口水库	弘农涧河	河南	1973 年	1.85	0.925
	卧虎山水库	玉符河	山东	1958 年	1.195	0.6697
	小计				3.045	2.5197
	龙门—小浪底区间合计				239.95	74.2321
	小浪底—利津区间合计				33.255	15.9497
	东平湖和大汶河合计				43.25	36.65
	黄河龙门以下河段干流合计				224.12	65.272
	黄河龙门以下河段支流合计				316.455	126.832
	黄河龙门以下合计				540.575	192.104

注：表中数据由作者搜集整理。其中干流水库数据来自黄河水利委员会、《河南水利统计年鉴》、肖强和张东升 (2012)。汾河：汾河水库、汾河二库数据来自张江汀 (2007)，文峪河水库数据来自丁慧峰 (2017)，柏叶口水库数据来自康超 (2023)。渭河：渭河总水库库容数据来自郎根栋 (2015)，调节库容数据来自杨武学 (2008)；其中冯家山水库数据来自黄福贵等 (2012)，巴家咀水库数据来自罗永海 (2024)。北洛河：南沟门水库调节库容数据来自熊美杰 (2009)。伊洛河：水库数据来自《河南水利统计年鉴》。沁河：张峰水库数据来自任世芳和韩佳 (2018)，河口村水库数据来自河南省农村水电及电气化发展中心 (2020)。大汶河：东平水库和雪野水库数据来自王延恩和孔凡亮 (2008)，光明水库数据来自朱秀磊 (2012)。其他：窄口水库数据来自梁进安 (2005)。卧虎山水库数据来自 https:// baijiahao. baidu. com/s? id=1673798120989201013。标 " * " 的数据表示相关水库已服务于黄土高原南部补水 (详见第 6 章) 而无法在本章讨论的战略备水规划中发挥作用，故这些数据不计入战略备水可用的库容总数

有必要同时考虑 2021 年之前和之后的情况。根据图 8-8 中的数据，2021 年之前直至 2012 年，龙—小区间共有累计余水 22.16 亿 m^3，累计缺水 36.43 亿 m^3，累计缺水大于累计余水，可以说该区间的所有调节库容都是可调动的[①]。小—津区间和东—大区间 2021 年之前直至 2012 年则都为枯水年，该两区间的调节库容也都是可调动的。

由于我们的数据序列仅延续至 2022 年，所以 2021 年之后的情况仅涉及这一年。在该年，龙—小区间有余水 1.20 亿 m^3，小—津区间缺水 2.03 亿 m^3，东—大区间余水 10.13 亿 m^3。

根据以上数据，如以各区间单独算，龙—小区间在 2021 年缺备水能力 0.19 亿 m^3；小—津区间缺备水能力 54.71 亿 m^3；东—大区间余备水能力 23.88 亿 m^3。但如纳入 2022 年余水情况，则龙—小区间共缺备水能力 1.39 亿 m^3，东—大区间仅余备水能力 13.75 亿 m^3。小—津区间 2022 年内的缺水应该能由其上年存蓄的水库水补齐[②]。

由此看来，最缺备水能力的当属小—津区间。而且由于三区间在 2021 年都经历了较

---

① 龙—小区间 2011 年有余水 31.68 亿 m^3，再往前回溯则一连七年几乎都为枯水年。此处我们的分析不考虑跨期余水。目前的短周期 (2012~2022 年) 以枯水年始，丰水年终，这似乎有悖常理，毕竟实际生活中需用丰水年余水去补枯水年缺水，但为了能捕捉最近几年丰水年的情况加以分析，把丰枯顺序颠倒了，也未尝不可。

② 伊洛河和沁河分别透迤于黄河晋豫峡谷的右岸和左岸山脉，所以严格地说一边的上年蓄水不能直接地去补另一边次年的缺水，但通过调剂则是可以的。

强降雨（虽然强度不同），小—津区间这一能力的缺失还不能完全依靠区间之间的调剂来解决。首先，龙—小区间在该年无任何备水能力可调剂给小—津；东—大区间则只能调剂23.88 亿 m^3，并通过与小—津区间交换供水指标，在之后若干年内（在小—津区间的缺水年份）替代小—津区间供水，补齐小—津区间缺水额。2022 年是小—津区间缺水年，但缺水仅 2.03 亿 m^3，东—大区间可在该年替代小—津区间供水该数额。然而，东—大区间在 2022 年却自有余水 10.13 亿 m^3，同样需要蓄起来。所以，总盘考虑，小—津区间在2021 年还不能借用东—大区间在该年的所有剩余备水能力 23.88 亿 m^3。这意味着，在最近的这个短周期内（具体地说，2021~2022 年内），龙门下游三区间共缺备水能力不仅仅是小—津区间在 2021 年缺失的备水能力 54.71 亿 m^3，减去东—大区间在该年的剩余备水能力 23.88 亿 m^3，加上龙—小区间在该年的缺失数 0.19 亿 m^3，共 31.02 亿 m^3；而是该总数再加上龙门以下三区间在 2022 年的总余水数 9.3 亿 m^3，共 40.32 亿 m^3，近似为 40亿 m^3。

以下分析主要围绕如何在小—津区间建造更多备水能力这一问题展开，内容不外乎争取更多的支流（即伊洛河和沁河）备水能力和从黄河下游干流河道寻找答案。首先介绍小—津区间两条主要支流的一些重要特征，然后根据这些特征探讨在两条支流流域内增加备水能力的可能性和应注意的方面，最后讨论以干支流河道为备水手段的可能性并估算可储的水量。

8.4.3.1 伊洛河和沁河的一些重要特征

（1）伊洛河

伊洛河，古称雒水，现称洛河或南洛河，在黄河南岸，是小—津区间最大黄河支流。因有伊河为其重要支流，故称伊洛河，而南洛河为洛河在水文上的名称。

洛河发源于秦岭华山山脉——陕西省渭南市华州区西南与蓝田县、临渭区交界的箭峪岭侧木岔沟。其干流流经陕西省东南部的洛南县，入河南省后经卢氏、洛宁、宜阳三县，后穿越洛阳城再经偃师、巩义两市入黄河。干流全长 446.9km，陕西省境内河长111.4km，河南省境内长 335.5km。流域总面积 12 852 km^2（黄玉芳等，2020）。

洛河干流基本上呈西—东走向，一般分上、中、下游三个河段：上游自河源至洛宁县长水，中游自长水至偃师市杨村，下游自杨村至入黄口。上、中、下游三河段长度分别为252km、159.6km、35.3km，流域面积分别为 6244 km^2、5827 km^2、781 km^2。洛河支流有300 余条，长度在 3km 以上的有 272 条，其中陕西省境内 108 条、河南省境内 164 条。支流流域面积大多较小，流域面积在 200 km^2 以上的有 10 条，其中陕西省境内 5 条（文峪河、西麻坪河、石门河、石坡河、东沙河），河南省境内 5 条（寻峪河、渡洋河、连昌河、韩城河、涧河）。洛河水系上中游支流较多，下游支流较少。一般北岸支流较长，但是水量小，南岸则相反，支流短而流量大。

伊河发源于伏牛山和熊耳山连接处的闷墩岭，地处栾川县陶湾乡，由西向东北伸展，流经栾川、嵩县、伊川、洛阳市郊，在偃师顾县镇杨村与洛河汇合，全长264.8km、流域面积6029 km^2。伊河水系全部位于河南省境内。

伊河干流同样分上、中、下游三河段，上游自河源至嵩县陆浑，中游自陆浑至洛阳龙门镇,下游自龙门镇至偃师杨村。上、中、下游河段长度分别为 169.5 km、54.4 km、40.9km,流域面积分别为 3492 km^2、1826 km^2、711 km^2。伊河支流长度在 3 km 以上的有 76 条,其中流域面积在 200 km^2 以上的有 5 条,为小河、明白河、德亭河、白降河、浏涧河。

伊洛河流域属暖温带山地季风气候,冬季寒冷干燥,夏季则炎热多雨,流域内年降水量为 600~1000 mm。受降水的季节变化影响,河川径流年内 7~10 月为汛期,占全年来水量的 60%;1~3 月为枯水期,为全年来水量的 10%。伊河最大月径流量在 8 月、洛河在 7 月,最小月径流量均在 2 月。

由于山地对东南、西南暖湿气流的屏障作用,流域内年降水量自东南向西北减少;并随地形高度的增加而递增;山地为多雨区,河谷及附近丘陵为少雨区。伊洛河径流深度(单位时间内单位面积平均集水量)自东南向西北、由山区向平川递减。南部伏牛山区径流深度最大,东部和洛河以北径流深度较小,白马寺以下径流深度最小。

由于以上特点,暴雨、洪水在伊洛河流域内较为频繁,较大暴雨多发生在 7、8 月,具有集中、量大、面广及历时长的特点。暴雨日降水量一般在 100mm 以上,大的可达 400~600mm,出现的地区以西部山区为多。2021 年曾发生过洛河 7.22 特大洪水事件[①]。伊洛河流域洪水是黄河三门峡至花园口区间洪水的重要组成部分。

伊洛河流域降雨量年际波动也较大。最大年降水量为最小年降水量的 2.2~4.9 倍。伊洛河 1956~2000 年年均径流为 32.3 亿 m^3,2021 年全年实测径流量达 57.88 亿 m^3。

(2) 沁河

沁河发源于山西省长治市沁源县西北太岳山东麓(一说发源于山西省沁源县北铜锟山),自北而南流经安泽县、沁水县、阳城县和晋城市郊区,后凿穿太行山,进入河南省济源市,再经沁阳市、博爱县、温县,于武陟县白马泉流入黄河。沁河全长 485km(山西省境内 363km,河南省境内 122km),总流域面积 13532 km^2。从源头至山西省沁水县张峰水库坝址为沁河上游,张峰水库至河南省济源市五龙口为中游,五龙口至武陟县沁河口为下游。上、中、下游河道分别长 224km、171km、90km,流域面积分别为 4990 km^2、4255 km^2、1135 km^2(不含丹河流域面积 3152 km^2)(焦作黄河河务局,2009)。

沁河干流河道按地形地貌可分为四段[②]:①河源至安泽县飞岭,长 131km,平均比降达 8‰,河谷宽 400~1000m,河床多砂砾石,两岸山高 50~100m。②飞岭至护泽河口,长 179km,平均比降 2.4‰。上段谷深流曲,两岸山高 50~150m,河谷一般宽 200~500m,已建有张峰大型水库,总库容 3.94 亿 m^3,调节库容 2.39 亿 m^3;下段则穿行润城盆地。③护泽河口至五龙口,长 85km,河道横切太行山,穿行于宽约 200~300m 的峡谷之间,两岸崖壁陡立,水流湍急,平均比降 3.6‰。④五龙口至沁河口,长 90km,平均比降 0.5‰,河道流经冲积平原,在博爱县接纳最大支流丹河后,于武陟县注入黄河。目前已在该河段建有河口村水库,总库容 3.17 亿 m^3,调节库容 1.96 亿 m^3。

沁河支流较多,一级支流中流域面积超过 200 km^2 的有 14 条,超过 100 km^2 的有 28

---

① 陕西水文水资源信息网:碧水丹心:把脉江河——灵口水文站,http://www.shxsw.com.cn/detaile/21081308EEYqH。

② 以下关于沁河的介绍均参考黄河水利委员会黄河网提供的信息。

条。丹河为最大支流，发源于山西省高平市北部丹株岭，流经泽州县，至河南省沁阳市的北金村汇入沁河，河长 169km，流域面积 3152 km²，平均天然年径流量 2.81 亿 m³（山路平水文站 1956~2000 年数据）。丹河流域面积超过 100 km² 的一级支流有 8 条（焦作黄河河务局，2009）。

根据黄河水利委员会黄河网信息，沁河流域年降水量自南而北递减，上中游平均略超600mm，下游为 600~720mm。河口武陟水文站年平均天然径流量为 17.8 亿 m³，其中约80% 来自五龙口以上。年内降雨量主要集中在 7~10 月，径流量占年径流量的 60% 以上。其中 7 月下旬及 8 月上旬多暴雨，9 至 10 月常出现连绵秋雨，暴雨区常集中在张峰水库至润城之间。沁河降水年际变化非常大。2000~2022 年期间，武陟站 2021 年、2003 年、2013 年的实测径流量分别达到 32.89 亿 m³、18.17 亿 m³、6.77 亿 m³，而 2019 年、2002 年、2009 年仅 0.94 亿 m³、1.06 亿 m³、0.64 亿 m³。

8.4.3.2 伊洛河、沁河流域内增加备水能力的可能性和需要注意的方面

由于伊洛河、沁河上述地形、地貌、降水、暴雨和洪水等特点，在思考和寻找增加这两个流域内备水能力的可能性时，必须同时考虑如何有效应对两流域内的夏季暴雨和洪水。年内降水量集中在夏季和年际降水量巨大波动共同造成两流域内暴雨特别是大暴雨的周期性发生。然而暴雨和大暴雨虽然有可能造成重大负面影响，即造成洪水甚至特大洪水，导致较大规模的财产甚至生命损失，但从备水角度来说，它们又是集水、储水的好机会。换句话说，如要有效增加两流域内的备水能力，需要同时考虑如何有效抵御流域内挥之不去的暴雨和洪水风险。

由于暴雨特别是特大暴雨降水集中、量大的性质，也许不可能找到可完全避免所有洪水的办法，但通过在关键的区位增加合适的备水能力如水库库容和泄洪区等，起码也能减小这些灾害发生的几率，以及减轻它们造成损失的程度。从备水的角度说，由于不可能由各流域把自己的余水在自己流域内全部蓄起来，所以仍会有不少径流从降水集中的区域下泄到下游河段，直至黄河干流，因此仍有必要考虑在相关黄河干流河段内增加备水能力。

那么一支流流域内适合修建新备水能力的区域需要符合哪些条件呢？一般而言有五个重要条件：一是需要尽可能地贴近降雨集中且量大的地方。如果远离降雨集中地，则洪水会在下泄线路沿途造成不少损失。二是它有较大的集水区域，即能把较大范围的降水集中起来。三是有合适的地形、地貌和地质条件，能把集水蓄起来，而且达到一定规模。四是结合目前已有的备水能力进行规划，使之融为一体。五是修建成本较低。需要考虑到的修建成本不仅仅是修建所必需的各种工程费用，更为重要的可能是各种拆迁和移民费用。因此适合修建新蓄水能力的地方需要不是人口集中、已有许多工厂企业和市政设施的地方。下面仅就条件一、二和四、五展开讨论；由于缺乏对相关区域详细的地形、地貌和地质勘察数据，我们不可能就条件三进行评论。

1）伊洛河：根据前文对伊洛河流域所做的情况介绍，符合以上四个条件的区位大致是洛河上游（长水上游）和伊河上游（陆浑水库上游）。又根据黄玉芳等（2020）对伊洛河流域多年（1956~2000 年）分区平均水资源总量和占比所做的研究，洛河上游灵口（省界）以上流域 45 年产流年均值达 6.65 亿 m³，占全流域年均径流的 21%。洛河故县水

库地处洛河上游，灵口至故县水库河段流域产流多年均值为 2.92 亿 m³，占比为 9%。两者加总占比达 30%。洛河长水以下中下游区域都为人口密集区域，因此不予考虑。伊河上游多年平均产流达 6.61 亿 m³，占全流域径流的 21%。伊河中下游流域产流相对较少，且人口稠密，也不予考虑。以上数据表明，洛河和伊河上游产流加总达 16.18 亿 m³，占伊洛河全流域年均径流的 51%。

以上仅是基于对年均径流的分析。在丰水年，由于对伊洛河有影响的集中降雨（暴雨）主要发生在西部秦岭和伏牛山脉，所以伊洛两河上游区域的降水会比其多年均值多，甚至多许多。同样根据黄玉芳等（2020）对降水频率的分析，有 20% 的年份洛河灵口上游产流达 9.11 亿 m³，大大超出其常年均值，超出近 38%。

在个别特大暴雨年份，暴雨发生时灵口上游的产流更是惊人。根据媒体报道[①]，2021 年 7 月 22 日 23 时，商洛多地普降大到暴雨，洛南县多个乡镇受灾严重，群众生命财产受到严重威胁。灵口水文站建于 1959 年 10 月，是伊洛河上游平流控制站，控制河段长 84km，控制面积 2476km²，断面河宽 166m。2021 年 7 月 23 日 11 时 15 分，灵口站洪峰流量达 3220m³/s（历史实测最大流量 2870m³/s），是建站 62 年来最大洪峰流量。每秒 3220 m³ 的下泄流量，意味着每小时下泄 0.1159 亿 m³ 流量。

综上所述，洛河上游，尤其是灵口以上流域，似乎应该是新建备水能力首先应该瞄准的集水区域。灵口上游流域基本都在陕西洛南县境内，仅个别支流流域进入邻近其他行政区。与我国许多县级行政区相比，洛南县人口并不过于集中，且几乎四面环山，似乎应该能找到理想的点位新建必要的备水能力。新建的备水能力既用于备水，也用于抵御该地区周期性发生的暴雨和特大暴雨事件。由于目前洛河上已经修建的故县水库就在离灵口不远的河南省罗氏县境内，新修的备水能力还能与故县水库合力，达到有效地控制暴雨径流和为黄河中下游供水区战略备水的目的。

伊洛河流域另一个值得重点考虑的备水和抵御暴雨径流的地区是伊河上游。伊河上游情况与洛河灵口上游基本相同，这里不再展开讨论。

2）沁河：根据前文介绍的沁河资料，应该说沁河源头至安泽县飞岭、飞岭至护泽河口上段，以及护泽河口至五龙口有较理想的修建新备水能力的条件。这些地方大多处于深山峡谷之中，人口密度不高，又紧靠集水区域。目前沁河上游已修有张峰大型水库（沁水县北部）和若干中小型水库，拟建的大型水库马连圪塔水库设计总库容为 4.25 亿 m³，调节库容有 3.06 亿 m³（任世芳和韩佳，2018）。若经过认真勘察，或许还能找到适合修建其他中、小甚至大型水库的点位，或者在条件允许的情况下，加固加高现有水库的坝体，扩大其备水能力。2021 年沁河武陟水文站实测径流达 32.89 亿 m³，其中绝大部分来自五龙口以上的太行和太岳山区。在极端降水下，并不要求沁河有足够的备水能力将所有这些径流都蓄起来，但如能在现有水平的基础上，扩大沁河流域的备水能力，将能为提高小—津全区间的备水能力作出重要贡献，也能为抵御沁河流域周期性出现的暴雨和大暴雨以及由此引起的洪水起到关键作用，减少洪水损失。

沁河上已建的另一座大型水库——河口村水库，就建在沁河将出太行山处的朝南山麓

---

① "7·22" 商洛暴雨媒体相关报道，http://www.shxsw.com.cn/detaile/21081308EEYqH，2024 年 9 月访问。

上。该水库能就近拦截从太行山泻出的部分暴雨径流，也能为小—津区间备水服务，但它无法单独抵御沁河上中游的暴雨径流。从五龙口至入黄口，沁河进入地势相对平坦和人口较为密集的河南省济源市和焦作市境内，在此区间修建任何大型备水能力的条件都不乐观（河南黄河河务局，1986）。

8.4.3.3 用干支流河道蓄水

河道不仅可以用来排水，还可以用来蓄水。或者更进一步地说，如本书附录 G 中对英国案例的介绍和分析所表明的那样，还可考虑对原有河道进行"运河化改造"。我国北方大多河道仅仅用于输水和排水，而一般没有经过人工改造的自然河道都属这种河道。从储水角度说，仅需在这些河道上修建足够多和足够高、足够坚固的滚水坝，就可储蓄大量水量。对河道进行运河化改造则需要在此基础上配套修建复式水闸，以允许船只顺利通过。但如在附录 G 中所指出的那样，经过运河化改造的河道的功能其实不仅仅限于提供通航条件，还在于能帮助抗击流域内的水旱灾害、支持沿线生态和文化保护或修复，提供一种赏心悦目的环境，以及促进沿线的旅游与经济发展。诚然，一个重要的前提是这些水道得到严格的环境保护，而不成为污水、臭水的载体。在下文，我们仅从储水和构建足量备水能力的角度展开讨论。

由于在龙门以下的三区间中我们最为关注小—津区间，所以仅讨论该区间的黄河干支流河道的蓄水问题，但同样的分析也适用于其他两区间，特别是这两区间中的支流河道，即渭河、汾河和大汶河，此处不再赘述。

无论是伊洛河还是沁河，都可在各河段上密集修建滚水坝。两条河道上目前都已修有一些滚水坝，但基本上都仅在个别城镇修建而没有在这两条河道的全线层层、级级地修建。另外，从增加备水能力的角度来说，还应该尽可能地把这些滚水坝修建得更高一些，当然也应更坚固一些，以扩大蓄水量。必要时还需在部分河段两岸修建堤岸，以整体抬高附近河道的水位。另外，为不影响必要时的泄洪，可修建能够调控的滚水坝。一个办法是在坝体的关键点位修建可调控的排水闸，需要时即打开闸门增加下泄流量。在英国泰晤士河的管理中，这样的滚水坝和排水闸被广泛使用，最初仅是机械操作，现在可电动操作，但电子遥控操作也未尝不可。

如对这些河流进行了运河化改造，即修建了允许船只通过的复式船闸，在需要紧急泄洪时，还可打开这些闸门，让更多水量通过。所以，运河化改造过的河流能更大程度地起到既蓄水（枯水年和枯水期）又排洪（发生暴雨和洪水时）的作用。

由于我们仅有洛河、伊河和沁河的长度数据，缺少其他必要的关于这些河道的宽度、深度的数据，我们不能估算如用它们蓄水或对它们进行运河化改造后，这几条河流能提供的备水能力。尽管如此，进一步治理黄河下游支流既有可观的前景与需要，又有发达国家的成功治河经验提供借鉴，这方面的研究需要尽快被重视起来。

以下讨论利用黄河干流河道蓄水。黄河干流河道目前仅用于输水和排水，以及排沙。为防止历史重演，即防止再次发生洪水漫延造成两岸大范围水灾，我国在解放后修建、加固和加高了两岸大堤。目前黄河下游两岸大堤一般高出背河地面 10m 左右，个别河段则要高出近 20m；与堤内滩地的相对高度一般为 7~8m。由于二级悬河，主河槽滩唇则要高出两边滩地 2~4m；主河槽深约 3~4m。又根据葛雷等（2021）提供的资料，黄河下游河道具有上宽下窄的特点：桃花峪至高村河段河长为 207km，堤距一般为 10km 左右，最宽处有 24km，河槽宽一般为 3~5km；高村至陶城铺河段，河道长 165km，堤距一般在 5km 以上，河槽宽 1~2km；陶城铺至宁海段，河道长 322km，堤距一般为 1~3km，河槽宽 0.4~1.2km；宁海以下为河口段，河道长 92km。

依据以上资料，我们考虑了两种可能的情景：一是仅用河槽蓄水，长度则从桃花峪直至宁海；二是在堤间即利用整个河道蓄水，长度则仅从桃花峪至陶城铺，这是因为由陶城铺附近的东平湖向东，黄河不再设堤防。但需要说明，堤间蓄水则需要加固现有河堤。现在的黄河大堤仅是设计用于短时抵挡洪水，而不是长期浸泡在水中。或许需要在大堤内侧用钢筋混凝土或其他防浸手段加固堤防。当然，无论在哪种情景下，都需要在沿线相应修建足够多的、可调控的滚水坝。

设用河槽蓄水平均水深可达 2.5m；在全河道蓄水则平均水深可达 4m。表 8-3 给出了相应的备水能力估算。

表 8-3　黄河下游干流河道备水能力估算

河段	河长/km	堤距/km	河槽宽/km	堤间平均蓄水深度/m	河槽平均蓄水深度/m	桃花峪–陶城铺堤间蓄水/亿 m³	桃花峪–宁海河槽蓄水/亿 m³
桃花峪—高村	207	10	3~5	4	2.5	82.8	20.70
高村—陶城铺	165	5	1~2	4	2.5	33	6.1875
陶城铺—宁海	322	1~3	0.4~1.2	—	2.5	—	6.44
总计	694					115.8	33.3275

注：数据来自葛雷等（2021），计算蓄水时当出现范围值时取其均值

表 8-3 表明，仅河槽蓄水就可提供 33.3 亿 m³ 的备水能力；如再用整个河道（堤间）蓄水，则可增加备水能力至 115.8 亿 m³（含河槽蓄水）。也就是说，仅干流河道蓄水就远远超出前文要求的备水能力增量。

诚然，如上所说，堤间蓄水需要加固两岸堤防，意味着较大的投资和较长修建时间。如暂不考虑堤间蓄水，仅干流河槽蓄水提供的约 33 亿 m³ 备水能力，加上伊洛河和沁河流域可能提供的备水能力增量（未估算），应该就能应对如发生类似 2021 年的特大降水。也即所有降水都蓄起来，用于下游流域和供水区人们的生活、生产和生态建设。

8.5　战略备水与南水北调西线

黄河上游的战略备水想法还可以与南水北调西线方案结合起来。南水北调西线工程将在长江上游通天河、支流雅砻江和大渡河上游筑坝建库，开凿穿过长江与黄河分水岭巴颜喀拉山的输水隧洞，规划调 170 亿 m³ 长江水入黄河上游。工程目前正在开展调水方案比选论证工作。

南水北调西线建成后，可增加黄河流域内大部分省份的用水量，在较大枯水年份亦可在当年缓解黄河新规划下上游调水水量不足的问题。但即使如此，战略备水仍是必要的。

准确地说，西线工程对黄河全流域战略备水是补充而非替代的关系。首先，就水源补充而言，西线工程设计的引水量大，能涉及的黄河流域范围广，因为向黄河上游调水具有向下游分配水资源的灵活优势，而这正可为黄河全流域战略备水补充来水。其次，从接纳西线调入的水量角度看，黄河流域也需要通过提升库容量等措施提升水资源接纳能力，这也正好与本书提出的战略备水想法和实施措施是一致的。

但西线工程无法替代本书提出的开展黄河全流域战略备水思想。除了西线工程完工通水尚需较多时日外，主要还有两点：首先，由于种种原因西线建成后实际调水规模未必能够达到设计规模，而根据前文对战略备水规模的计算，要在黄河新规划下确保完成向黄河各供水区供水稳定目标，面对极枯年份如 2000~2002 年，备水需求达近 400 亿 m³。在不能排除未来极端天气现象增多的情况下，所需备水需求恐怕会更高。其次，若遇上长江流域枯水年份（比如 2022 年），西线可供水量将会受长江上游来水量减少的影响，而无暇顾及黄河流域。因此，西线工程虽可为黄河流域提供重要补充水源，也可为黄河全流域战略备水做出重要贡献，但它难以只身从根本上扭转黄河上游水资源短缺的问题，也就无法取代黄河全领域战略备水目标。

8.6 本章小节

黄河径流量年际波动明显，不仅对实现本书提出的上游引水济海、济晋方案提出挑战，也成为保障黄河流域内供水稳定、更大程度发挥水资源效益的阻碍。本章提出战略备水构想，并将目标分解为：①保障上游每年对外引水 150 亿 m³，②每年对外引水 150 亿 m³ 后就地存蓄所有上游余水从而稳定上游年供水能力，③稳定中下游黄河年供水能力。本章通过总结现有研究成果，以 1987~2022 年作为黄河最近一次丰枯水周期，通过分析黄河水资源的多年平均值、黄河水资源在枯水期和丰水期的分布，我们不仅估算了为实现上述目标所需要储蓄的总水量，即"战略备水规模"，还分析了为实现上述目标所需要的水库调节库容总量，即"战略备水能力"。通过将黄河流域现有备水能力与长江流域进行简单对比，并将黄河流域现有水库库容与要求的"战略备水能力"进行对比，我们认为黄河流域备水能力仍存在比较大的可以提升的空间。无论是从保障黄河新规划方案实施的角度出发，还是从缓解黄河流域当前和今后用水问题的目的出发，黄河年际水量变化大的特点都亟需加以克服，战略备水能力的建设亟需被重视起来。

| 第 9 章 | 结　　语

　　海河流域位于黄河下游以北，是我国政治、经济、文化重地，但水资源严重短缺，带来生态环境恶化、经济发展受阻等问题。虽然河北省、天津市两地已从黄河取水，但海河流域水资源匮乏的状况没有得到根本改善，水资源供需矛盾依然突出。山西省作为能源大省，虽横跨海河、黄河两大水系，但受地势、地形限制，对黄河水资源的开发利用程度很低，水资源同样严重短缺。几千年来，横亘甘肃、陕西、山西以及青海、宁夏、内蒙古、河南部分地区的黄土高原，由于许多人为和自然原因，其水土流失一直是当地生态环境恶化、下游洪涝灾害频发的直接原因，但在广袤黄土高原上恢复植被以达到保水保土良性生态循环的努力，又受制于黄土高原严重缺水的现实。黄河流域用水难，治水、治沙亦难。面对以上挑战，本书旨在探讨如何更好地治理开发黄河，协同防范黄河水患、治理泥沙问题与高效利用黄河水资源，以更好应对黄河流域、海河流域水资源供需矛盾和生态难题。

　　本书全文贯穿两个视角：一是提高对黄河水资源的利用程度，二是从根本上解决黄河治理问题。这两个视角并行不悖、相得益彰，所提出的解决方案相互依托，形成一个一揽子规划，我们把它称为"黄河治理和水资源合理利用新规划"。

　　本书主体分为两个部分。第一部分（第 2 章～第 4 章）梳理了黄河水资源利用与治理的现状及其原因，以及所面临的新情况，指出目前已延续了三十余年的黄河水资源利用和治理思路与相关区域内当下经济发展、生态保护对水资源需求的大幅提升之间存在着尖锐矛盾。目前对黄河水资源的开发利用以 1987 年出台的《关于黄河可供水量分配方案的报告》（"八七"分水方案）为依据。该方案同时也代表了一种对黄河的治理模式，即以水冲沙。方案以黄河 1919～1975 年平均径流量 580 亿 m^3 为依据，留出 200～240 亿 m^3 输沙入海水量，再将余下的约 360 亿 m^3 水分配给沿岸各省（自治区），以及河北省和天津市。该方案出台的背景是"黄河下游多年平均来沙量为十六亿吨，每年入海泥沙十二亿吨左右，河道淤积约四亿吨"，因而需要留出足够冲沙水量。然而，方案实施至今三十余年，不仅流域内社会经济用水日益趋紧的事实有目共睹，而且泥沙治理也面临新形势。

　　首先，"八七"分水方案实施以来，海河流域及山西省严重缺水的局面没有根本解决。根据国家统计局数据，近 5 年京津冀三地、山西省人均用水量仅 212.28m^3/（人·年）、205.66m^3/（人·年）。尽管"八七"分水方案向河北省和天津市分配了 20 亿 m^3 黄河地表水份额，南水北调东、中线已建工程每年向黄河下游以北地区调水约 74 亿 m^3，但海河流域人口占全国的 10% 左右，GDP 占全国的 12.9% 左右，既承载着包括京津冀都市圈在内的政治文化中心和经济发达地区，又是重要的粮食产区，水资源依然严重供不应求。黄河中游的山西省，由于受吕梁山脉阻隔，实际利用黄河地表水量远低于"八七"分水方案规定的份额。"八七"分水方案将多年平均黄河地表水可供水量的 11.65% 划拨给山西，但1998～2003 年，山西省黄河地表水耗水量占当年黄河地表水总耗水量的比例均不足 4%。

2002 年竣工的万家寨水利枢纽虽然成功向山西供水，但由于无法自流，供水成本居高不下，供水量十分有限，体现为 2004～2022 年山西省黄河地表水耗水量占当年黄河地表水总耗水量的比例徘徊在 4%～9%，平均值仅 6.6%，与"八七"分水方案的 11.65% 配额相比还有很大差距。

其次，由于多年来在黄河上、中游（尤其是中游）持续实施了小流域治沙治水措施，黄河下游来沙量已大幅减少，蓄水冲沙效率已大幅下降。根据《黄河水资源公报》，黄河干流中游潼关站 1919～1975 年实测年均来沙量高达 15.27 亿 t，但该值在 1987～1999 年、2000～2017 年分别下降至 8.07 亿 t、2.36 亿 t，蓄水冲沙的边际收益大幅下降。并且，在长期进行汛前调水调沙冲刷河道以后，下游河床逐渐粗化，形成有效冲刷所需的水流量大幅提高，每冲一单位沙所耗费的水资源不断上升，冲沙用水的效益也因此大幅下降。

然而，针对上述新情况，三十多年前定下的冲沙水量非但没有作出相应调整，反而作为"生态需水"继续存在。本书认为，"生态需水"确实需要得到重视，但其视野亟需从黄河下游拓展到黄河全流域、从河道内拓展到河道外。尤其是，需要考虑到在黄河沿线黄土高原促进植被恢复和生态进入保水保土良性生态循环所需的生态用水。另一方面，生态用水还需结合黄河供水区内人民的生产和生活需水，统筹解决。

黄河治理，根本在于中游黄土高原泥沙治理，这也是"八七"分水方案所强调的，但相关治理思路、手段已经到了需要做出重大转变的时候。第 4 章重点分析了该问题。中游黄土高原水土流失，既影响当地生态环境，也造成下游泥沙淤积和洪涝隐患。水土保持措施以植被建设为根本，但植被恢复非朝夕之功，在其取得显著进展之前，入黄泥沙还需要以水疏导，因此彼时"八七"分水方案规定冲沙用水有其合理性。但时过境迁，一方面黄土高原水土保持工作已取得显著成效、入黄泥沙已大幅下降，下游泥沙淤积已有所缓和。另一方面植被建设遭遇了"土壤干化"即水资源不足的瓶颈，因而无法从根本上解决入黄泥沙问题。可是，一边是中游水土保持严重缺水，黄土高原生态恢复难以为继，另一边是大量黄河水继续以冲沙水的方式流入大海，黄河泥沙治理陷入治标不治本的境地。

本书第一部分充分表明："八七"分水方案已经越来越不能适应流域内用水需求与黄河治理出现的新情况、新挑战。那么，下一阶段黄河水资源开发与治理的总体目标和解决方案又应该是什么呢？本书认为，其总体目标应该是，尽可能地创造条件，最大限度地把包括冲沙水在内的黄河水资源用于满足沿线人民的生产、生活和生态用水需要。

根据以上目标和任务，本书第二部分（第 5 章～第 8 章）勾勒出了较为完整的黄河全流域治理和水资源利用新方案。首先，要解决海河流域极度缺水和山西省用水困难的问题，除了从域外引进新水源（如南水北调）外，就要低成本地即通过自流的方式大幅增加黄河向这两个地区的供水量。其次，如要促进中游黄土高原生态的可持续恢复，就要对进入和流出黄河中游的水量加以控制，使其能够实现就地蓄水、补水，增加当地生态用水。再次，黄河径流量年际波动大，如要最大限度地利用好黄河极为有限的水资源，还需要减少丰水年弃水、枯水年又供水不足的情况。要做到、做好这三点，就需要从全流域角度通盘考虑上、中、下游情况。本书提出的一揽子解决方案，可用十六字来概括，即"上游引水、中游补水、下游调水、全域备水"。

"上游引水"，即从黄河上游自流引水至海河流域、汾河流域，以解决海河流域极度缺水和山西省用水困难的问题，同时兼顾引水线路沿线地区用水需求。海河流域西北部、山西省受地理位置、地形和地势条件限制，从黄河干流取水的难度较大、成本较高，对此本书第 5 章提出"上游引水"方案。该方案综合考虑了上游水资源状况、沿线高程和地质条件、现有工程经验，确定了年均从上游引水 150 亿 m³ 目标，规划以黄河干流黑山峡河段大柳树水库为起点，以自流方式修建引水线路，经鄂尔多斯高原和内蒙古岱海湖周边区域，将黄河水引至山西省北部桑干河河谷，使黄河水直接连通海河流域、间接连通汾河流域。150 亿 m³ 引水量，分配给海河流域 90 亿 m³，山西省 35 亿 m³，内蒙古自治区 15 亿 m³，黄土高原地区及宁夏回族自治区 10 亿 m³。如此既可缓解海河流域和山西省缺水，同时使引水沿线地区获得广泛的经济和生态效益。

"中游补水"，即通过就地蓄水，增加黄土高原生态用水，促进该地区生态恢复。本书第 6 章开篇回顾了黄土高原生态环境恶化的历史过程，指出如要从根本上恢复黄土高原生态并使之进入良性循环，就需要为当地提供充足水资源用于生态建设。本书提出了将当地水资源全部或大部分就地拦蓄、用于本地区生态建设的目标。显然，这些在目前以水冲沙的治理思路下是完全做不到的：一是上游来水量大，增大中游就地拦蓄和水量调控的难度；二是在以水冲沙规划下，流域内几乎没有富余地表水可供中游储蓄。不过，在本书规划下，这是很有可能实现的。一则上游引水后，进入中游的径流量将大幅下降，也就减轻了中游防洪压力，为中游黄土高原就地蓄水创造了条件。二则黄土高原北部、南部河网密布，经本书测算年均可蓄水量分别为 28 亿 m³、31 亿 m³。若借助当地目前已有或规划中的干、支流水库，再在条件合适的其他地方"拾级而下"建坝，就可以结合小流域和大流域治理于蓄水拦沙，将当地水资源全部蓄在当地、用在当地，改冲沙为固沙，改冲沙用水为水土保持用水。"中游补水"既能增加当地生态用水，从根本上解决黄土高原水土流失问题，恢复区域内良性生态循环，又能使黄河下游泥沙淤积问题迎刃而解。

"下游调水"旨在使南水北调工程与"上游引水、中游补水"规划相配合，保障黄河下游地区用水权益不受损。黄河下游用水有赖于上、中游来水，本书第 7 章聚焦于黄河下游两岸目前从下游河道引水和使用南水北调水的情况，探讨"上游引水、中游补水"新规划对下游两岸用水的影响和解决方案。新规划下，海河流域将接受上游来水 90 亿 m³/a，但黄河下游河道可供水量将比现状减少约 40 亿 m³/a。目前黄河下游北岸地区使用黄河地表水量约 72.6 亿 m³、使用南水北调水量 73.92 亿 m³，南岸地区使用黄河地表水量约 72.9 亿 m³、使用南水北调水量 109.08 亿 m³。通过重新规划黄河下游南北两岸引黄水量、南水北调水量，可充分解决新规划带来的 40 亿 m³ 水资源缺口，并为两岸用水区净增 50 亿 m³ 水量。

"全域备水"旨在解决黄河水资源年际分布极其不均所导致的黄河供水能力严重波动的问题。本书第 8 章结合现有黄河径流量丰枯周期变化的研究，提出了新规划下黄河上、中、下游稳定引水和供水的三大目标：①保障上游每年对外引水 150 亿 m³；②每年对外引水 150 亿 m³ 后就地存蓄所有上游余水，从而稳定上游年供水规模；③稳定黄河中下游年供水规模。黄河径流量年际波动大是不争的事实，而目前黄河流域水库调节库容偏低、水资源跨年调蓄能力不强，导致丰水年弃水严重、枯水年供水不足。无论是从实现本书提出的黄河水资源利用和治理新规划的角度出发，还是从提高黄河流域水资源开发利用程度的目的出发，黄河全流域备水能力的建设亟需被重视起来。

本书为黄河治理与开发利用勾勒了全面的新思路、新方案，但在付诸实践之前，还需要深化多方面的研究。例如，对于引水路线的规划，虽则本书作者曾数次前往沿线地区实地调研并提出了大致线路，但工程的具体选址还需要严谨勘测。再如，目标引水量及其在沿线各地的分配，还需根据对相关受水区域内实际需水和用水情况的进一步了解以及国家的区域发展战略加以调整。最后，规划的实施还基于稳定黄河跨年供水能力，需要对黄河丰枯水周期有更深入的研究，以提高预测能力。

尽管困难重重，但我们深信，黄河治理确已到了转变思路的阶段。发挥好这一北方最大河流在经济发展、生态恢复方面的作用，定将为我国北方地区注入新的发展动力。

附　录

附 A　黄河治河理念的演变

A.1　黄河灾害历史概况

黄河流域降雨量较少，中游水土流失严重，自古以来就是极易发生旱灾的地区。加之每年的降雨量多集中于七八月份，暴雨强度大，河道宣泄不及，又时常发生水灾。在我国史籍中，黄河流域大旱、大水[1]的记载不绝于书，人民受尽了水旱灾害的痛苦。

早在先秦时期，《管子》《墨子》等先秦诸子的著作中就有禹时大水、汤时大旱的记述。春秋战国时期，也有旱灾或大霖雨的记录。西汉以后，史籍增多，水旱灾害的记载也逐渐增加，特别是位于历代王朝腹心地带的陕西、山西、河南等地，水旱灾害的记载尤其多。

A.1.1　流域性的大水和大旱

黄河流域不仅一般性的水旱灾害频繁发生，灾害范围较大、持续时间较长或灾情特别严重的流域性大水、大旱也不断出现。早期由于历史记载不详，难以做全面考证和分析。根据黄河网公开的《黄河流域大水年表》与《黄河流域大旱年表》，尧舜时代至今，黄河流域共发生有记载的大水 610 次，有记载的大旱 236 次。分流域来看，在有记载且旱灾地点明确的大旱中，黄河上游、中游共发生大旱 3 次，中下游发生大旱 22 次，下游发生大旱 1 次。

附图 A.1 中所列的大水发生时，很多雨区面积较大，范围涉及中游大部分地区或中下游地区，灾情相当严重。而黄河流域的大旱灾，范围广、历时久，常常形成"赤地千里""饿殍遍野"的悲惨局面，灾情尤为严重（附图 A.2）。

A.1.2　黄河下游的决溢泛滥

在黄河流域的水灾中，黄河下游的决溢泛滥尤为举世所瞩目，成了历代都极为重视的问题。早在春秋战国时期，我国史籍中就有了黄河下游决溢泛滥的记载[2]。黄河堤防起源

---

[1]　大水指洪水、水灾。

[2]　古本《竹书纪年》载有：晋定公十八年（公元前 494 年），"淇绝于旧卫"，二十年"洛绝于周"，晋出公五年（公元前 470 年），"浍绝于梁"、"丹水三日绝，不流"。除自然决口外，诸侯国间还以人为决口作为攻伐方式。古本《竹书纪年》：梁惠成王十二年，"楚师出河水以水长垣之东"。《史记·赵世家》：赵肃侯十八年，"齐、魏伐我，我决河水灌之，兵去"。

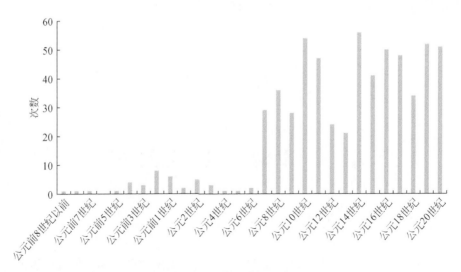

附图 A. 1 黄河流域大水

数据来源：黄河网《黄河流域大水年表》

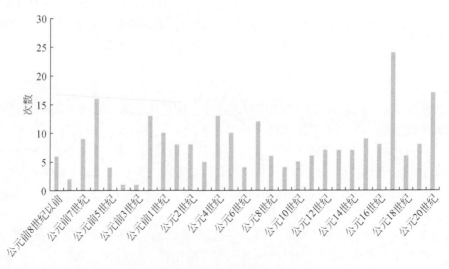

附图 A. 2 黄河流域大旱

数据来源：黄河网《黄河流域大旱年表》

于共工时代，而黄河下游堤防到战国时已颇具规模①。随着堤防工程不断发展，河床泥沙淤积日益严重，两岸堤防间距日窄，在西汉时期黄河形成了地上河②，决溢次数日渐增多。东汉永平年间王景治河以后，河患相对有所减少，但从东汉末年到隋唐五代，有记载的决

---

① 《汉书·沟洫志》："盖堤防之作，近起战国，壅防百川，各以自利。齐与赵、魏，以河为竟（境）。赵、魏濒山，齐地卑下，作堤去河二十五里。河水东抵齐堤，则西泛赵、魏，赵、魏亦为堤去河二十五里。虽非其正，水尚有所游荡。"可见战国时期齐国、赵国与魏国的堤防工事已颇具规模。

② 《汉书·沟洫志》："哀帝初……难者将曰：'河水高于平地，岁增堤防，犹尚决溢，不可以开渠。'"

溢仍有数十年份。北宋以后，河患剧烈，决溢频繁，黄河灾害不仅威胁广大人民生命财产的安全，而且直接影响历代王朝的统治，记载河患的史籍更多，也更加详细。从北宋历金、元、明、清、到抗日战争初期，仅根据各种史书的不完全统计，就有三百多个年份发生过决溢灾害。

在历代决溢中，有些是自然因素造成的，有些是统治者以水代兵人为决口的结果，而且不少决溢给人们带来了毁灭性的灾难。例如，明崇祯十五年（公元 1642 年）李自成农民军在开封扒口，造成了开封全城覆没、几十万人陷于灭顶之灾的悲剧。这些惨绝人寰的悲惨事件，有的至今仍深深地印在人们的记忆里。

从西汉到新中国成立前黄河主要决溢见附表 A.1。

附表 A.1　西汉以后黄河主要决溢统计表

年代	决溢年数
两汉（公元前 202 年～公元 220 年）	15
魏晋南北朝（公元 220 年～581 年）	9
隋唐五代（公元 581 年～960 年）	39
北宋（公元 960 年～1127 年）	66
金元（公元 1127 年～1368 年）	55
明朝（公元 1368 年～1644 年）	112
清初至道光年间（公元 1644 年～1850 年）	67
近代（公元 1851 年～1938 年）	50

注：①不论一年决口多少处，均以一年计算。决后未堵的泛滥年份不计。②部分地方志记载的决溢尚未统计在内。
资料来源：水利部黄河水利委员会《黄河水利史述要》编写组，1982

A.2　历史上的治水理念

A.2.1　治水之始

治水始于远古时期，最著名的就是共工、鲧和禹。

最先以善于治水闻名的是共工。据说共工氏居住在今河南辉县一带。辉县南临黄河，北靠太行山，河流两岸有肥沃的土地和丰富的水源，是宜居之地。当时黄河在孟津以上行于高山峡谷之中，在孟津以下则奔腾于广漠的平原上，无所拘束，四处游荡。共工氏当时治水的方法是，把高处的泥土、石块搬下来，在离河一定距离的低处，修一些简单的土石堤埂①。有了这些低埂，就可以暂时抵挡洪水。如果偶尔出现较大的洪水，也可以暂时上山躲避。当时共工治水比较成功，在氏族部落中享有较高的声誉，传说其后代子孙还曾帮助大禹治水，立下大功。

到了尧舜时代，黄河流域连续出现特大洪水。滔天的洪水淹没了人们赖以生存的田

---

① 《国语·周语》："昔共工欲壅防百川，堕高堙庳。"

地，人畜死亡。经年不退的大水使得人们无法耕种，给人们带来了深重的灾难①。鲧作为部落推举出来的治水首领，率领群众沿用共工氏筑土围子的传统，用堤埂把主要居住区和临近的田地保护起来，这就是城的雏形。

然而，那时我国原始社会经济逐渐有所发展，黄河沿岸出现了更多的居民点和农业区，洪水来了，再沿用局部"障洪水"的老办法自然难以普遍保障居民的安全生产。鲧墨守成规，不求改进，最终失败。但他敢于斗争的精神，长久以来还是被后人所追念。

随后，部落推举出鲧的儿子禹继续主持治水工作。据说禹勤劳勇敢、聪明智慧，他吸取了父亲失败的教训，虚心向有经验的人请教，努力探索新的治水方法。大禹治水的主要方法，概括起来就是"以水为师"，即根据水流运动的客观规律，因势利导，疏浚排洪②。具体而言，禹疏通主干河道，导引漫溢出河床的洪水和渍水入海。当时，集中力量把主干河道疏浚通畅，局部裁弯取直，加速洪水的排泄，然后再在两岸加开若干排水渠道，使漫溢河床的洪水和积涝迅速回归到河槽中来③。大禹治水，既有决汨九川，又有陂障九泽，实为障塞与疏导的联合运用。据说禹用这种方法收到了黄河安流入海、百姓安居乐业的功效④。

A.2.2 以疏为主

自大禹后，治河多以筑堤防洪为主。特别是春秋战国时期，黄河下游各诸侯国为了捍卫本国的利益，竞相沿河筑堤，防备河水泛滥。这些努力没有全局观点，甚至不顾他国利益，常常做出伤害其他诸侯国的举动。秦始皇统一六国后，"决通川防"，使本来不统一的黄河河防工程归于统一，为以后的统一治河奠定了基础。

两汉期间，统治者对治河比较重视，付出了很大的代价，也取得了很大的成就。最常见的就是堵决口，但堵此口决他口，不是长久之计。直到东汉明帝永平年间一次大规模的全面治理，即王景治河，才让黄河流域的人民稍稍松口气。

王景治河，虽然当时也只是修渠筑堤，却是有史以来治理黄河第一个成功者（禹治水大多只是传说）。从此到公元1048年，黄河安流近千年，这是黄河治理规划符合黄河内在特性的结果。

两汉之后，治河理念没有太大的创新，而治河相关的科学技术与著述却层出不穷，鉴于我们主要探讨治河理念的演变，因此在这里就不再赘述。南宋时以水代兵时造成的黄河大改道这里也不作为治河理念的讨论内容。

顺着历史的轨迹，黄河自南宋建炎二年（1128年）东京留守杜充决堤改道以后，河水时而经泗入淮，时而夺淮入海，自金到清720余年中处于漫游状态。金代，金人"利河南行"，在治理方策方面，重治北岸。南岸决口，往往不予堵塞，只是沿泛水两岸修筑堤防，以防向两侧浸漫。元代决口不断，堵口也不断。

---

① 《尚书·尧典》："帝曰：'咨！四岳！汤汤洪水方割，荡荡怀山襄陵，浩浩滔天。下民其咨，有能俾乂？'"
② 《淮南子·原道训》："禹之决渎也，因水以为师。"
③ 《尚书·益稷》："（禹）决九川距四海，浚畎浍距川。"
④ 《孟子·滕文公下》："孟子曰：'……使禹治之，禹掘地而注之海，驱蛇龙而放之菹，水由地中行，江、淮、河、汉是也。险阻既远，鸟兽之害人者消，然后人得平土而居之……'"

　　明朝自永乐初年开始，以元大都为基础营建北京新宫，永乐十九年（1421 年）迁居于此。从此时起，明王朝宫廷生活所需（也包括北方边防将士的部分衣食）大量要从江南通过运河转输。据记载，每年仅漕运一项，就在 400 万石以上。当时的运河，大体由三部分组成：清口至扬州之间，以宝应、高邮等湖为主体构成的江淮运河；济宁至清口之间，借黄为运，以黄河兼作运河；济宁以北至天津为宋礼新开通的会通河。由于黄河一段兼作运河，而且清口以下黄河又与淮河合流，同道注入黄海，所以黄河、淮河、运河息息相关。黄河多沙善淤，常使淮河清口以上河段的河底因泥沙淤淀而抬高，上游来水不能畅泄，以致使洪泽湖日益扩大，时常溃堤四溢，泛滥成灾。黄河给予运河的危害，更为严重。但凡在徐州以上决口，一是直接将会通河冲毁，另一是造成徐州以下黄河自身枯竭，二者都会使南北漕运中断。因而运河的通与塞，很大程度上取决于黄河，取定于黄河的安流与否。而整治黄河，则必须首先考虑到黄河和运河的关系，必须以有利于通漕为前提。即明代治河主张即为治河保运。

　　在永乐十年至嘉靖前十几年，主要采取北岸筑堤、南岸分流的办法。北岸筑堤旨在防治黄河北泛，避免冲毁运道；南岸分流其目的是减弱大河水势，使其物理冲决北岸堤防。可南岸分流又不能分得太多，还必须照顾到徐州上下的漕运，以不影响黄河正流的通漕为限度。明世宗嘉靖初年，黄河又有决黄陵冈冲张秋泛运河之势，北岸筑堤二百余里，以绝河水北决之路；南岸仍保持分道入淮的局势：一由孙家渡出寿州，一由涡河口出怀远，一由赵皮寨出桃源，一由梁靖口出徐州小浮桥。然而，明皇祖陵在泗州，皇陵在凤阳，王陵在寿春。黄河南岸分流，特别是孙家渡和涡河二支分流，构成对王陵、皇陵、祖陵的威胁。皇陵地处稍高，对王陵和祖陵的威胁尤为严重。嘉靖十三年（1534 年）以后，治河一方面要严防北决害及运河，另一方面又要避免黄河泛水淹及祖陵和王陵。此后，治河的重点移于徐州以南，且较多地集中在清口上下，其核心仍在于维护漕运。先有潘季驯的蓄清刷黄，后来是杨一魁的分黄导淮。

　　潘季驯治河理念的创新之处在于他认识到了泥沙的危害，首次实践了"蓄清刷黄"[①]。一反此前追求水速缓慢以减缓洪水威力的主张，反而抬高水位，加快水速，以生刷黄之效。他提出治黄与治淮并举的方针，认为黄河故道年久淹失，即使疏浚恢复，河床深广已不能达到现今的河道运输要求，但决口则必须堵塞，办法是加固河道堤防，建立拦河大坝，加快水流速度以冲沙[②]。因淮河水清，黄河水浊，淮河水势弱，黄河水势强，而且黄河水流中含沙量大，易于淤积，只有当水势湍急时，才能排去河沙，才有筑高堰的办法，可以约束淮河进入清口，以淮河的清流，逐刷黄河的浊沙。这一黄、淮、运并治的措施，经历了四年完成，终于解决了水患和漕运问题。

　　分黄导淮被视为主要拯救徐、邳及泗州之水患以救祖陵的方法。因为蓄清刷黄使黄河

---

　　①　"蓄清刷黄"，又称"以水排沙"，由西汉末年大司马史张戎首次提出。《汉书·沟恤志》记载："大司马史长安张戎言：'水性就下，行疾则自刮除成空而稍深。河水重浊，号为一石水而六斗泥。今西方诸郡，以至京师东行，民皆引河、渭山川水溉田。春夏干燥，少水时也，故使河流迟，贮淤而稍浅；雨多水暴至，则溢决。而国家数堤塞之，稍益高于平地，犹筑垣而居水也。可各顺从其性，毋复灌溉，则百川流行，水道自利，无溢决之害矣。'"尽管张戎首先从泥沙角度分析黄河河患原因，但其以停止灌溉用水来蓄水冲沙的方法却是万万不可行的。

　　②　潘季驯（明），《河防一览》："筑堤防溢，建坝减水，以堤束水，以水攻沙。"

河床抬高，淮河水流难以进入黄河河道①，最终导致淮水倒流旁溢，患及祖陵。分黄导淮主要的工程是从黄家嘴到安东五港、灌口，开了一条长三百余里的新河，以削弱黄河水势；同时清理清口处七里的泥沙，建立武家墩、高良涧、周家桥石闸，将淮水分为三道入海，并引导淮水支流进入长江②。

清代治河，仍以不妨碍漕运为出发点。但清人治河，在黄河与运河的关系方面已有了进一步认识。他们认为，运道之所以阻塞，都是因为河道变迁。而河道变迁，则是因为以往议河治河的人大多将重点放在运船所经过的地方，至于其他地方的决口，则认为与运道无关、不予及时治理。而实际上黄河是否安稳，关乎数省的安危，就算与运道无关，也不应该漠视决口而无动于衷。所以他们主张，治理黄河必须以全局视角来审视黄河，将河道、运道视为一体，综合上下游，联动治理，这之后就可无忧河患了③。由此可看出，在当时已有了系统治河的理念萌芽。

在一千多年的封建历史中，人们对待黄河大多数时候还是视其如洪水猛兽，治河多数情况下是亡羊补牢，未雨绸缪则是少数。因此人们在治河时多采用疏导之法，希望水快点入海，免得满溢或伤了运道。但如此治河终究是没从根本上解决问题，黄河河患仍是一颗爆炸频繁的定时炸弹。

A.2.3 系统治理

古代治河，着眼点主要集中在下游，筑堤、塞决、分流、导河，目的自然都是为了消除决溢之患。然而黄河决溢之患虽多出现在下游，而祸患之根源却在上中游，在于上中游来的洪水和随洪水而来的大量泥沙。历代施治之工只重下游而不顾上中游，舍本而治标，所以千百年来河患终未能除。明清时已有人注意到了这一点，但限于当时的水利科技水平、政治制度等因素，始终没人能将想法付诸实践。清末和民国早年，在外来文化的影响下，水利科学技术有了新的发展。

著名水利专家李仪祉（1988）将西方各国先进的水利知识和本国传统的治河经验结合起来，探讨黄河的治本问题，创立了上、中、下游全面整治黄河的治河方略。这一治河方略的中心内容为："蓄洪以节其源，减洪以分其流，亦各配定其容量，使上有所蓄，下有所泄，过量之水有分。"李仪祉主张，在黄河的上中游地区植树造林，减少泥沙的下泄量。同时在各支流"建拦洪水库，以调节水量"，还要在"宁夏、绥远、山（西）、陕（西）各省黄河流域及各省内支流，广开渠道，振兴水利"，以进一步削减下游洪水。在下游，他认为应尽可能为洪水"筹划出路，务使平流顺轨，安全泄泻入海"。其具体意见，一是开辟减河，以减异涨；另一是整治河槽。关于下游河槽的整治，他主张按照德国水利专家恩格司（Hubert Engels，1854—1945）的办法办理，即"固定中常水位河槽，依各段中水位之流量，规定河槽断面，并依修正主河线，设施工程，以求河槽冲深，滩地淤高"。但

---

① 《江苏省通志稿大事志·第三十七卷 明万历》："……河身日高，流日壅，淮日益不得出而潴蓄日益深……"

② 《明史》："……直隶巡按御史蒋春芳……开桃源黄河坝新河，起黄家嘴至安东五港、灌口，长三百余里，分泄黄水入海，以抑黄强。辟清口沙七里，建武家墩、高良涧、周家桥石闸，泄淮水三道入海，且引其支流入江。"

③ 靳辅（清），《文襄奏疏·卷一》："治河之道，必当审其全局，将河道、运道为一体，彻首尾而合治之，而后可无弊也。"

由于社会制度和经济条件的限制，除地形测绘、水温测验和关中地区的引水灌溉有所实施外，在治河的工程措施方面大体仍是以下游的修堤堵决为首务，直至新中国成立之后才逐步走上全面的综合治理阶段。

新中国成立前夕（1949年6月），中国共产党领导下的华北、华中、中原三解放区政府推派代表在山东济南召开会议，建立黄河水利委员会，统筹黄河的治理工作，并直接受华北人民政府的领导，揭开了治黄史上新的一页。同年8月，黄河水利委员会提出了《关于治理黄河的初步意见》，其中提到"大西北行将解放，全河将为人民所掌握，我们治理黄河的目的，应该是变害河为利河，治理黄河方针应该是防灾与兴利并重，上中下三游统筹，本流与支流兼顾"，初步确立了新中国的治河任务和治理方针。当时黄河下游堤防工程防御洪水的标准很低，埽坝工程也多为草木结构，洪水对两岸人民生命财产安全和国家建设威胁严重。因而，新中国成立后，黄河的治理工作仍是以下游防洪为中心。1950年治黄会议提出，"以防比1949年更大的洪水为目标，加强堤坝工程，大力组织防汛，确保大堤，不准溃决。同时观测工作、水土保持工作及灌溉工作，亦应认真地迅速地进行，搜集基本资料，加以研究分析，为根本治理黄河创造足够的条件"。从此时起，在上中游地区积极开展水土保持试点工程的同时，针对黄河下游堤防埽坝工程防洪标准较低的情况，采用"宽河筑堤"之策，大规模地从事防洪工程建设。1950年至1957年期间，调动大批劳动力修复黄河两岸的堤防工程。与此同时，先后开辟了北金堤、东平湖和封丘大功率滞洪区，以备黄河出现异常洪水。

此后不久，治河方略改为"蓄水拦沙"。鉴于黄河洪水主要来自上中游地区。为了控制上中游来水，确保黄河下游的防洪安全，除积极培修堤防、开辟滞洪区域外，努力筹备修建干流的三门峡水库和支流的伊河陆浑水库、洛河故县水库。鉴于三门峡水库淤积严重，"蓄水拦沙"又改为"滞洪排沙"，治河方略相应改变为"拦（拦蓄洪水泥沙）、排（排洪排沙入海）、放（放淤放土）"，其主导思想是依靠群众，自力更生，小型为主，辅以必要的中型和大型骨干工程，积极控制水、沙，防洪、发电、灌溉、淤地等综合利用。1975年为防御黄河特大洪水，又提出"上拦下排，两岸分滞"的新的治理方略，要在三门峡以下增建干、支流拦洪工程，改建原有的滞洪区，提高分洪能力，加大下游河道的泄水能力，排洪入海。"上拦下排，两岸分滞"，是多项措施综合治理的治河方略，综合了堤防、河道、滞洪区、水库和大面积水土保持等治理措施，因而其治理作用是历史上任一种治理方略所无法比拟的。

A.3　治水理念演变原因

A.3.1　经济发展的需要

人类对于洪水的认识是逐渐深化的，对付洪水的办法也是逐步发展的。起初，人们抵御洪水的能力很低，视洪水如同猛兽，主要是采取躲避的方式以达到保护自己的目的。考古学上的仰韶、龙山文化期，属"河谷文化"时期，人类居住的场所几乎都在近河高地或河谷两侧的阶地上，依山傍水，一则是为便于生活取水，二则是有利于防御洪水的袭击。

随着生产力的不断发展，人们对洪水的认识和抗御洪水的能力在不断地提高。于是"降丘宅土"，从河谷走向平原，开始以农耕为主的新生活。为了保护自己的生命财产，本能地积土埋库使高，或在田间开始沟洫，以免洪水侵害。至于更大范围的治导江河，只有当生产力发展到相当高水平时才有可能。当然，用塞障壅堵的办法对付洪水，洪水量不大时尚可奏效，洪水量大，水势必定越壅越高，一旦溃决，灾害自然更大。所以对于大洪水，采用疏导的方法则更为有效，更加容易成功。这也容易解释为何共工埋水成功，反到鲧这里却行不通，而只有禹的疏导之法才能奏效了。共工氏时代，生产力比较低下，人们住在离洪水较远的位置，受洪水影响较小，简单的土围子就可以防御洪水。但到了尧舜时代，生产力相比于之前已有提升，人们不再那么惧怕自然，人类足迹更广了，面临的洪水灾害也更大了，因此鲧再沿用旧法自然成效不大。反而禹在国家经济发展水平较高的基础上，有较高生产力和经济实力的支持，可以在大范围内使用疏导法。

春秋战国时期，诸侯国规模较小，筑堤成为各国在实力稍弱时保证农业生产的优选，这也成为这时期筑堤技术发展迅猛的原因之一。秦统一六国后，为了统筹全国生产，自然也是要"决通川防"的。

历朝历代，黄河下游流域人口密集，农业生产力水平较高，具有重要的战略意义。这就无怪于统治者一直将治河重心放在下游。一旦下游决口或漫游，下游的农业生产将不能得到保障，人民生活水深火热，也不利于国家的稳定。且决口一次，造成的经济损失也是难以估量的。因此，统治者更倾向于不断地筑堤、塞决、分流、导河，以稳定国家的经济发展。所以此时治河理念一直是以疏为主，不过是随着生产力的提高、国家经济实力的增强，疏导的范围越来越大，手段越来越多罢了，但其内在推动力还是统治者受下游流域的支配，而这又是因为国家经济发展主力在于农业，下游是农业生产重地。

而到了近现代，经过近代西方治河思想的传播与近代治河人物的努力，治河理念转向了更系统、更整体的方向。新中国成立以来，稳定的发展环境和逐渐发展起来的经济实力也使得更多的水利治理和开发成为可能，上游梯级开发利用水能发电、中游水土保持治沙拦沙、下游固堤防洪等工作纷纷开展。

A.3.2　政治背景

如何治河、如何待河，也取决于保障民生与抵御外敌的博弈结果。在混乱年代，治河通常被放在次要位置，也通常不会考虑治河措施对邻国或邻近区域的影响。而和平或统一年代，治河通常被放到首要位置，由于统一，黄河全程各流域间的冲突大大减小，整体治河效益和成功率显著提升。

春秋战国时期，群雄割据，各诸侯国间时常以水为界，此时筑堤某种意义上也成了军事工程，在这个时期，人为决口、以水代兵也屡见不鲜。而到了两汉时期，外敌威胁较弱，为了保障民生与国家稳定，治理黄河才是首要的，因此也就不奇怪王景治河的出现了。

同时在和平年代，民意重于外敌，河患常常带来民愤，直接造成国家不稳定，危害统治者的利益，因此河患越频发的时期，越容易出现大规模的治理，例如王景治理前夕、潘季驯治理前夕等。

各朝代的治河理念也与统治中心所在位置息息相关。黄河下游气候宜人，土地宜耕，水网丰富，是理想的农业生产地及居住地，大多数朝代的统治中心也建立在黄河下游。因此统治者更注重黄河下游的水患，一旦河患发展到不可收拾的地步，将直接危及统治中心，也将危及统治者自身的利益与权威。

A.3.3　科技的发展

治河工程技术与治河理念的发展实际上是相辅相成的。正是由于治河的需要，治河工程技术才发展了起来。而治河工程技术的发展，使得某些设想成为了可能，或激发了治河新设想，从而也促进了治水理念的演变。正是提防技术的发展、筑堤材料的升级，分流、开河才成了可能。

与此同时，科技的发展让我们不仅能治河，也能用河。王景治河时"十里一水门"是对黄河水的最初步利用，而到了今天，借助水库、大坝，我们能将洪水蓄起来用于发电、灌溉等，不仅没给国家带来经济损失，反而为国家带来经济贡献。

A.3.4　文化的发展

治河著述的出现，大大推动了治河理念的演进。在治河著述出现之前，治理黄河资料十分有限，在不了解黄河的情况下贸然治理黄河，难度可想而知。零碎的手稿或者船工的口耳相传，都不足以让后来治理黄河的人明白如何治理黄河，而搜集治河信息的成本也十分高。但治河著述出现后，后来者得以站在前人的肩膀上继续治河，而不用再自己重新摸索道路，治河成功率自然大大提高，对治河也就有了更多的思考，从而推动了治河理念的演变。

与此同时，治河著述的出现带动了社会上讨论治河方略的氛围。文化高度发达的时期，社会上自由讨论的氛围往往是十分热烈的。有讨论才能有批评、有进步，自由讨论治河的舆论环境也促进了治河理念的演进。

A.4　堵疏之争

堵疏之分，实际上在于人们对黄河水治的认识不同。治水重疏，反映了视水为害的思想，治水的主要目的就是让其安流入海，不妨害流域内的人民及生产。而治水重堵，实际上是视水为利水，主要目的是让水留在人民的生产生活区域内，以促进生产和便利生活。

历史上，由于财政条件、水利科技、政治环境等因素的限制，我国的治水理念一直是以疏为主。尽管早在春秋战国时期，便有了兴修大型水利工程用于农业灌溉的记录，如漳水十二渠、郑国渠等，但在这个时期，兴修农田水利耗费巨大，而诸侯国间征伐不断，战争用费也不可小觑。因此诸侯国并不能专注于发展农田水利技术，自然也就不能将此等技术从支流发展到干流。

秦始皇统一六国后一千多年的封建历史中，统治者面对同样的考虑或博弈时，即面对战争、水旱灾害、国家稳定等中短期不稳定因素与长期有利的农田水利的博弈时，常常将心中的秤杆偏向前者。一方面，统治者不是广大人民利益的代表者，自然是以维稳为政策主要导向；另一方面国家财政能力有限，难以顾及更多的水利开发。因此无论是王景治河，还是潘季驯治河，主旨都是以疏为主，堵实在是风险过大的决策。

但随着人们对黄河认识水平的加深、社会生产发展需求的增大，人们开始逐渐考虑系统治河与堵河的可能性。近代李仪祉（1988）提出的"蓄洪以节其流"就是极好的代表。他认为，在黄河中上游防止土壤侵蚀，减少冲刷的同时，要在黄河支流和干流上兴建水库，可以"最经济、最有效，兼能减轻下游之河患与上游之河患。其工程以施于陕西、山西及河南各支流为宜。黄河之洪水，以来自渭、泾、洛、汾、雒、沁诸流为多，各作一蓄洪水库。山、陕之间，溪流并注，猛急异常，亦可择其大者，如山川河、无定河、清涧河、延水河亦可作一蓄洪水库。如是则下游洪水必大减，而施治易为力，非独弥患，利且无穷。或议在壶口及孟津各作一蓄水库代之，则工费皆省，事较易行，亦可作一比较设计，择善而从"。这样可以分散黄河洪水，减轻下游水患，在上中游拦蓄 13500m³/s（其中渭河拦蓄 4000m³/s、泾河 6000m³/s、北洛河 2000m³/s、汾河 1000m³/s），加上沁河、伊洛河的拦蓄，可把黄河下游 20000m³/s 的洪水减少到 6500m³/s，则黄河水患可以基本免除。他还提出汛前将水库放空，汛期将相当水量从底洞泄出，可冲刷库内泥沙，减少水库淤积。但在李仪祉的治水理念中，治沙拦沙的做法仍以保障下游安畅为目标，即李仪祉还是重疏更甚。而且尽管上游蓄起来的水也可用于各项水利事业，但在中上游水土保持工作未能取得进展之时，盲目蓄水带来了大量蓄沙，治标不治本。只有把中上游的蓄水工作与水土保持结合起来，蓄水方能利民。

而到了新中国成立后，"堵"不再只是陪衬，它开始走入治黄人的视野中心。新中国成立后提出的第一个正式的治河方略即为"蓄水拦沙"（此前提出的"宽河筑堤"只是权宜之计），并修建了三大主要工程。其中，三门峡水库的修建尤其值得讨论，不仅是因为它是第一个修建在上游干流的水利工程，还因为它修建后淤积严重，几乎可以说是一次"失败"的修建。

三门峡水库是新中国成立之初，在急需解决黄河水患灾害问题（特别是下游的水患灾害问题）的情况下，集全国之人力物力建设的一项大型水利工程。在多沙河流上建设水库，泥沙处理是决定工程能否长期发挥作用的主要因素。由于设计时对泥沙问题的认识具有局限性，对设计方技术权威的服从和对水库来沙减少趋势过于乐观的判断等，三门峡水库采用了拦沙的泥沙处理思路，使得水库运用初期即出现了超出预想的严重泥沙淤积，极大地制约了水库各项功能的发挥。

三门峡水库 1960 年 9 月下闸蓄水后，按最高拦洪水位不超过 333.00m 的原则运用，水位持续上升，至 1961 年 2 月 9 日，水库最高水位升至 332.58m，相应库容为 72.3 亿m³。蓄水的同时大量泥沙被拦蓄在库内，1960 年 4 月至 1962 年 5 月，潼关以下库区淤积了 15 亿 m³ 的泥沙。渭河河口形成"拦门沙"，淤积末端上延，威胁到西安及关中平原和渭河下游的工农业生产安全（焦恩泽，2011）。

于是在 1962 年 3 月 19 日，国务院决定三门峡水库运用方式由"蓄水拦沙"改为"防洪排沙"（后改称"滞洪排沙"），汛期不拦水，12 孔阀门全部敞开泄流，水库只保留防御特大洪水的作用（李星瑾等，2017）。此后，相关专家针对工程是否改建展开了三次大讨论。在关于工程改建工作的第三次讨论会上，可以更清楚地看出来人们对治河理念的分歧。

专栏

（一）北京水利水电学院院长（原三门峡工程局总工程师）汪胡桢不同意三门峡水利枢纽改建，主张维持现状。他认为："1955 年全国人大同意的黄河综合规划中'节节蓄水，分段拦泥'的办法是正确的。三门峡水库修建后，停止向下游输送泥沙，下游从淤高转向刷深，这是黄河上的革命性变化，认为，改建必然会使黄河泥沙大量下泄，下游河道仍将淤积，危如累卵的黄河，势必酿成改道的惨剧。"

（二）黄河水利委员会主任王化云主张拦泥。"最主要的是兴建拦泥库和拦泥坝工程，首先在北干流兴建，估计约可减少入库泥沙量近一半。以此为前提，再配合枢纽的12 个深水孔和新增建的两条隧洞泄流排沙，三门峡库区的淤积及渭、洛河下游的淹没与浸没影响会大大缓解。"

（三）河南省科委副主任杜省吾主张炸掉大坝。他的观点的核心是"黄河本无事，庸人自扰之"，认为黄土下泄乃黄河的必然趋势，绝非修建水工建筑物等人为的力量所能改变。对三门峡水库，他力主炸掉大坝，最终进行人工改道。

（四）长江规划办公室主任林一山主张大放淤。他认为黄河规划必须是水沙统一利用的计划，黄河治理必须立足于"用"。他主张从河源到河口，干支流沿程都应引黄放淤，灌溉农田，深入研究和利用水流与泥沙的运行规律，把泥沙送到需要的地方去。当前就应积极试办下游灌溉放淤工程，为群众性的引黄灌溉创造条件，逐步发展，以积极态度吃掉黄河水和泥沙。在他的发言中，还描述出大放淤将会给华北大平原带来的一片北国江南的富饶景象。

（黄河三门峡水利枢纽志编纂委员会，1993）

在滞洪排沙运用后，在应对工程是否增建泄流排沙设施及增建规模等存在分歧而尚未实施改建时，1964 年遭遇了罕见的丰水、丰沙年，潼关站汛期径流量为 437 亿 m^3，输沙量为 21.26 亿 t，在开启当时全部 12 孔闸门（即现在的 12 个深孔）泄洪后，水库最高滞洪水位仍达到 325.86m，汛期平均水位 320.24m，出库泥沙仅 8.31 亿 t，库区淤积形势再次恶化。从此之后，三门峡工程不可避免地向"滞洪排沙"功能改造，对下游沙量影响大大减小，同时蓄水功能也不十分显著，蓄水堵沙的理念从此被打入"冷宫"。

而直到今天的"上拦下排，两岸分滞"，所谓的"拦"也只是拦水排沙，下游接收了大量的沙，必然想着将其排出，以免淤积加重悬河决口隐患，这就不奇怪为何黄河水利委员会分配近 2/5 的水用于排沙。

因为一次失误就放弃一种治河思路与其所带来的巨大收益，实在是不明智的。我们应该认识到，如今的中国已不是 60 年前的中国，我们的治河理念也不应被 60 年前的失误所禁锢，不应安于 60 年前的"安全"治河而不求改变。如今，我国科技实力日益强大，对黄河水沙规律的认识也越来越成熟，何不增加对黄河水资源的整合利用，借助先进科技兴黄河之利呢？

A. 5 治水理念的新发展

自 20 世纪 70 年代提出"上拦下排，两岸分滞"后，国家的治河理念就再没有重要变化。但细看近几十年来黄河水利工程的发展，重心仍旧在下游，黄河水利委员会的目标似乎与四百多年前潘季驯"束水冲沙"并无太大区别，从黄河水分配比例可看出，近 2/5 的水被分配用来冲沙，其余的水才分配给各省用于生产生活。而随着中国经济发展脚步不断迈进，流域内人民生产生活对于水的需求不断加大，纵然可以从别的流域调水，但更可着眼于利用好黄河之水。

回顾黄河水利委员会成立之初的宣言，"我们治理黄河的目的，应该是变害河为利河，治理黄河方针应该是防灾与兴利并重"，而要害河变利河，就要充分利用黄河每年的洪水，即使是现在高含沙量的洪水。相比于把水冲出去，国家更需要把水留下来，用于特别缺水的北方地区。如何留下洪水，也许是一个该重新考虑的命题了。怎样充分用好黄河现有水资源，进而促进流域内社会经济发展和人民生活的改善，应该成为我们今后治理黄河考虑的新思路之一。

附 B 山西大水网建设项目介绍

2011 年，山西省启动了"两纵十横、六河连通、覆盖全省"的大水网建设项目，"两纵"即黄河北干流线和汾河—涑水河线两条纵向线路。"十横"即十大横向骨干供水体系，通过"两纵"相连接，既能向吕梁山区供水，还可连通太行山区已建成的地表供水体系。建成后，大水网将覆盖山西六大盆地、11 个中心城市、92 个县（市、区），供水区面积 11.3 万 km²，受益人口 3006 万人，山西全省年供水量将由"十一五"末的 63 亿 m³ 提高到 93 亿 m³[①]。

（1）工程介绍

大水网以六大主要河流和区域性供水体系为主骨架，通过必要的连通工程，构建以黄河干流为自北而南的取水水源、汾河干流为纵贯南北的输水通道、大中型蓄水工程及泉水为水源节点、桑干河等天然河流及提调输水线路为东西向水道的水网框架。

大水网中"两纵"的第一纵是黄河北干流线，北起忻州偏关县，经万家寨水利枢纽，南至运城市垣曲县，全长 965km，向境内供水；第二纵是汾河—涑水河线，以汾河为主干，通过黄河古贤供水工程将汾河与涑水河连通，形成 815km 的水道。"十横"是指十大供水体系，其中"五横"从黄河取水连接汾河，主要向吕梁山区供水；另外"五横"主要利用已调蓄的境内地表水向太行山区供水。四大骨干工程为中部引黄、小浪底引黄、东山供水和辛安泉供水工程。通过相关输水线路和调水工程的建设，可实现黄河干流、汾河、沁河、桑干河、滹沱河、漳河等六大主要河流的连通[②]。

---

① https://www.jcgov.gov.cn/dtxx/ztzl/2017nzt/dlfjdwn/sxdt/201708/t20170831_163236.shtml, 2022 年 12 月 20 日访问。
② http://www.skl-wac.cn/sklsr/xmzt/znsw/yjjz/gn/webinfo/2012/09/1343990717458948.htm, 2022 年 12 月 20 日访问。

（2）建设挑战

大水网建设因山西复杂的地形地势和地质构造而面临极大的挑战。首先是来自隧洞修建的挑战。四大骨干工程输水线路总长856km，其中输水隧洞长达670km，长度超过工程修建时山西境内公路、铁路、水利隧洞长度的总和，这在全国水利工程建设史上都是罕见的。此外，大水网骨干工程近半数隧洞埋深在500m以下，地形和地质结构复杂，部分隧洞还穿越煤层及泉域保护区等特殊地质结构区域，施工过程中存在瓦斯爆炸、地下水多、岩爆等风险。其次是来自泵站修建的挑战。山西用水地区往往高于供水地区，泵站是整个工程的"龙头"。尤其是中部引黄、小浪底引黄工程从黄河提水，面临着扬程高、含沙量大、提水量大、取水口水位变幅大等技术难题，这在国内外尚无可借鉴的工程实例①。

（3）工程进展

2021年底，大水网"四大骨干工程"之一的中部引黄工程总干线主体工程全部完工，标志着大水网建设进入冲刺阶段。目前，"十横"中有"八横"已基本连通。在大水网的基础上，山西还大力推进县域水网配套工程建设，力图打通"大动脉"末端的"毛细血管"，促进水源的切实保障和供给②。

依托大水网，山西省还展开生态修复工程。2017年6月17日，汾河、桑干河、滹沱河、漳河、沁河、涑水河、大清河等7条河流生态修复补水工程启动实施。几年来，逐渐形成了"两山七河一流域"的系统生态保护与修复治理工程③。"两山"即太行山、吕梁山，"一流域"即黄河流域。2021年《山西省"十四五""两山七河一流域"生态保护和生态文明建设、生态经济发展规划》发布，旨在以"两山七河一流域"为主战场，形成"治山、治水、治气、治城"系统治理，实现生态环境高标准保护和经济高质量发展双向推动，建设人与自然和谐共生的美丽山西。

附C　渭河流域黄土高原就地补水区域面积估算

渭河流域黄土高原就地补水区涵盖渭河上游、渭河中下游以北的地区，但不包括渭河中下游平原。通过以下公式计算该补水区面积：

渭河流域黄土高原就地补水区面积

=渭河上游集水面积+泾河流域面积+北洛河流域面积

+渭河中下游以北其他渭河一级支流的流域面积

-泾河下游位于渭河平原的面积-北洛河下游位于渭河平原的面积

-渭河中下游以北其他渭河一级支流下游位于渭河平原的面积

其中，渭河中下游以北其他渭河一级支流，除泾河、北洛河以外，最主要的有千河、漆水

---

① https://www.jcgov.gov.cn/dtxx/ztzl/2017nzt/dlfjdwn/sxdt/201708/t20170831_163236.shtml，2022年12月20日访问。

② http://www.chinawater.com.cn/newscenter/21sstg/202206/t20220621_784689.html，2022年12月20日访问。

③ 2019年可见到"绿'两山'、治'七河'"的说法，"两山七河一流域"的提法首次出现于2020年山西的政府工作报告中。

河、石川河。渭河干流中下游位于陕西境内，根据刘铁龙（2015）的介绍，渭河陕西段的一级支流共30条。附表C.1展示了渭河上游、中下游集水面积，附表C.2、附表C.3分别统计了渭河中下游北岸、南岸共30条一级支流的流域面积，已统计支流的流域面积之和占渭河中下游集水面积93.48%，因此基本能够代表渭河中下游所有支流的情况。在补水区面积公式中，以千河、漆水河、石川河流域面积代表"渭河中下游以北其他渭河一级支流的流域面积"。

附表 C.1 渭河上游、中下游集水面积

河流/河段	流域面积 （集水面积）/万 km²	资料来源
渭河（含泾河、北洛河）	13.48	2021 年《陕西省水资源公报》
渭河上游（林家村水文站以上）	3.07	石军孝等（2023）
渭河中下游（林家村水文站以下，含泾河、北洛河）	10.41	作者计算

附表 C.2 渭河中下游北岸一级支流流域面积

序号	河流	流域面积 /万 km²	流域面积占渭河中下游 集水面积比例/%	流域面积数据来源
1	泾河	4.55	43.71	2022 年《陕西省水资源公报》
2	北洛河	2.7	25.94	
3	千河	0.35	3.36	彭随劳（2002）
4	漆水河	0.38	3.65	冯碧娜（2017）
5	石川河	0.45	4.32	李晓春等（2018）
	合计	8.43	80.98	

注：各支流流域面积占渭河中下游集水面积比例由作者根据面积数据计算

附表 C.3 渭河中下游南岸一级支流流域面积

序号	河流	流域面积 /km²	流域面积占渭河中下游 集水面积比例/%	流域面积数据来源
1	石头河	900	0.86	2021 年《宝鸡市水资源公报》
2	汤峪河	600	0.58	
3	伐鱼河	800	0.77	
4	西沙河	900	0.86	《陕西省志·第八十一卷·太白山志》
5	霸王河	200	0.19	
6	东沙河	100	0.10	
7	黑河	2300	2.21	2022 年《西安市水资源公报》
8	涝河	700	0.67	
9	沣河（含潏河、滈河）	1400	1.34	
10	灞河（含浐河）	2600	2.50	

续表

序号	河流	流域面积/km²	流域面积占渭河中下游集水面积比例/%	流域面积数据来源
11	新河	303.8	0.29	苗清（2020）
12	酒河	300	0.29	2022 年《渭南市水资源公报》
13	零河	300	0.29	
14	双桥河	300	0.29	
15	赤水河	300	0.29	
16	遇仙河	141.5	0.14	黄伟涛（2018）
17	石堤河	134.8	0.13	
18	罗纹河	115.1	0.11	
19	方山河	17.08	0.02	
20	葱峪河	25.5	0.02	
21	罗敷河	200	0.19	《陕西地方志丛书：华阴县志》
22	柳叶河	134.9	0.13	
23	长涧河	118.6	0.11	
24	白龙涧	119.4	0.11	
25	磨沟河	3	0.00	
	合计	13 013.68	12.50	

注：各支流流域面积占渭河中下游集水面积比例由作者根据面积数据计算

公式最后三项，是泾河、北洛河及渭河中下游北岸其他支流位于渭河平原的面积。根据能够搜集到的数据，用各支流干流上最后一个主要水文站或水库以下的集水面积，或支流下游集水面积来计算：

1）泾河干流最后一个水文站是张家山水文站，控制面积约 4.32 万 km²，用泾河流域面积减去张家山控制面积，就得到张家山水文站以下泾河集水面积约 0.21 万 km²（田进等，2005）。

2）北洛河干流最后主要一个水文站是状头水文站，控制面积为 2.52 万 km²，即状头水文站以下北洛河集水面积约 0.17 万 km²（孔波等，2019）。

3）千河干流上最后一个水库是王家崖水库，控制流域面积 0.33 万 km²，即王家崖水库以下千河集水面积约 0.02 万 km²（贾瑞丽，2012）。

4）根据窦少辉（2024），漆水河流域可划分为上游山地水源涵养保土区、中游低山阶地保土蓄水区、下游平原人居环境维护区，其中下游平原人居环境维护区地处关中平原，面积为 0.07 万 km²。

5）石川河中下游流经渭南市富平县、西安市阎良区和临潼区，沿线地势较低平（杨波等，2019）。由于石川河干流上没有代表性水文站，我们取石川河在这三个行政区域内的集水面积，近似于石川河下游位于渭河平原的面积。根据李晓春等（2018），石川河在渭南市、西安市的集水面积分别为 825km²、247km²，合计约 0.11 万 km²。

附表 C.4 汇总了渭河流域黄土高原就地补水区面积计算过程和结果，最终计算出该区总面积为 10.92 万 km²。

附表 C.4 渭河流域黄土高原就地补水区面积计算

序号	计算内容	面积/万 km²	数据来源或计算方法
1	渭河上游集水面积	3.07	石军孝等（2023）
2	泾河流域面积	4.55	2022 年《陕西省水资源公报》
3	北洛河流域面积	2.7	
4	千河流域面积	0.35	彭随劳（2002）
5	漆水河流域面积	0.38	冯碧娜（2017）
6	石川河流域面积	0.45	李晓春等（2018）
7	泾河下游位于平原的面积	0.21	田进等（2005）
8	北洛河下游位于平原的面积	0.17	孔波等（2019）
9	千河下游位于平原的面积	0.02	贾瑞丽（2012）
10	漆水河下游位于平原的面积	0.07	窦少辉（2024）
11	石川河下游位于平原的面积	0.11	李晓春等（2018）
12	渭河流域黄土高原就地补水区	10.92	1+2+3+4+5+6-7-8-9-10-11

附 D   新规划下龙门以下河段来水、用水缺口及计算方法

7.3 节使用黄河利津水文站实测径流量减去龙门水文站实测径流量的方法，估算得出了黄河下游干流河道（龙门站以下河道）因上游引水、中游蓄水新规划后将出现的用水缺口。然而，虽然该方法能帮助我们求得下游河道将出现的用水缺口，我们并不能从中知道龙门以下河道及其流域的产水、来水和耗水情况，而对这些情况有一个整体把握，有时是决策所必需的。本附录旨在提供关于黄河下游河道产水、相关支流来水和耗水的资料。同时，根据这些资料，用不同的方法重新估算由上游引水、中游蓄水造成的下游用水缺口，估算结果与本章 7.3 节的结论基本相符。

D.1   龙门以下支流概况

黄河下游干流多为地上悬河，汇入的支流较少，但龙门以下有多条重要支流汇入干流，主要有渭河（含北洛河）、汾河、伊洛河、沁河和大汶河等。下文将介绍这些支流的流域面积和天然径流量情况，以及根据这些支流汇入黄河干流前的最后一个主要水文站的实测径流量，推断其汇入黄河干流的水量。需要注意的是，根据我们能够查到的公开资料，各支流天然径流量的多年平均值采取的时间序列不完全一致，因此难以对其加总。

黄河大北干流以下龙门至三门峡区间，河谷出晋陕峡谷后展宽，依次有支流汾河和渭

河汇入黄河，水量较为丰富。汾河是黄河流域内第二大支流，流域面积 3.95 万 km²，多年平均天然径流量（1956～2000 年）达 20.67 亿 m³（水利部黄河水利委员会，2013）。然而，因汾河流域内人类活动高度密集，流域内耗水量也较大，其汇入干流的水量较小，2000～2022 年平均仅约 6.25 亿 m³。渭河（含北洛河）是黄河全流域内最大支流，流域面积为 13.48 万 km²，多年平均天然径流量可达 97.11 亿 m³，约占黄河总天然径流的 19.7%（黄河水利委员会黄河志总编辑室，2017）。渭河汇入黄河干流前，渭河干流上最后一个水文站是华县站，该站多年平均实测径流量（2000～2022 年）约 56.01 亿 m³。在华县站和渭河干流入黄口之间，渭河支流北洛河汇入渭河，因此华县站实测径流量不包括北洛河汇入黄河干流的水量。在接下来的分析中，我们将渭河（不含北洛河）和北洛河分别考虑。根据 2022 年《陕西省水资源公报》，北洛河流域面积 2.69 万 km²，多年平均天然径流量（1956～2000 年）为 9.5 亿 m³，其汇入渭河的最后一个水文站状头站多年平均实测径流量（2000～2022 年）为 6.18 亿 m³。综上，2000～2022 年渭河（不含北洛河）和北洛河汇入黄河的水量年均约 62.19 亿 m³（56.01+6.18＝62.19）。

　　三门峡至桃花峪之间主要有伊洛河和沁河汇入黄河。伊洛河是黄河右岸重要支流，位于陕西省东南部及河南省西北部，流域面积 1.89 万 km²，多年平均天然径流量为 28.32 亿 m³（水利部黄河水利委员会，2013），汇入黄河干流的多年平均水量（2000～2022 年）约 18.94 亿 m³。沁河位于黄河左岸山西省和河南省境内，流域面积为 1.35 万 km²，年径流相对较少，仅为 13 亿 m³（水利部黄河水利委员会，2013），汇入黄河干流的多年平均水量（2000～2022 年）约 5.82 亿 m³。

　　此外，河南省和山东省境内还有金堤河和大汶河汇入黄河，两河流域面积分别为 0.49 万 km² 和 0.91 万 km²，多年平均天然径流量分别为 2.48 亿 m³ 和 18.2 亿 m³（河南省地方史志编纂委员会，1994；黄河水利委员会黄河志总编辑室，2017）。范县水文站为金堤河汇入黄河前的最后一个主要水文站，根据 2021 年《濮阳市水资源公报》，金堤河汇入黄河干流的多年平均水量（1956～2000 年）为 1.99 亿 m³。根据《黄河水资源公报》和李勇刚等（2023）的研究，大汶河汇入黄河干流的多年平均水量（2002～2022 年）为 9.28 亿 m³。

　　需要说明的是，本书在此处及第 8 章中涉及汾河、渭河、北洛河、伊洛河、沁河和大汶河这 6 条龙门以下重要支流汇入干流水量的计算时，均使用其进入黄河干流前主要控制站的实测径流数据，分别为汾河河津站、渭河华县站、北洛河状头站、伊洛河黑石关站、沁河武陟站、大汶河戴村坝站数据。汾河、渭河、北洛河、伊洛河和沁河数据出自历年《黄河水资源公报》。然而，《黄河水资源公报》仅公布了大汶河戴村坝站 2021 年、2022 年数据，我们通过两个途径补齐了戴村坝站 2000～2020 年的数据：（1）从李勇刚等（2023）的研究中获得戴村坝站 2000～2016 年数据；（2）对比出自李勇刚等（2023）的戴村坝站 2000～2016 年数据、出自《黄河水资源公报》的东平湖陈山口站 2000～2016 年数据，发现两者十分接近（附图 D.1、D.2），因此用陈山口站 2017～2020 年的数据近似戴村坝站对应年份的数据。陈山口站为东平湖的出湖站，而戴村坝站为大汶河的入湖站。由于东平湖同时是黄河干流的泄洪区，严格地讲其出湖站水量并不能代表大汶河入黄水量，因此我们对于大汶河主要采用戴村坝站的数据。

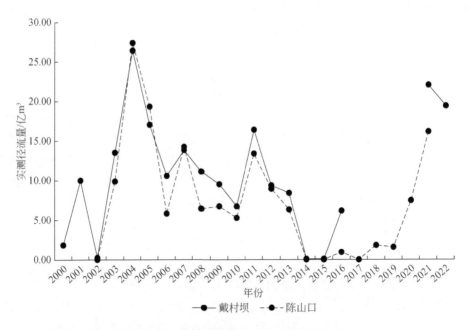

附图 D.1　戴村坝站和陈山口站实测径流量

注：陈山口站数据来自《黄河水资源公报》；戴村坝站 2000~2016 年数据来自李勇刚等（2023）；
2021 年和 2022 年数据来自《黄河水资源公报》

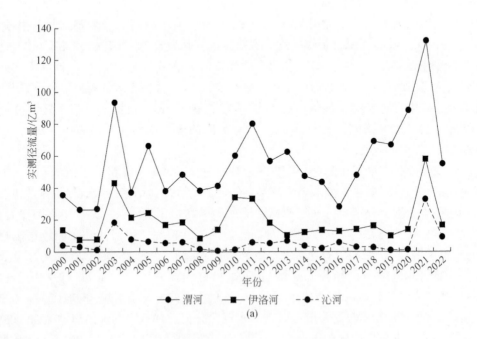

(a)

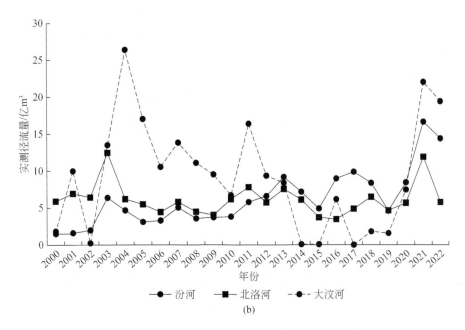

(b)

附图 D.2　渭河、伊洛河和沁河 2000~2022 年实测径流量（a）、汾河、北洛河和
大汶河 2000~2022 年实测径流量（b）

注：汾河、渭河、北洛河、伊洛河和沁河的实测径流数据为其汇入黄河前主要控制水文站的数据，来自《黄河水资源公报》。大汶河使用了戴村坝站的数据，来自李勇刚等（2023）和《黄河水资源公报》。各年《黄河水资源公报》中没有金堤河范县站 2000~2022 年实测径流量，故没有展示该河实测径流情况

D.2　新规划下黄河下游河道用水缺口估算

可用多种方法估算黄河新规划下下游河道的用水缺口。除了 7.3 节中用黄河干流实测径流计算外，还有其他三种可能的方法：①黄河干流天然径流法；②支流天然径流法；③支流实测径流法。其中，支流天然径流法由于各支流的多年平均值采用的时间序列不一致，不宜对其进行加总，所以不予讨论。

所谓实测径流量是指一水文站实际测量到的通过该水文站的径流量，反映的是测量站以上区域内的产水量与耗水量的差值。天然河川径流量（天然地表水资源量）[①] 则根据一水文站的实测径流量加上该水文站以上区域的耗水量和净水库蓄变量得到。为了尽可能反映现状，亦出于数据可得性考虑，如无特别说明，以下方法中所有多年平均值均为 2000~2022 年的均值[②]。

[①]　《黄河水资源公报》中的"天然地表水资源"和"天然河川径流"为同一个统计量。

[②]　2018 年《黄河水资源公报》缺乏分行政区划和分流域的耗水量数据，故多年平均耗水量为 2000~2017 年、2019~2022 年共 22 年的耗水量均值。

方法1：用黄河干流天然河川径流（天然地表水资源）计算

根据天然径流量，黄河新规划下下游地区（龙门以下河段）供用水缺口的计算公式为：

下游地区供用水缺口＝下游产水－下游用水

＝龙门以下河段黄河天然河川径流量－龙门以下地区黄河水耗水量

＝龙门以下河段黄河天然河川径流量－陕晋冀豫鲁津黄河水耗水量

其中，"龙门以下河段黄河天然河川径流量"由《黄河水资源公报》中利津以上天然河川径流量减去龙门以上天然河川径流量得到。"陕晋冀豫鲁津黄河水耗水量"基于《黄河水资源公报》中分行政区划的耗水量数据计算，等同于以"龙门以下地区黄河水耗水量"替代，后者基于《黄河水资源公报》中分水文站的耗水量数据计算。2000～2022年逐年计算结果与多年平均值见附表D.1。

这一计算方法的原理类似于正文中第7章基于黄河干流水文站实测径流量的计算方法，所以两者计算结果相差不大。假若龙门无水下泄，则根据2000～2022年数据，黄河下游河道将平均每年缺水13.93亿 m^3（按陕晋冀豫鲁津黄河水耗水量计算）或12.58亿 m^3（按龙门以下地区黄河水耗水量计算），这些结果与7.3节中基于黄河干流水文站实测径流量计算得到的15.14亿 m^3 差别不大。

方法2：用支流实测径流计算

这一方法下，黄河新规划下下游地区供用水缺口的计算公式为：

下游地区供用水缺口＝下游产水－下游用水

＝（龙门以下支流实测径流量+龙门以下干流河道自身集水产生的径流）－陕晋冀豫鲁津取自龙门以下黄河干流的黄河水耗水量

其中，陕西和山西基本上不从黄河干流取水，故计算时忽略不计。由于无法根据现有数据区分其余各省市引用的黄河水是从支流获得还是从干流获得，故不作区分，仍基于《黄河水资源公报》中分行政区划的黄河地表水耗水量计算。支流实测径流量是各支流汇入干流前的最后一个主要水文站的实测径流量数据，反映了支流汇入黄河的水量，相关水文站及其数据来源见D.1节。由于没有龙门以下干流区域降水产生径流的相关数据，故忽略这部分数据。用以上数据计算得出的结果是，若龙门无水下泄，则黄河下游河道供用水差额多年平均为-20.83亿 m^3，即年均缺口为20.83亿 m^3（附表D.1）。此方法下所做的省略假设较多，应以正文中计算和方法1计算为主。

附表D.1　方法1和方法2下龙门以下干流河道逐年与年均供需水缺口

（单位：亿 m^3）

年份	方法1						方法2	
	龙门以下河段天然河川径流量	陕晋冀豫鲁（津）黄河水耗水量	龙门以下流域耗水量	差值（按行政区耗水量计算）	差值（按龙门以下流域耗水量计算）	各支流实测径流总量	冀豫鲁（津）黄河地表水耗水量	差值
2000	89.78	134.26	136.12	-44.48	-46.34	62.42	102.54	-40.12
2001	66.7	128.7	130.54	-62	-63.84	55.14	96.46	-41.32

年份	方法1						方法2	
	龙门以下河段天然河川径流量	陕晋冀豫鲁（津）黄河水耗水量	龙门以下流域耗水量	差值（按行政区耗水量计算）	差值（按龙门以下流域耗水量计算）	各支流实测径流总量	冀豫鲁（津）黄河地表水耗水量	差值
2002	61.03	153.07	154.92	−92.04	−93.89	44.11	121.53	−77.42
2003	217.06	117.21	118.4	99.85	98.66	186.87	88.88	97.99
2004	130.48	114.7	115.84	15.78	14.64	103.29	83.72	19.57
2005	173.04	123.36	122.89	49.68	50.15	122.14	87.95	34.19
2006	114.21	160.97	160.62	−46.76	−46.41	77.96	121.23	−43.27
2007	154.09	145.68	147.88	8.41	6.21	96.66	107.13	−10.47
2008	101.76	157.66	157	−55.9	−55.24	66.71	116.39	−49.68
2009	115.52	166.04	166.3	−50.52	−50.78	72.93	125.38	−52.45
2010	171.67	171.33	172.52	0.34	−0.85	112.28	128.74	−16.46
2011	244.97	191.56	191.97	53.41	53	149.26	144.42	4.84
2012	158.22	190.66	189.55	−32.44	−31.33	101.59	142.28	−40.69
2013	156.85	189.61	186.19	−32.76	−29.34	104.62	138.03	−33.41
2014	127.5	198.32	194.77	−70.82	−67.27	76.40	145.61	−69.21
2015	133.96	204.4	200.07	−70.44	−66.11	67.89	148.14	−80.25
2016	134.12	191.42	188.05	−57.3	−53.93	65.32	133.36	−68.04
2017	152.63	197.51	193.9	−44.88	−41.27	79.61	137.2	−57.59
2018	176.55	—	—	—	—	104.70	—	—
2019	133.68	227.53	221.35	−93.85	−87.67	88.52	164.17	−75.65
2020	187.81	210.26	203.62	−22.45	−15.81	125.20	152.05	−26.85
2021	394.46	181.36	178.33	213.1	216.13	273.37	120.61	152.76
2022	190.5	160.85	155.89	29.65	34.61	120.27	105.03	15.24
平均	155.94	168.93	167.58	−13.93	−12.58	102.49	123.22	−20.83

注：数据来自2000～2022年《黄河水资源公报》和李勇刚等（2023）

附E　黄河中下游天然径流与厄尔尼诺（拉尼娜）现象、华西秋雨的相关性

厄尔尼诺是目前发现的全球气候和海洋环境变化最强的信号。正常情况下，热带太平洋水温西高东低，当水温出现西低东高的相反现象时，即会发生厄尔尼诺现象。随着对厄尔尼诺现象研究的深入，一种新型的厄尔尼诺事件被发现。这种新型的厄尔尼诺事件中，最大海温异常变暖区不在传统定义的赤道东太平洋地区，而是在赤道中太平洋地区。由此，传统的厄尔尼诺事件被称为东部型厄尔尼诺事件，新型的则被称为中部型厄尔尼诺事

件（吴萍等，2017）。尽管两种类型的厄尔尼诺事件对我国不同地区的降水有不同的影响（袁媛等，2012；孟鑫等，2022），但对黄河中下游地区而言，基本上都呈现出事件发生当年降水减少而次年降水增多的特点（吴萍等，2017）。

华西秋雨主要降雨时段在 9～10 月，虽然降雨强度不大，但由于雨日多，也能形成较多雨量。一般而言，华西秋雨的降雨量一般多于春季，仅次于夏季，在水文上则表现为显著的秋汛。中国气象局制定下发的行业标准《中国雨季监测指标 华西秋雨》（QX/T 496—2019）定义华西秋雨区为包含 25°N～36°N，100°E～111°E 区域内的湖北、湖南、重庆、四川、贵州、陕西、宁夏、甘肃 8 个省（自治区、直辖市）的地区，以 33°N 为界分为南北区。南北区的降水具有不同的时间变化特征，其中影响黄河中下游的为北区。20 世纪 60 年代到 70 年代初期以及 80 年代初期，华西北区的秋雨较多，而南区的秋雨较少；70 年代中后期、80 年代中后期以及 20 世纪末期，则是南部地区的秋雨较多，北部地区的秋雨较少；2000 年以后，华西地区的秋雨又转为北多南少的分布（白虎志和董文杰，2004）。这一降水的时间分布特征与黄河中下游径流丰枯变化的长周期大致对应。

根据相关文献和新闻报道，我们按时间顺序整理了黄河中下游天然径流和厄尔尼诺（拉尼娜）现象、华西秋雨的对应关系，如附表 E.1 所示。由于黄河中下游的降水主要集中在夏秋季节，表中的年份以一年中的 6 月份开始，至次年 6 月份结束。年份类型根据厄尔尼诺（拉尼娜）发生的时间范围确定。

附表 E.1 黄河中下游天然径流和厄尔尼诺（拉尼娜）现象、华西秋雨时间对照表

黄河中下游天然径流距平	年份	年份类型	厄尔尼诺发生时间/华西秋雨	厄尔尼诺强度	拉尼娜发生时间	拉尼娜强度
	1997	厄尔尼诺	1997 年 4 月～1998 年 4 月	超强		
-12.25	1998	拉尼娜			1998 年 7 月～2000 年 6 月	中
-54.89	1999	拉尼娜				
-61.29	2000	拉尼娜			2000 年 10 月～2001 年 2 月	弱
-73.21	2001	平常年				
-73.36	2002	厄尔尼诺	2002 年 5 月～2003 年 3 月	中		
96.95	2003	平常年	华西秋雨偏强			
-7.82	2004	厄尔尼诺	2004 年 7 月～2005 年 1 月	弱		
24.68	2005	平常年	华西秋雨偏强			
-23.77	2006	厄尔尼诺	2006 年 8 月～2007 年 1 月	弱		
4.34	2007	拉尼娜	华西秋雨偏强		2007 年 8 月～2008 年 5 月	中
-50.54	2008	平常年				
-41.42	2009	厄尔尼诺	2009 年 6 月～2010 年 4 月	中		
20.69	2010	拉尼娜			2010 年 6 月～2011 年 5 月	中
85.73	2011	拉尼娜	华西秋雨偏强		2011 年 8 月～2012 年 3 月	弱
4.40	2012	平常年				

黄河中下游天然径流距平	年份	年份类型	厄尔尼诺发生时间/华西秋雨	厄尔尼诺强度	拉尼娜发生时间	拉尼娜强度
27.11	2013	平常年				
-11.46	2014	厄尔尼诺	2014年10月~2016年4月	超强		
-15.31	2015	厄尔尼诺				
-1.21	2016	平常年				
9.01	2017	拉尼娜	华西秋雨偏强		2017年10月~2018年3月	弱
29.73	2018	厄尔尼诺	2018年9月~2019年6月	弱		
1.37	2019	平常年				
37.09	2020	拉尼娜			2020年8月~2023年3月	中
248.71	2021	拉尼娜	华西秋雨偏强			
48.54	2022	拉尼娜				

注：表格由作者根据赵宗慈等（2023）、贾小龙等（2008）、蔡芗宁等（2012）、李多和顾薇（2022）及相关新闻报道整理。黄河中下游天然径流数据为头道拐~利津区间天然径流数据，数据来源为历年《黄河水资源公报》

根据该表，可以归纳总结出有关三者间关系的几个特征：第一，除个别年份外（1998~2000年、2018年），厄尔尼诺现象发生时，黄河中下游径流减少，拉尼娜现象发生时则增多。第二，除个别年份外（2003年、2005年和2008年），平常年黄河中下游径流一般会受到之前年份状态的影响，与之前年份同增同减。第三，上述两条规律会受到厄尔尼诺（拉尼娜）现象强度大小的影响。例如，1997年发生了超强强度的厄尔尼诺，其后的1998~2000年尽管发生了中强度和弱强度的拉尼娜现象，黄河中下游径流依然较往年偏少；2018年的厄尔尼诺强度为弱，该年黄河中下游径流较往年增加。第四，华西秋雨偏强多发生在拉尼娜年（有少数几次发生在平常年），华西秋雨偏强的年份黄河中下游径流较往年增加。2003年和2005年平常年的之前年份均为厄尔尼诺年，但两平常年的黄河中下游径流较往年增加，可能是因为受到了华西秋雨偏强的影响。

附F　上游还原径流量计算方法

定义年份 i 的"上游还原径流量"如下：

$$上游还原径流量_i = 头道拐实测径流量_i + 上游水库蓄水变量_i$$

$$= 头道拐实测径流量_i + (上游水库年末蓄水量 - 上游水库年初蓄水量)_i$$

本书分析所使用的黄河上游丰枯水周期为1987~2022年，因此还需要还原水库蓄水对1987~2022年头道拐实测径流量的影响。根据数据特点，对上游还原径流量的计算分为以下三部分。

1）2003~2022年，历年的《黄河水资源公报》公布了龙羊峡以上、龙羊峡至兰州、兰州至头道拐区间所有大、中型水库的年蓄水变量，将这三个蓄水变量相加，就得到了黄河上游大、中型水库年蓄水变量。将黄河上游大、中型水库年蓄水变量与头道拐实测径流量相加，作为上游还原径流量的估计值。

2）1998～2002 年的《黄河水资源公报》没有分河段公布水库蓄水变量，而是分水库公布了龙羊峡、刘家峡、李家峡水库年蓄水变量，其中李家峡水库只公布了 1998 年数据。考虑到龙羊峡、李家峡、刘家峡水库库容较大，可以认为三者蓄水变量之和对 1998～2002 年黄河上游水库蓄水变量有较好代表性。因此，对于 1998～2002 年，用龙羊峡、刘家峡、李家峡水库的年蓄水变量之和与头道拐实测径流量相加，作为"上游还原径流量"的近似值。但还需要估算 1997 年、1999～2002 年李家峡水库蓄水变量。根据杨杰等（2005）、王芳丽（2022）的研究，李家峡水库总库容 16.5 亿 m³，于 1996 年 12 月 26 日下闸蓄水。据 1998 年《黄河水资源公报》，1998 年初，李家峡水库总蓄水量为 7.94 亿 m³，这表明 1997 年李家峡水库的蓄水变量约为 7.94 亿 m³；1998 年末李家峡水库蓄水量为 8.72 亿 m³，蓄水变量为 0.78 亿 m³。下闸蓄水后，李家峡水库经历了 5 年多的蓄水抬升期，于 2002 年 1 月底蓄至正常蓄水位，之后一直稳定在略低于正常蓄水位的位置运行（杨杰等，2005；王芳丽，2022）。综上推断：

$$\sum_{1999\sim2001年} 李家峡水库蓄水变量 \approx 2001 年末蓄水量-1999 年初蓄水量$$
$$\approx 2002 年初蓄水量-1998 年末蓄水量$$
$$\approx 16.5 亿m^3-8.72 亿m^3 \approx 7.8 亿m^3$$

将 1999～2001 年李家峡水库逐年蓄水变量处理为 2.6 亿 m³（取 7.8 亿 m³ 除以 3 后得到的均值），2002 年李家峡水库蓄水变量为 0。

3）由于未获得 1987～1997 年逐年的水库蓄水数据，但现有文献提供了上游主要水库的开始蓄水年份和初期运用规律，据此进行估算。上游所有水库中，对还原 1987～1997 年上游径流量产生主要影响的是 1986 年下闸蓄水的龙羊峡水库[①]。龙羊峡水库正常水位库容 247 亿 m³，调节库容约 194 亿 m³，于 1986 年 10 月下闸蓄水。据 1998 年《黄河水资源公报》，1997 年末龙羊峡水库蓄水量为 76.8 亿 m³，也即 1987～1997 年共 11 年间，龙羊峡水库蓄水变量合计约 76.8 亿 m³。对于 1987～1997 年头道拐实测径流量，我们只掌握多年平均值，因此对该期间龙羊峡水库蓄水变量也相应取多年平均值，计算1987～1997 年上游还原径流量均值[②]：

---

① 刘家峡水库建成于 1968 年，正常水位库容 57 亿 m³，调节库容约 42 亿 m³，1969 年蓄至正常蓄水位。但在龙羊峡水库初期蓄水运用阶段，刘家峡水库水位下降、长时间保持低水位运行，直到 1989 年龙羊峡水库正常运用后，刘家峡水库才接近正常蓄水位。由于缺乏相关数据，在还原上游径流量时没有考虑刘家峡水库这一蓄水量波动情况。

② 实际上，1987～1997 年期间，龙羊峡水库年蓄水变量有较大波动。据胡建华等（2005），龙羊峡水库于 1986 年 10 月下闸蓄水，至 1987 年 8 月底蓄至水位 2530m；1989 年 11 月蓄至水位 2575m，增加蓄水量 106 亿 m³；又据赵文林等（1999）、姚文艺等（2017），龙羊峡水库 1986 年 10 月到 1989 年 11 月共蓄水 160 亿 m³。综上，龙羊峡水库 1986 年 10 月至 1987 年 8 月底蓄水变量应为 54 亿 m³，1987 年 8 月底至 1989 年 11 月蓄水变量应为 106 亿 m³。1990～1991 年龙羊峡水库供水，至 1992 年 5 月份水库水位又降至 2533.1m；1992 年 6 月份，水库又开始蓄水，至 1993 年 10 月底水库水位达到 2577.3m；1994～1997 年水库连续供水，至 1995 年 7 月底水库水位又降至死水位附近，以后时段基本在死水位附近运行，直到 1998 年 4 月再次进入蓄水期（胡建华等，2005）。由于我们掌握的数据有限，因此未能对 1987～1997 年进行逐年分析。

$$\frac{1}{11} * \sum\nolimits_{1987 \sim 1997年} 上游还原径流量$$

$$\approx 头道拐实测径流量 1987 \sim 1997 年均值 + 龙羊峡水库蓄水变量 1987 \sim 1997 年均值$$

$$\approx 167.8 \text{ 亿m}^3 + \frac{1}{11} \times (龙羊峡水库 1997 年末蓄水量 - 1987 年初蓄水量)$$

$$\approx 167.8 \text{ 亿m}^3 + \frac{1}{11} \times (龙羊峡水库 1997 年末蓄水量 - 1986 年末蓄水量)$$

$$\approx 167.8 \text{ 亿m}^3 + \frac{1}{11} \times (76.8 \text{ 亿m}^3 - 0)$$

$$\approx 174.8 \text{ 亿m}^3$$

附 G　泰晤士河的变迁及对中国黄河和其他河流治理的启示

G.1　引言

河流对早期人类文明的发展至关重要。它们不仅提供了基本的生活资源，还支持了农业生产，促进了贸易和沟通，并影响了文化和宗教实践。几乎所有重要的早期文明都依赖于河流来推动发展。作为英国南部最大河流之一，泰晤士河在英国早期文明中起到了至关重要的作用，其贸易和战略地位极大地推动了该地区的繁荣和发展。

泰晤士河不仅支持了农业生产，还促进了交通和贸易，并深刻影响了该地区的文化和社会生活。例如，伦敦和沿线其他重要城镇的建立和发展，直接受益于泰晤士河的地理位置和资源支持。随着社会需求的变化，泰晤士河及其周边河道系统经历了多次"运河化"改造，即通过工程手段改善天然河道的通航条件。具体而言，即通过拾级建造水闸控制河流各河段的水位，使得整个河道运作得与运河一样，以确保船只顺利通过①。从 18 世纪开始，随着英国工业化进程的推进，河道改造逐渐成为一项重要的经济和社会任务。早期泰晤士河的河道管理使用单式水闸等简单工程，但随着技术的发展，特别是复式水闸的应用，使得泰晤士河逐渐变得更加适航。这种改进极大地提升了河道的交通效率，支持了流域内传统农业、新兴工业和商业贸易的发展（雍正江，2024）。

除了对泰晤士河河道进行改造外，英国还修建了广泛连接泰晤士河和其他河流的密集运河系统，后者对于英国的社会和经济也产生了深远影响。通过打通泰晤士河上游的非潮

---

① 一般而言，河流的运河化改造是指对自然河流进行人工工程改造，使其具备类似运河的功能和特点，以满足航运、灌溉、防洪、生态修复等特定要求。这种改造通常涉及加宽、加深原有河道，修建水闸、滚水坝等水利设施，起到改变河道水位和水流速度的作用，以提升其可航行性。但更高通航性只是运河化后的河道的一个属性，它还具有其他甚至更重要的功能。

汐河段，新挖运河把泰晤士河和其他河流衔接起来，不仅降低了运输成本，还推动了区域之间的经济连接（邵会莲，1998）。

尽管如此，随着19世纪中叶铁路系统的崛起，许多河道和运河逐渐失去其原有的交通功能，泰晤士河和与之相连的部分运河也随之陷入衰退（李明超，2017）。然而，随着时间的推移，运河系统的废弃也带来了生态、社会和经济方面的问题。20世纪末，随着生态环境保护和社区发展意识的增强，英国政府和各界开始重新认识到运河的价值，并开始关注运河的复兴。许多历史上已被废弃的运河重新被修复，恢复了其原有的容貌。

对泰晤士河周边运河的复兴不仅仅是对河道的物理修复，也包括了环境保护、文化遗产保存以及社区的参与。泰晤士河及其周边运河治理的经验显示，通过加以合理的利用和管理，能够让昔日被废弃的河道重新焕发新生，使之为流域内的社会经济发展和生态环境保护服务。泰晤士河周边运河的修建、衰败及复兴的案例，对于优化我国的河流治理，包括对黄河的治理，也有宝贵的借鉴意义。

G. 2 泰晤士河水运历史梗概

（1）泰晤士河河道的管理及运河起源

泰晤士河发源于英国西南部科茨沃尔德地区（Cotswold Hills），由西向东贯穿伦敦，并延伸至北海。泰晤士河的历史可以追溯到早期的自然河道时期，在这一时期，河流基本上没有经过人为改造。泰晤士河有明显的潮汐和非潮汐河段之分。潮汐河段位于下游地区，这一部分河道受到海洋潮汐的影响，水位随着潮汐涨落而变化。非潮汐河段则位于泰晤士河的上游区域，由于落差较大，在自然状态下雨水很快下泄入海，雨后河道内水量不足，因此这段河道的通航条件极为有限。再加上在17世纪之前，该河段还存在大量天然障碍，使得其在很长一段时间内几乎完全不具备通航能力。因此，当时的泰晤士河水运主要集中在伦敦及下游的潮汐河段。然而，虽然下游河段能够有效地承载沿岸的贸易和运输需求，但由于上游河段的通航能力较差，伦敦与内陆其他城市的连接只得依赖陆路，而当时的陆路交通能力是效率低下且昂贵的。随着人口的增长和经济的发展，特别是17世纪后英国工业革命的兴起，英国社会和经济对交通的需求迫切要求改善河道条件，以满足伦敦周边乃至更大区域内工农业发展对物资和商品流通的需要。

泰晤士河河道的关键改进在于引入复式水闸技术。这一技术的应用标志着泰晤士河进入了全新的发展阶段，极大地改善了非潮汐河段的通航能力。复式水闸技术的应用允许船只跨越不同的水位，从而解决了河流上下游水位差异带来的通航困难。值得一提的是，复式水闸这一技术并非英国本土发明，而是源于中国北宋时期的乔维岳。他在10世纪发明了这一技术，用于控制大运河中的水流和船只升降，这一技术后来在欧洲大陆和英国的河道改造中得到了广泛应用①。

复式水闸的基本工作原理是在水闸的上下游方向各设闸门，两闸门之间为箱。有船只向上行驶要经过水闸时，使箱中水位下落至下游水位，然后打开下游方向闸门，让船只驶

---

① http://www.hwcc.gov.cn/hhxyglj/szwh/202006/t20200610_82642.html，2024年7月2日访问。

入闸箱，再关上下游闸门；然后放水入闸箱，等箱中水位与上游水位持平时，打开上游水闸，让船只驶出。船只下行时则操作相反。

引入复式水闸的过程并非一蹴而就。泰晤士河上游河段于 17 世纪上叶开始引入复式水闸，经过几代工程师的努力，终于在 18 世纪末至 19 世纪初期初步完成了对河道的运河化改造，使得曾经不通航的非潮汐河段得以与下游潮汐河段连通，形成了一张更大规模和更具连通性的河道交通网。这一系统的完善不仅促进了泰晤士河流域和周边地区的贸易，还大幅提升了沿岸的工农业生产力，加快了英国工业革命的进程。

此外，对泰晤士河的运河化改造不仅涉及水闸的建设，还包括必要的河道疏浚、堤坝加固以及河床整治等工作。通过一系列的改造，曾经无法通航的河段变得更加适航，船只可以顺利通过不同水位的河段，运输效率大大提高。可以说，泰晤士河的"运河化"改造是其治理历史中最为重要的一章（Thacker，1968）。

（2）英国运河的发展

在泰晤士河的治理取得显著成效之后，英国开始进行更大规模的运河建设。一般而言，运河的发展可以归纳为两个主要步骤：一是对原有河道进行运河化改造，二是以此为依托根据需要开掘全新的运河，以应对不断增长的交通需求。泰晤士河的非潮汐河段和潮汐河段的水运联通就是一起成功改造自然河流的案例。

在铁路之前，水路运输是最重要的交通方式。随着工业革命在英国泰晤士河流域和其他地区（尤其是英国中部如伯明翰和曼彻斯特以及英国西部如布里斯托等地区）的迅猛发展，建立连接泰晤士河流域与这些地区的水运通道成为了英国的当务之急。虽然泰晤士河的运河化改造解决了其流域内的水运问题，但缺少与其他流域地区的水运连接使其水运能力仍然受限。为弥补这一不足，从而更广泛地连接英国各地的工业活动，英国开始大规模建设全新的运河系统。

英国运河的早期发展组成了一张广泛的水运网络，极大地推动了经济的增长和区域间的联系。大十字运河交汇系统（the Grand Cross of Canals）和后来的大枢纽/大联合运河（the Grand Junction/Grand Union Canals）是比较具有代表性的运河工程。

大十字运河交汇系统通过三条主要的运河——特伦特–默西运河（the Trent and Mersey Canal）、牛津和考文垂运河（the Oxford and Coventry Canal）以及斯塔福德郡和伍斯特郡运河（the Staffordshire and Worcestershire Canal）——联通了泰晤士河、塞文河、特伦特河和默西河四条英格兰主要的河流。由于这些运河构成了一个大十字，故名为"大十字"运河网络。该网络将英格兰主要的工业中心如伯明翰、曼彻斯特和伦敦连接了起来，极大地增强了这些区域的经济联系，显著提高了煤炭、铁矿石和其他工业原料以及制成品的地区间运输效率，促进了工矿业的发展。

继大十字运河交汇系统之后，经济的快速发展又对运力提升提出了更高要求，更多运河被修建，其中最为重要的是大枢纽运河。这一运河连接了伦敦和伯明翰，比原来连接两地的牛津和考文垂运河具备更高的运力和更短的运输时间。后续对该运河的北端和南端又进行了扩展，最终实现了英格兰中部工业地区的两面通海局面——既能使用南面的伦敦港口，又能依赖北面的利物浦港口。这些新建的运河后来统一由一家公司运行和管理，成为了被后人熟知的大联合运河（the Grand Union Canal）。大联合运河的建设进一步降低了运输成本。

除上述运河外，这一期间内修建的代表性运河还有北部的利兹和利物浦运河（the Leeds and Liverpool Canal）以及南部的肯尼特和埃文运河（the Kennet and Avon Canal）。前者为英格兰北部地区提供了一条从不列颠岛东海岸到西海岸的主要通道；后者提供了泰晤士河和塞文河之间的第二个直接联系，在全长 140km 的距离中共有 105 个船闸，相当于每 1.3km 便有一个船闸。

这些运河的建设标志着英国交通基础设施进入了一个新的阶段，奠定了现代化运输网络的基础。它们不仅为工业革命提供了必要的物流支持，也对农业和各类民生产业的发展产生了深远的影响。18 世纪至 19 世纪初期，英国的工业迅猛发展，需要运输大量的原材料和成品。特别是对重型货物和大宗商品的运输来说，河流和运河几乎是当时英国唯一的大规模内陆运输方式。通过运河系统，煤炭、铁矿石等重要物资得以迅速从港口运往全国各地。若没有这些运河网络的支持，英国的工业化进程将大大放缓，难以支撑其成为"世界工厂"，实现其经济的迅速增长。

G.3 英国运河的衰落与修复

（1）英国运河的衰落

尽管在 19 世纪初的英格兰，水运处于全盛时期，但这一局面并没有能长久维持下去。19 世纪中叶铁路的兴起标志着英国交通基础设施的一次重大转变。

世界上第一条铁路由乔治·史蒂芬森于 1825 年铺设，将英格兰北部的斯托克顿和达灵顿两镇连接起来。该铁路主要用于煤炭运输，车厢由机车牵引，客运仍用传统的马车。1830 年，第一条真正的铁路——曼彻斯特至利物浦的双轨铁路建成，货车和客车均由蒸汽机车牵引。从那时起，铁路迅速在英格兰乃至全球各地兴起。

铁路提供了一种重要的新型运输方式，绕过了制约早期运河发展的一个重要因素，即对可靠水源的依赖。由于这种依赖，运河路线常常紧靠河流，并对地形起伏非常敏感。然而，在已经建有运河或有可航水道的地方，铁路运输并不一定在成本上比水路运输更具优势。因此，尽管铁路对水路运输构成了激烈竞争，但两者之间仍然有共存的空间。

但是，进入 19 世纪下半叶，第一台内燃机被发明出来后，不久就被应用于公路运输。1885 年，第一辆摩托车问世；不到一年，第一辆汽车也随之出现。公路运输时代由此开启。公路运输的兴起不仅进一步削弱了水路运输的主导地位，还对其生存构成了更为严重的威胁。

进入 20 世纪初，由于公路运输速度快、更具灵活性，使得公路运输在英格兰比水运更受欢迎，水路运输成为了许多用户的第二选择。最终，这些不同运输方式之间的竞争导致许多曾经可通航的水道（河流和运河）成为过时设施，被荒废和遗弃。

1948 年，作为英国交通网络重组的一部分，运河被国有化，并由英国交通委员会通过其下属的港口和内陆水道执行委员会管理。1968 年新《交通法》出台，要求当时的运营商英国河道委员会（British Waterways Board）"维持商业水道的可用状态"。但这一要求并不强制要求河道保持可航状态，而是仅要求以最经济的方式处理河道，包括完全废弃。因此，部分运河被移交给地方政府管理，政府可以利用它们来扩展当时的公路网络或填埋后建造其他工程。因此，运河不仅在使用价值上迅速被公路取代，其存在形式也开始逐渐消失。

（2）衰落之后的复兴

然而，运河的废弃也带来了诸多问题，主要表现为生态环境的恶化、历史遗产的流失以及社区生活所依赖的重要资源的丧失。为应对这些挑战，20 世纪末至 21 世纪初，英国政府开始与非政府组织和社区合作，开展了大规模的运河恢复工作（Hadfield，1950；付琳等，2021）。

物理修复是运河恢复工作的核心内容之一。以泰晤士河的支流威尔茨和伯克斯运河为例，这条运河在 19 世纪末期因铁路发展而被废弃。由于长时间未得到维护，废弃物大量淤积，河道阻塞。在复兴项目中，政府和社区通过一系列的修复工程，如疏浚河道、修复水闸、加固堤坝和桥梁等措施，逐步恢复了运河的通航功能。此外，现代技术的引入也为运河的恢复提供了有力支持，例如使用自动化水闸控制系统，以提升河道管理的效率。

复兴工程不仅限于物理修复，还包括生态保护和文化遗产的保存。在修复运河的同时，相关部门积极推动沿河两岸的生态恢复工作，种植本地植物，保护野生动物栖息地。与此同时，许多被废弃的运河建筑物也得到了修复和保护，成为重要的历史文化遗产。在这些恢复工程中，泰晤士河及周边许多运河不仅重新焕发了活力，还成为了社区的文化象征和生态资产。

泰晤士河及其运河系统的成功恢复还得益于多方参与的管理模式。运河的管理工作涉及广泛的利益相关方，政府、非政府组织和社区居民的参与至关重要。首先，政府在运河恢复中的作用不可忽视。英国政府通过制定政策、拨款支持以及监管执行，为运河的复兴提供了必要的法律框架和财政保障。具体而言，英国政府设立了专门的运河管理部门，负责运河的日常维护和对修复工程的监督。政府还与私人投资者合作，鼓励资本投入运河恢复项目，确保项目的可持续性。其次，非政府组织在运河恢复过程中也发挥了重要作用。例如，英国河道和运河信托基金会（Canal & River Trust）是一个主要致力于河道维护的慈善组织，承担着大量的运河恢复工作。该组织不仅负责筹集资金，还动员了大量志愿者参与恢复工作。通过与政府合作，非政府组织为运河的修复提供了宝贵的人力资源和专业知识。此外，社区的参与为运河复兴注入了持续的活力。运河沿岸居民和当地社区在恢复过程中发挥了至关重要的作用。通过社区志愿者的参与，修复工作得以顺利进行，许多历史上被遗弃的运河重新成为了社区生活的一部分。社区还积极参与运河的管理和运营，推动了沿河区域的经济发展。例如，许多恢复后的运河被用作旅游景点，吸引了大量游客，带动了地方经济发展。

总之，多方合作的管理模式不仅促进了运河的物理修复，还在文化遗产保存、生态保护以及社区发展等方面取得了显著成效。这种管理模式为运河的可持续发展提供了保障，也为其他国家的河流治理提供了借鉴。

（3）案例分析：威尔茨与伯克斯运河复兴项目

威尔茨与伯克斯运河（Wilts & Berks Canal）历史悠久，其修建初衷是连接泰晤士河与英格兰西南部的工业和农业区，促进区域内外的物资运输。这条运河在 19 世纪的工业革命期间发挥了重要作用，为当地的工业和农业发展提供了高效的水路交通。然而，随着

19 世纪中期铁路的发展，运河逐渐失去了其主要运输通道的地位，许多段落被废弃或填埋，运河系统陷入了严重的衰退。

进入 20 世纪后，人们的生态环境与文化遗产保护意识逐渐增强，威尔茨与伯克斯运河的复兴成为当地政府和社区的重要议题。复兴项目的主要目标包括恢复运河的通航功能、改善生态环境、保护文化遗产以及促进地方经济和社会的可持续发展。该项目不仅是英国运河复兴的重要一环，更是全球河道修复与可持续发展的典范。

威尔茨与伯克斯运河复兴项目的实施过程复杂，涵盖了物理修复、生态保护和社区参与等多个方面。

1）物理修复：物理修复是项目的首要任务。首先，相关部门进行了详细的勘测和规划，确定需要修复的关键区域和主要工程。修复工作包括疏浚河道、修复和新建水闸、加固堤坝、重建桥梁和维修沿河建筑物。由于许多运河段落长期失修或被填埋，修复工程面临巨大的技术挑战。例如，某些河段需要完全重新挖掘并恢复其河道功能；而在其他河段，则需安装现代化的水闸系统，以方便通航。

2）生态保护：在修复物理结构的同时，项目团队亦高度重视生态保护。运河的恢复不仅仅是为了重新通航，更是为了恢复其作为生态廊道的功能。工程中采用了一系列环境友好的方法，如减少对自然生境的破坏、使用生态材料以及进行岸边绿化等。这些措施有效改善了水质，恢复了运河沿岸的湿地和野生动物栖息地。例如，通过植被恢复工程，运河两岸重新出现了大量水鸟和其他动植物，生物多样性显著提高。

3）社区参与：社区参与是威尔茨与伯克斯运河复兴项目的重要组成部分。从项目规划阶段开始，社区居民和地方团体便积极参与其中。通过召开公开会议、成立志愿者组织、开展环保和文化活动等方式，项目促进了社区凝聚力，增强了公众对运河保护的认同感。许多志愿者直接参与了运河的清理和修复工作，形成了社区与项目之间的良性互动。

4）经济与社会效益：威尔茨与伯克斯运河的复兴带来了显著的经济和社会效益。复兴后的运河成为了当地重要的旅游景点，吸引了大量游客前来观光、划船、骑行和徒步旅行。这不仅带动了当地的旅游业，增加了就业机会，还带来了直接的经济收入。例如，当地的餐饮、住宿、零售等服务行业得到了极大提升，许多沿河的小镇因运河旅游经济而重新繁荣。此外，运河复兴项目还提升了当地居民的生活质量。通过修复运河，社区内的公共设施得到改善，居民有了更多的休闲娱乐空间，健康水平和幸福感有所提高。历史遗产的恢复和保护，也增强了当地居民的文化自豪感。

5）文化遗产保护：通过复兴项目，威尔茨与伯克斯运河的众多历史建筑和基础设施得以重新利用和保护。许多旧的水闸房、仓库和桥梁在修复后，成为了博物馆、展览馆和文化中心，为公众提供了了解运河历史和文化的重要场所。这些文化设施不仅丰富了社区生活，还为教育和研究提供了宝贵资源。

G.4 英国运河系统恢复的多重功能与意义

（1）抗击水旱灾害

运河系统在英国不仅仅是交通运输的重要基础设施，也在抗击水旱灾害中扮演着关键角色。总体来说，英国的水旱灾害并不频繁，但全球气候变化的大趋势也增加了英国的极端天气，特别是增加了夏季的干旱和秋冬季节的洪水风险。运河作为人工河道，不仅可以在发生洪水时分流一部分水量，减轻河流的压力，还可以在旱季调节水源供给。

在洪水季节，运河能够容纳并减缓大量河水，防止水流过快或水位暴涨对沿岸城镇和农业用地造成破坏。特别是在泰晤士河流域的低洼地区，运河系统的防洪作用尤为明显。此外，修复和提升后的运河系统包括一些关键的水闸和防洪堤坝，这些设施可以有效管理水流量，防止洪水泛滥。在干旱时期，运河的水资源调节作用同样重要。除了其河床本身的蓄水外，运河还配备有湖泊、蓄水库和其他水源，所以能够在干旱时期为受灾地区提供一定水量，为农业、工业以及居民提供关键用水。

（2）生态保护与可持续发展

随着 20 世纪末期英国环保意识的提升，运河系统逐渐成为环境保护的重要工具。通过一系列运河修复和管理工程，运河在维护生态平衡和推动可持续发展方面发挥了不可替代的作用。

首先，运河的修复和扩建有助于恢复天然的生态廊道。运河及其周边环境为多种野生动植物提供了栖息地，特别是在复兴后的运河区域，河岸的湿地和植被恢复良好，吸引了大量鸟类、鱼类和水生植物的回归。例如，在威尔茨与伯克斯运河复兴项目中，修复后的运河水质显著改善，重新成为生物多样性的重要栖息地。其次，运河系统的恢复与绿色基础设施相结合，推动了清洁能源的使用和碳足迹的减少。例如，某些运河修复项目中引入了水力发电技术，利用水流推动小型水电站的运行，为周边社区提供清洁能源。此外，运河周边种植了大量的乔木和灌木，既美化了景观，又吸收了大量二氧化碳，帮助减少温室气体排放。

为了实现运河系统的可持续发展，英国政府与非政府组织密切合作，采取了一系列保护措施。例如，英国河道和运河信托基金会（Canal & River Trust）等组织通过推广环保理念、组织志愿者参与修复工作以及进行公众教育等方式，确保运河系统能够长期维护生态健康。这一系列举措使得运河不仅仅是运输和娱乐的场所，还成为生态环境保护与可持续发展的典范。

（3）文化与社会价值

运河不仅仅是功能性的河道，还是英国文化遗产的重要组成部分，承载着国家的历史记忆。在工业革命期间，运河系统作为交通和经济的命脉，推动了工业和农业的繁荣，成为当时社会的重要基础设施。随着运河的复兴，这些历史建筑和文化遗产得以保护和延续。

通过运河复兴项目，许多废弃的水闸、仓库和桥梁得到了修复，并成为了重要的文化和旅游资源。这些历史建筑不仅为公众提供了了解工业革命时期社会经济生活的机会，还为研究英国河道运输系统和工程技术提供了重要资料。例如，威尔茨与伯克斯运河的水闸建筑物在修复后被用作博物馆，向游客展示当时的水运技术和社会发展历史。

运河的复兴还增强了当地社区的社会凝聚力。在许多复兴项目中，社区居民通过志愿者活动、文化节日以及环境保护活动，重新参与到运河的维护与管理中来。这不仅帮助社区重建了与运河的联系，还推动了社区成员之间的合作与互动。例如，运河节日和文化活动使社区居民能够共同庆祝运河的历史与复兴，增进了社区的归属感和认同感。

此外，运河还为现代社会提供了休闲娱乐的场所。运河沿岸的步道、自行车道以及水上运动设施吸引了大量的居民和游客，这为促进健康生活方式和提高生活质量提供了有力支持。运河周边的公共空间也逐渐成为了社区活动和社会交往的中心，这说明，运河的复兴不仅仅是物理上的修复，更是社会与文化的复兴。

（4）经济与旅游发展

运河系统的复兴对地方经济，尤其是旅游业的发展，产生了显著的推动作用。随着运河逐步恢复通航功能，曾经依赖水运而兴起的城镇重新焕发了活力，吸引了大量游客前来参观、游览和体验。

旅游业的兴起是运河复兴带来的最直接经济效益之一。修复后的运河为游客提供了多样化的活动体验，包括游船观光、划船、钓鱼、骑行和徒步旅行等。许多游客被运河的历史文化和自然风光所吸引纷纷前来，带动了当地的餐饮、住宿和零售行业的发展。例如，泰晤士河流域的某些运河复兴项目每年吸引了成千上万的游客，极大地促进了地方经济增长。

运河的恢复还刺激了地方的相关产业发展。沿河的餐饮业、酒店业和零售业都因为游客的增加而繁荣。此外，许多传统的手工艺品和地方特产通过运河旅游得到了更广泛的宣传和销售，推动了地方经济的多样化发展。例如，一些地方政府和私人投资者合作开发了运河周边的商业区，利用运河景观开发高档住宅、商店和休闲娱乐场所，进一步促进了地方经济的复苏。

除了旅游业，运河复兴还推动了水上运输和休闲产业的发展。虽然现代交通工具在货物运输方面已经取代了运河的主导地位，但运河在休闲和娱乐领域依然发挥着重要作用。许多私人游船和观光船公司得到了快速发展，船只租赁、船上餐饮等新兴行业应运而生。这些产业为地方经济提供了新的就业机会，也为运河的维护和管理提供了资金来源，形成了经济和生态可持续发展的良性循环。

G.5 英国泰晤士河治理及运河经验对发展我国水利事业和改善黄河治理的借鉴意义

（1）交通网络的时代变革与适应性发展

每个时代都需要运用当时的技术修建适合发展需要的交通网络。自 18 世纪早期起在英国出现的许多新兴工业如纺织业等，正是借助高效输入原材料和输出产品的国内运输网络，才有了之后的蓬勃发展，以至于成为一场"革命"，甚至使英国成为当时的世界工厂。而在铁路被发明和广泛铺设之前，水运是唯一能承载大宗和重型原材料及产品运输的交通方式。所以英国在 18 世纪中叶至 19 世纪上叶全力发展了水运，包括运河化原有河道和新挖运河。至 19 世纪中叶铁路兴起时，英国的主要工业区域已被一张密集的水运系统所覆盖。

中国的工业化起自上世纪中叶。与 18 世纪中叶的英国相比，世界上大宗产品和原材料的运输技术和方式已经历了两次质的飞跃，即铁路（19 世纪中叶）和公路交通（20 世纪上叶）的兴起。空运在上世纪中叶同时兴起，但仅限于客运和小宗产品及原材料的运输。所以，中国在工业化进程中重点发展了铁路和公路运输，包括高铁和高速公路。在英国，其已建的广泛密集的水运网络也在上世纪初至中期慢慢淡出人们的视线，被大量荒废甚至填埋。

（2）运河的多功能性及其重要性

河流和运河的功能，不仅仅限于提供了一条水运通道，它们还能起到其他甚至更为重要的作用。英国最近几十年中做出的种种恢复过去运河的努力，说明了这一点。如前文所述，运河和运河化的河流不仅能用于交通运输，还能起到抗御沿线水旱灾害、保护和强化生态环境、保存历史文化和促进社区建设，以及推动沿线旅游业和经济发展的作用。相比之下，铁路和公路在这些方面的作用是逊色的，有时甚至是负面的。

也许最为重要的一点是，水路本身就为两岸人们提供了赏心悦目和宜居的环境，这是铁路和公路所不能比的。如果给与选择，会有多少人愿意生活在繁忙的铁路和公路两旁，而不是生活在环境优美的河道或运河两岸？虽然英国早已失去了原来的工业大国地位，且物价高昂，经济长期处于低迷状态，但英国仍被许多人认为是宜居的地方，其密集的运河和运河化的河流系统，起到了重要作用。

当然，水路的以上优点是建立在相关水道具有较强的抵御水旱灾害能力，尤其是抵御洪涝灾害能力的基础之上。未经运河化改造的自然河流一般缺乏这种能力。运河化改造一条自然河流的一个重要目标就是提高该河流抵御相关风险的能力。同样，在设计新挖运河时，相关能力也应被充分纳入设计方案。运河的修建也将帮助其所依托的河流增强抵御水旱灾害的能力。

（3）运河化改造对河流治理的潜在价值

首先运河化一条自然河流，然后根据需要挖掘新运河，这基本上是英国当时在全力发展水运时所做的。这种两步法或许也可为我国所借鉴。我国大多数的河流还没有经过运河化改造，导致它们抵御灾害风险的能力极为薄弱，常常是一有大雨就来洪水，洪水退去就见河底。运河化改造这些河流或许应该是我们开展河流整治的关键。虽然通航不一定是整治这些河流的重点，但如果经过整治这些河流具备了通航能力，则其抵御灾害风险的能力、其保护和提升沿线生态环境的能力、其为沿线居民提供宜居生活环境的能力，都将大大提高。至于挖掘新运河，则应该严格把关，充分厘清其能起到的各种作用以及可能造成的影响。在所有应该考虑到的作用和影响中，其在原有交通运输网络（公路和铁路）的基础上追加的交通运输能力，仅仅是其中一个方面，而且不一定是最为重要的方面。

（4）黄河的运河化改造前景及具体应用

涉及到黄河，以下分黄河现有干支流河道及引水线两部分来讨论。

1）现有干支流河道：龙门以下的下游河道原有一定的水运能力，但近代以来该能力被完全丢弃了。一部分原因在于产生了其他替代性的交通运输方式，但更重要的原因还是该河段的不断淤塞。因为每年都有大量的泥沙从上中游（主要是中游）下泄到该河段并在此沉淀，所以对该河段进行运河化改造将是徒劳的。然而，在本书所提出的黄河治理新方案下，中游补水和上游备水将基本截断泥沙继续下泄到龙门以下河段，因此也为运河化改造这段河段创造了条件。另外，本书第8章讨论了利用下游河道储水来增加下游备水能力这一设想。在该设想下，该河段将常年有水，能允许一定吨位的船只通过。但通航不一定是运河化改造该河段的主要目标，前文提到的运河化之后的河道所能起到的其他作用同样重要，或许更重要。

在本书提出的黄河治理全新方案下，运河化龙门以下下游河道的全部或其中部分河段其实并不难，仅需在合适的地方设置复式水闸及滚水坝，前者使得船只能顺利通过，后者则允许上游多余水量顺利下泄。由于小浪底水库下游河段直至出海口比降并不大，只需设立为数不多的水闸和滚水坝。目前的小浪底和三门峡水库在修建时没有考虑到通航需要，所以并没有设置水闸，但应该不难添加这些设施。如此一来，黄河水运能从出海口直达三门峡水库上游。如再在三门峡水库与龙门区间修建为数不多的水闸和滚水坝，则水运能直达汾河河口河津。

同样，还可以考虑对黄河的两大支流渭河和汾河进行运河化改造。渭河本身的常年水量就很多，从其入黄口处运河化其河道直至宝鸡应该是不难做到的，但宝鸡以上河道直至天水则都穿行于山区，需要较大的工程量才能进行运河化改造。与渭河相比，汾河的常年水量要小许多，但上游引水后部分黄河上游水量可在太原附近入汾河，此时运河化其下游河道是可行的。

需要指出，如要有效地运河化河道，必须保障其上游有足够水量来确保水闸的有效运行。每次开闸通过船只时，都会有一定水量从水闸上游下泄到其下游。但这些水量并不大，仅有复式水闸的闸箱容积那么多。根据同样道理，还可以运河化北洛河、泾河，以及黄土高原上的其他黄河一级支流或二级支流。这一工作可以与第6章中提出的为黄土高原补水的设想结合起来做，以确保黄土高原"河河有闸、层层有水"。

当然，可以结合本书第6章中提出的在黄河中游大北干流河道层层建坝蓄水的思路，运河化这一河段。与这一思路不同的是，在修建这些坝体之时，也同时建造适合船只通过的水闸。目前正在修建的古贤水库如还没有包含这一设施，则需添入。

还可以考虑对三门峡以下黄河其他支流进行运河化改造，如伊洛河、沁河、大汶河，以及其他二级支流。由于运河化的河道能起到重要的储水作用，所以这一工作实际也是增强下游备水能力行动（见第8章）的一部分。也可以考虑运河化黄河上游的各干流段或一些支流，与实现第8章中提出的上游备水目标起到异曲同工的作用。

2）新引水线：本书第5章中提出了从设计中的大柳树水库引部分黄河上游水量经鄂尔多斯高原和内蒙古清水河县，入岱海再至桑干河上游的设想，其中一部分南下越恒山入滹沱河和汾河，另一部分则沿桑干河河道顺流而下至北京和海河流域。可以把这两条引水线都仅仅修建成引水线，如南水北调中线那样，但也可以把它们修建成运河。后一方案与前一方案不同的仅是，需在这两条引水线一些不同的截面各修建水闸和滚水坝。这些运河化的引水线不一定需要起到运输大量货物的作用，但可供客运和游船使用。设想一下这样一个场景，游客能从北京坐游船一直上行至大同，然后南下至太原，或北上至岱海，再前行至鄂尔多斯高原或宁夏中卫（大柳树水库所在地）。这样修建后的引水线不仅能起到引水的作用，还能更有效地带动一方的社会经济发展。

（5）多方参与的治理模式

在泰晤士河及其运河系统的治理和复兴经验中，多方参与的治理模式是一个重要的方面。泰晤士河的治理不仅依靠政府的顶层设计，还结合了地方政府、非政府组织、社区团体和私人资本的力量，形成了多元化的合作机制。这一模式在我国黄河乃至其他河流的治理中同样具有很大的借鉴意义。

就黄河治理来说，它不仅仅是一个技术工程问题，更是一个需要多方协同的复杂社会问题。通过引入多方参与机制，黄河的治理可以更加全面和高效。首先，政府部门可在顶层设计和政策指导上发挥主导作用，制定明确的黄河治理目标和运河化改造计划。其次，非政府组织和社区团体可以在生态保护、文化遗产保护以及公众教育方面发挥积极作用。最后，私人资本也可以发挥重要作用，为黄河治理提供资金支持。英国泰晤士河和运河系统的复兴得到了大量私人投资，尤其是在旅游业、房地产开发和生态保护项目方面。黄河沿线的运河化改造项目同样可以通过引入私人资本，推动运河周边基础设施建设和旅游业发展。

英国泰晤士河及其运河系统的治理经验，可为我国黄河治理和水利事业的发展提供宝贵的借鉴。通过对黄河以及我国其他河道进行运河化改造，不仅能增强这些河流流域内的抗灾能力，还能促进生态环境的改善和区域经济的可持续发展。这些举措对于我国整体水利事业的发展具有深远意义。

参 考 文 献

白虎志，董文杰．2004．华西秋雨的气候特征及成因分析．高原气象，(6)：884-889．

毕慈芬，郭岗，沈梅，等．2009．1933~2007 年黄河上中游连续枯水段的研究．水文，(4)：59-63．

蔡芗宁，康志明，牛若芸，等．2012．2011 年 9 月华西秋雨特征及成因分析．气象，38 (7)：828-833．

曹文洪，胡海华，吉祖稳．2007．黄土高原地区淤地坝坝系相对稳定研究．水利学报，(5)：606-610．

陈洪松，王克林，邵明安．2005．黄土区人工林草植被深层土壤干燥化研究进展．林业科学，41 (4)：
    155-161．

陈建国，周文浩，孙高虎．2016．论黄河小浪底水库拦沙后期的运用及水沙调控．泥沙研究，(4)：1-8．

陈建国，周文浩，孙平．2009．论小浪底水库近期调水调沙在黄河下游河道冲刷中的作用．泥沙研究，
    (3)：1-7．

陈懋平，赵彦彦，刘筠，等．2003．黄河河南段二级悬河近期治理研究．人民黄河，25：12-13．

陈朋成．2008．黄河上游干流生态需水量研究．西安：西安理工大学硕士学位论文．

陈素霞．2018．山西省地下水超采区复核与评价研究．山西水土保持科技，(2)：1-3，6．

陈晓东．2012．引大入秦工程三大建筑物技术设计及施工．甘肃水利水电技术，48：56-62．

成艺，武兰珍，刘峰贵．2022．黄河上游近 60a 径流量与降水量变化特征研究．干旱区地理，45 (4)：
    1022-1031．

程方民，朱碧岩，张正斌．1996．黄土高原坡耕地资源及其开发利用途径研究．国土与自然资源研究，
    (3)：35-38．

丁慧峰．2017．文峪河流域水利工程联合调度和管理初探．中国水能及电气化，(5)：36-39．

党维勤，丛佩娟，冯伟，等．2016．黄土高原区坡耕地水土流失综合治理工程经验和问题探讨．中国水
    利，(22)：13-16，6．

德佳硕，龚婧窈，余凯文．2016．内蒙古自治区水资源开发利用浅析．中国水运，16 (10)：143-145．

董会忠，姚孟超，张峰，等．2019．京津冀水资源承载力模糊评价及关键驱动因素分析．科技管理研究，
    (23)：93-102．

窦少辉．2024．漆水河流域水土保持区划及防治对策分析．陕西水利，(2)：58-60．

段爱旺，信乃诠，王立祥．2002．西北地区灌溉农业的节水潜力及其开发．中国农业科技导报，(4)：
    50-55．

冯碧娜．2017．武功县漆水河入渭河口段防洪工程水文分析．陕西水利，(2)：78-80．

冯久成，胡文郑，张锁成．2001．黄河碛口、古贤水利枢纽工程开发次序综合模糊评判．人民黄河，(8)：
    43-45．

付琳，曹磊，霍艳虹．2021．世界遗产运河保护管理中的公众参与研究．现代城市研究，(8)：53-58，65．

傅国斌，李丽娟，于静洁，等．2003．内蒙古河套灌区节水潜力的估算．农业工程学报，(1)：54-58．

高迪．1981．环境变迁．北京：海洋出版社．

高季章，胡春宏，陈绪坚．2004．论黄河下游河道的改造与二级悬河的治理．中国水利水电科学研究院学
    报，(2)：8-18．

高倩，雒望余．2020．石川河阎良段河道蓄水方案浅析．陕西水利，(10)：48-49，52．

高旭艳.2022.石川河生态用水保障方案分析.陕西水利,(2):36-37.

高宇,樊军,彭小平,等.2014.水蚀风蚀交错区典型植被土壤水分消耗和补充深度对比研究.生态学报,23:7038-7046.

葛雷,黄玉芳,周子俊,等.2021.黄河下游生态流量调度效果监测与评估.郑州:黄河水利出版社.

辜世贤,熊亚兰,徐霞,等.2003.土壤水库与降水资源化研究进展.西南农业学报,16(S1):29-32.

郭诚谦.2002.论大柳树水库的主要作用.水利水电技术,33(6):5-8.

郭菊娥,邢公奇,何建武.2005.黄河流域水资源空间利用结构的实证分析.管理科学学报,8(6):37-42.

郭庆超,胡春宏,曹文洪,等.2005.黄河中下游大型水库对下游河道的减淤作用.水利学报,36(5):511-518.

郭少峰,贾德彬,高栓伟.2016.黄河上游西柳沟流域水沙置换模式的初步研究.水利科技与经济,22(4):51-55.

郭书林.2020.当代中国治理黄河方略与实施的历史考察.郑州:黄河水利出版社.

郭彦,侯素珍,王平,等.2015.基于小波分析的黄河上游水沙多时间尺度特征.干旱区研究,32(6):1047-1054.

郭正堂,侯甬坚.2010.黄土高原全新世以来自然环境变化概况//田均良等.黄土高原生态建设环境效应研究.北京:气象出版社.

国务院南水北调工程建设委员会办公室.2015.南水北调工程知识百问百答.北京:科学普及出版社.

韩礼博,门宝辉.2021.基于组合博弈论法的海河流域水资源承载力评价.水电能源科学,(11):61-64.

韩茂莉,2000.历史时期黄土高原人类活动与环境关系研究的总体回顾.中国史研究动态,(10):20-24.

韩其为.2013.三门峡水库的功过与经验教训.人民黄河,35(11):1-2,5.

韩振强,唐梅英,胡建华.1998.南水北调西线工程效益分析.人民黄河,20(8):3.

韩作强,张献志,芦璐,等.2019.厄尔尼诺现象对黄河流域汛期降水的影响分析.气象与环境科学,42(1):73-78.

郝志新,郑景云,葛全胜.2007.黄河中下游地区降水变化的周期分析.地理学报,(5):537-544.

何炳棣.1969.黄土与中国农业的起源.香港:香港中文大学出版社.

何福红,黄明斌,党廷辉.2003.黄土高原沟壑区小流域综合治理的生态水文效应.水土保持研究,10(2):33-37.

何志萍.2003.万家寨引黄工程北干线资本金测算探讨.电力学报,(4):336-339.

河南黄河河务局.1986.河南黄河志.郑州:黄河水利出版社.

河南省地方史志编纂委员会.1994.河南省志·地貌山河志.郑州:河南人民出版社.

河南省农村水电及电气化发展中心.2020.河南省典型农村水电站技术读本.郑州:黄河水利出版社.

贺顺德,雷鸣,郭金萃.2016.黄河海勃湾水库运用初期防凌运用方式研究.人民黄河,38(1):38-41.

洪尚池,安催花.2003.对黄河下游"二级悬河"成因及治理对策的思考//黄河水利委员会.黄河下游"二级悬河"成因及治理对策.郑州:黄河水利委员会.

侯红雨,王洪梅,肖素君.2013.黄河流域灌溉发展规划分析.人民黄河,(10):96-98.

侯钦磊,白红英,任园园,等.2011.50年来渭河干流径流变化及其驱动力分析.资源科学,33(8):1505-1512.

胡春宏,陈建国,陈绪坚.2010.论古贤水库在黄河治理中的作用.中国水利,(18):1-5.

胡春宏,陈绪坚,陈建国.2008.黄河水沙空间分布及其变化过程研究.水利学报,39:518-527.

胡建华,宋红霞,杨振立.2005.黄河龙羊峡水库长期低水位运行的原因分析.人民黄河,27(10):65-67.

胡新宇，申媛媛，褚婷雯，等．2021. 生态补水下的永定河流域地下水水位变化规律．现代地质，（4）：986-993.

胡一三，张晓华．2006. 略论二级悬河．泥沙研究，（5）：1-9.

户作亮．2011. 海河流域水资源综合规划概要，中国水利，（23）：105-107，100。

华阴市地方志编纂委员会．1995. 华阴县志．北京：作家出版社．

黄福贵，罗玉丽，等．2012. 灌区引水对黄河干支流水沙影响研究．郑州：黄河水利出版社．

黄河．2002. 引黄入晋工程太原供水区水价问题的思考．中国水利，（5）：22-24，5.

黄河三门峡水利枢纽志编纂委员会．1993. 黄河三门峡水利枢纽志．北京：中国大百科全书出版社．

黄河上中游管理局．2011. 黄河流域水土保持概论．郑州：黄河水利出版社．

黄河水利委员会黄河志总编辑室．2017. 黄河志·卷2·黄河流域综述．郑州：河南人民出版社．

黄河志编撰委员会．2017. 黄河志·卷8·黄河水土保持志．郑州：河南人民出版社．

黄明斌，杨新民，李玉山．2003. 黄土高原生物利用型土壤干层的水文生态效应研究．中国生态农业学报，11（3）：113-116.

黄伟涛．2018. 渭河下游支流石川河及赤水河水文站网布设浅析．地下水，（4）：218-220.

黄玉芳，何智娟，张效艳，等．2020. 伊洛河流域综合规划环境影响研究．郑州：黄河水利出版社．

姬广兴，高慧珊，黄珺嫦，等．2023. 黄河上游流域径流变化特征与归因分析研究．河南师范大学学报（自然科学版），51（1）：12-19.

贾瑞丽．2012. 千河流域水资源保护与可持续利用研究．兰州：兰州大学硕士学位论文．

贾绍凤，张士锋，王浩．2003. 宁蒙灌区灌溉定额偏高成因及节水潜力分析．资源科学，（1）：29-34.

贾绍凤．2003. 如何看待南水北调工程的社会经济影响？科学对社会的影响，（3）：32-37.

贾小龙，张培群，陈丽娟，等．2008. 2007年我国秋季降水异常的成因分析．气象，（4）：86-94.

贾小旭，邵明安，张晨成，等．2016. 黄土高原南北样带不同土层土壤水分变异与模拟．水科学进展，27（4）：520-528.

蒋建军．2004. 东庄水库调水调沙对渭河下游和潼关高程冲淤作用的研究．泥沙研究，（5）：113-116.

焦恩泽．2011. 三门峡水库泥沙试验与研究．郑州：黄河水利出版社．

焦作黄河河务局．2009. 沁河志．郑州：黄河水利出版社．

景圆，李丽华．2019. 生态需水研究进展及趋势．合肥：2019中国水资源高效利用与节水技术论坛论文集：265-270.

康超．2023. 柏叶口水库1952～2021年入库径流特征分析．内蒙古水利，（9）：40-42.

康玲玲，王云璋，马燕，等．2008. 黄河花园口站近523年天然径流量序列重建．水资源与水工程学报，19（6）：10-13.

孔波，樊晶晶，黄强．2019. 北洛河流域分期径流变异诊断及成因分析．水资源保护，35（6）：52-57.

蓝永超，沈永平，林纾，等．2006. 黄河上游径流丰枯变化特征及其环流背景．冰川冻土，28（6）：950-955.

蓝云龙，黎曙，李霞，等．2022. 1956～2020年黄河源区径流变化规律分析．陕西水利，（6）：33-39.

郎根栋．2015. 中国自然资源通典·陕西卷．呼和浩特：内蒙古教育出版社．

冷曼曼．2022. 黄土高原昕水河流域径流泥沙对人类活动和气候变化的响应．北京：北京林业大学博士学位论文．

黎桂喜，符建铭，张遂芹．2005. 黄河河南段"二级悬河"现状分析．人民黄河，（2）：15-16.

李斌，王西苑，王海龙，等．2018. 南水北调工程效益与水利工程建设可持续发展//北京：建设生态水利推进绿色发展会议论文集：223-228.

李勃，穆兴民，高鹏，等．2019. 黄河近550年天然径流量演变特征．水资源研究，8（4）：313-323.

李焯，霍文博，张永生．2023．黄河中游三川河流域 2022 年"8.11"洪水初步分析//石家庄：2023（第二届）城市水利与洪涝防治学术研讨会论文集：1-11．

李传哲，崔英杰，叶许春，等．2021．白洋淀流域水资源演变特征与水安全保障对策．中国水利，（15）：36-39．

李登航，王立，黄高宝，等．2009．保护性耕作对黄土高原坡耕地水土流失的影响．安徽农业科学，37（13）：6087-6088，6111．

李多，顾薇．2022.2021 年秋季我国北方地区降水异常偏多的特征及成因分析．气象，48（4）：494-503．

李二辉，穆兴民，赵广举．2014.1919—2010 年黄河上中游区径流量变化分析．水科学进展，25（2）：155-163．

李芳，黄维东，王启优，等．2021．渭河上游干流代表水文站径流一致性分析．中国水土保持，（8）：35-39，9．

李夫星，陈东，汤秋鸿．2015．黄河流域水文气象要素变化及与东亚夏季风的关系．水科学进展，26，（4）：481-490．

李国安．2009．浅析王瑶水库运行方式与排沙减淤效果．陕西水利，（6）：122-123．

李敏，朱清科．2019.20 世纪中期以来不同时段黄河年输沙量对水土保持的响应．中国水土保持科学，17（5）：1-8．

李明超．2017．工业化时期英国水上运输与港口小城镇兴起．兰州学刊，（9）：72-82．

李晓春，汪雅梅，刘铁龙．2018．石川河流域水资源现状分析．陕西水利，（5）：65-67．

李星瑾，张格铖，娄书建，等．2017．三门峡水库运用实践与分析．人民黄河，（7）：7-10，34．

李一诺，李跃清．2024．近 20 年华西秋雨演变特征及其异常机理的进展．高原气象，43（1）：1-15．

李仪祉．1988．李仪祉水利论著选集．北京：水利电力出版社．

李英能．2007．区域节水灌溉的节水潜力简易计算方法探讨．节水灌溉，（5）：41-44，48．

李勇刚，赵龙，李建新，等．2023．黄河下游大汶河流域水文要素演变特征研究．山东农业大学学报（自然科学版），（1）：104-111．

李玉山．2001．黄土高原森林植被对陆地水循环影响的研究．自然资源学报，6（5）：427-432．

李裕元，邵明安．2001．黄土高原气候变迁、植被演替与土壤干层的形成．干旱区资源与环境，15（1）：72-77．

梁进安．2005．窄口水库水资源特性分析．河南水利，（3）：7．

梁四宝，孟颖超．2015．山西晋北火电产业水资源压力综合评价与分析．经济问题，（9）：111-116．

梁艳洁，谢慰，赵正伟，等．2016．东庄水库运用方式对渭河下游减淤作用研究．人民黄河，（10）：131-136．

刘秉正，李光录，吴发启，等．1995．黄土高原南部土壤养分流失规律．水土保持学报，（2）：77-86．

刘东生，郭正堂，吴乃琴，等．1994．史前黄土高原的自然植被景观——森林还是草原？．中国地质科学院院报，（Z2）：226-234．

刘钢，王慧敏，徐立中．2018．内蒙古黄河流域水权交易制度建设实践．中国水利，（19）：39-42．

刘贵良．2001．万家寨引黄入晋工程（一期）水价分析．人民黄河，（9）：36-37．

刘国彬，杨勤科，郑粉莉．2004．黄土高原小流域治理与生态建设．中国水土保持科学，2（1）：11-15．

刘华军，乔列成，孙淑惠．2020．黄河流域用水效率的空间格局及动态演进．资源科学，42（1）：57-68．

刘俊萍，田峰巍，黄强．2003．黄河上游河川径流变化多时间尺度分析．应用科学学报，21（2）：117-121．

刘利峰，毕华兴，李孝广，等．2004．黄土高原的植被演替研究现状及发展趋势．干旱区资源与环境，（S3）：30-35．

刘琳，刘雪华，康相武．2011．黄河北干流径流变化规律及其与气候的关系研究．环境科学与技术，34（3）：109-115．

刘宁．2006．南水北调中线一期工程穿黄方案的论证与选择．水利学报，（1）：1-9．

刘善建．2005．调水调沙是黄河不淤的关键措施．人民黄河，（1）：1-2，61．

刘树君．2016．小浪底水利枢纽调度运用回顾．人民黄河，（10）：137-141，144．

刘铁龙．2015．渭河流域典型水库可持续利用技术浅析．陕西水利，（6）：70-71．

刘文国，武勇，刘砺平．2006-01-23．百亿投资打水漂万家寨"引黄入晋"工程大量闲置．经济参考报，7．

刘晓黎．2016．甘肃坚持主张黑山峡河段多级开发的依据和理由——论黄河黑山峡河段开发功能定位的六大关键问题．http://www. gepic. cn/HdApp/HdBas/HdWanbaoDisp. asp？UpClass = 2016- 4- 15&UpId = 245 &Id = 1428［2021- 11- 19］．

刘晓燕，王富贵，杨胜天，等．2014．黄土丘陵沟壑区水平梯田减沙作用研究．水利学报，45（7）：793-800．

刘亚丽．2013．黄河古贤水利枢纽混凝土面板堆石坝设计与研究//中国水力发电工程学会：高寒地区混凝土面板堆石坝的技术进展论文集．

刘引鸽，龙颜，郑润禾，等．2020．渭河流域上游气候变化及其对径流的影响．水资源与水工程学报，31（6）：1-8．

刘宇峰，孙虎，原志华．2012．基于小波分析的汾河河津站径流与输沙的多时间尺度特征．地理科学，32（6）：764-770．

刘震．2005．我国水土保持小流域综合治理的回顾与展望．中国水利，（22）：18-21．

卢宗凡，苏敏．1983．水土保持耕作措施述评．水土保持通报，（6）：86-93，85．

吕厚远，刘东生，郭正堂．2003．黄土高原地质、历史时期古植被研究状况．科学通报，48（1）：2-7．

吕锦心，刘昌明，梁康，等．2022．基于水资源分区的黄河流域极端降水时空变化特征．资源科学，44（2）：261-273．

吕荣，魏裕丰，郭小平，等．2002．鄂尔多斯地区水资源现状和利用分析及节水对策的探讨．内蒙古林业科技，（z1）：63-66．

罗永海．2024．巴家咀水库淤积特征分析研究．陕西水利，（1）：176-178．

马红斌，李晶晶，何兴照，等．2015．黄土高原水平梯田现状及减沙作用分析．人民黄河，37（2）：89-93．

马兴文．1995．山西省吕梁地区拍卖"四荒"使用权的主要做法．云南林业，（1）：68-70．

马正林．1990．中国历史地理简论．西安：陕西人民出版社．

孟杰，张旺．2011．万家寨引黄入晋工程北干线引水规模分析．中国水利，（14）：26-28．

孟杰．2002．万家寨引黄工程运营初期所面临问题的初步探讨．山西水利科技，（3）：83-85．

孟鑫，张瑜，高松影，等．2022．东北近60年盛夏降水特征及其与不同类型厄尔尼诺的联系．水土保持研究，29，（2）：170-178．

苗清．2020．浅析新河下游河段设计洪水计算．陕西水利，（9）：59-61．

穆兴民，高鹏，巴桑赤烈，等．2008．应用流量历时曲线分析黄土高原水利水保措施对河川径流的影响．地球科学进展，（4）：382-389．

穆兴民，李靖，王飞，等．2003．黄河天然径流量年际变化过程分析．干旱区资源与环境，（2）：1-5．

钮新强．2009．南水北调中线工程穿黄隧洞关键技术研究．南水北调与水利科技，7（6）：42-46．

潘彬，韩美，倪娟．2017．黄河下游近50年径流量变化特征及影响因素．水土保持研究，24（1）：122-127．

裴源生，张金萍，赵勇．2007．宁夏灌区节水潜力的研究．水利学报，(2)：239-243，249.

裴志林，杨勤科，王春梅．2019．黄河上游植被覆盖度空间分布特征及其影响因素．干旱区研究，36 (3)：546-555.

彭随劳．2002．千河流域水文特性分析．西北水资源与水工程，(2)：58-61.

彭文英，张科利，江忠善，等．2002．黄土高原坡耕地退耕还草的水沙变化特征．地理科学，6 (4)：397-402.

彭艳玉，郜倩倩，刘煜．2023．厄尔尼诺对中国东部季风区夏季不同持续性降水的影响．气象学报，81 (3)：375-392.

彭宇航．2020．偏关河流域水土保持措施对地表径流影响分析．山西水利，(10)：25-27.

钱宁，张仁，赵业安，等．1978．从黄河下游的河床演变规律来看河道治理中的调水调沙问题．地理学报，33：13-24.

冉大川，罗全华，刘斌，等．2004．黄河中游地区淤地坝减洪减沙及减蚀作用研究．水利学报，(5)：7-13.

任世芳，韩佳．2018．沁河流域水资源安全利用分析．地理科学研究，7 (2)：5.

阮建飞，时铁城，顾小兵．2012．黄河海勃湾泄洪闸地基振冲碎石桩现场试验．人民黄河，34 (11)：146-148.

阮建飞，翟兴无，周志博．2019．黄河海勃湾水利枢纽工程主要技术特点及难点．水利规划与设计，(12)：144-147.

陕西省地方志编纂委员会．2000．陕西省志·第3卷：地理志．西安：陕西人民出版社.

陕西省地方志编纂委员会．2012．陕西省志·第八十一卷 太白山志．西安：三秦出版社.

邵会莲．1998．英国工业革命中运河运输业发展的经验教训．世界历史，(2)：37-44，129.

邵明安，王云强，贾小旭．2015．黄土高原生态建设与土壤干燥化．土壤与生态环境，30：257-264.

沈立．2015．谣言止于智者——直面南水北调争议．环境，(2)：23-25.

沈强云，田军仓，张富国．2004．宁夏引黄灌区发展节水农业的途径及潜力分析．宁夏农林科技，(2)：35-38.

石军孝，靳珊珊，田宇军．2023．渭河林家村站降雨径流变化特征分析．陕西水利，(2)：36-38.

石世平．2008．引大入秦灌溉工程设计概述与特点．甘肃水利水电技术，(6)：371-374.

石蕴琮．2001．生态环境独特的岱海及其形成和演变．地球，(3)：7-9.

史念海．1985．黄土高原森林与草原的变迁．西安：陕西人民出版社.

史念海．2001．黄土高原历史地理研究．郑州：黄河水利出版社.

水利部黄河水利委员会《黄河水利史述要》编写组．1982．黄河水利史述要．北京：水利出版社.

水利部黄河水利委员会．2013．黄河流域综合规划（2012—2030 年）．郑州：黄河水利出版社.

水利电力部黄河水利委员会治黄研究组．1984．黄河的治理与开发．上海：上海教育出版社.

水岩．2014．山西河湖印象之——县川河．山西水利，(1)：52.

宋超．2007．齐人延年决河出"胡中"考略．秦汉研究，(1)：100-106.

宋天华，孟长青，王永强，等．2020．试论大柳树水利枢纽建设的必要性．人民黄河，42 (1)：42-47.

苏运启，车桂萍，王世忠，等．2003．黄河下游"二级悬河"现状及其形成原因．北京：海洋出版社.

孙东坡，李燕，陈永豪，等．2007．黄河下游河道 1952—2000 年特征大断面变化特性．武汉大学学报（工学版），40：63-67.

孙娟绒．2015．山西省能源基地水中长期供求探析．水利规划与设计，(2)：3-6.

索炜．2018．张建龙："三北工程"实现生态、经济、社会效益"多赢"．http://www.xinhuanet.com/politics/2018lh/2018-03/11/c_129827348.htm［2018-03-11］.

陶鲁笳. 2003. 毛主席教我们当省委书记. 北京：中央文献出版社.

田进, 杨西林, 吴巍. 2005. 泾河东庄水库对渭河下游的影响分析. 西北水力发电, (2)：43-45.

田鹏, 穆兴民, 赵广举, 等. 2020. 近549年来黄河天然径流量时间变化特征研究. 水土保持学报, 34 (6)：65-69.

田万全, 程子勇. 2000. 东庄水库对渭河下游河道防洪减淤作用的探讨. 水利水电技术, (9)：3-5.

田玉青, 张会敏, 黄福贵, 等. 2006. 黄河干流大型自流灌区节水潜力分析. 灌溉排水学报, (6)：40-43.

屠新武, 廉高峰, 李国保, 等. 2010. 泾河流域水文特性分析. 现代科技, 9 (4)：85-86.

王兵, 肖敏. 2021. 通关河生态补水水库工程建设必要性分析. 陕西水利, (11)：122-123.

王超, 单保庆, 秦晶, 等. 2015. 海河流域社会经济发展对河流水质的影响. 环境科学学报, (8)：2354-2361.

王春学, 马振峰, 王佳津, 等. 2015. 华西秋雨准4年周期特征及其与赤道太平洋海表温度的关系. 大气科学, 39, (3)：643-652.

王邨. 1992. 黄土高原地区历史旱涝气候研究和预测. 北京：气象出版社.

王德轩, 彭珂珊. 1990. 水土保持耕作法是治理黄土高原地区坡耕地的根本措施. 生态学杂志, (3)：9-11.

王芳丽. 2022. 山河为证, 黄河上的"中国红"探访李家峡水电站. 中国三峡, (5)：70-79.

王锋, 杨彩云. 2019. 孤山川洪水特性及遭遇洪水分析. 陕西水利, (4)：88-90.

王贵玲, 陈德华, 蔺文静, 等. 2007. 中国北方地区地下水资源的合理开发利用与保护. 中国沙漠, 27 (4)：684-689.

王国庆, 张建云, 贺瑞敏. 2006. 环境变化对黄河中游汾河径流情势的影响研究. 水科学进展, (6)：853-858.

王鸿志. 1994. 万家寨引黄入晋工程. 水利水电工程, (4)：1-4.

王会肖, 薛明娇, 覃龙华. 2009. 黄河中游河道生态环境需水量研究. 中国生态农业学报, (2)：369-374.

王军. 2017. 朱家川河洪峰流量计算分析. 山西水利科技, (3)：66-68, 76.

王俊杰, 拾兵, 柏涛, 等. 2022. 黄河流域降水格局及影响因素. 中国沙漠, 42, (6)：94-102.

王凯, 范旻, 刘瑞. 2020. 渭河干流林家村断面生态补水工程规划研究. 陕西水利, (9)：53-55, 58.

王礼先. 2006. 小流域综合治理的概念与原则. 中国水土保持, (2)：16-17.

王力, 邵明安, 侯庆春. 2001. 黄土高原土壤干层初步研究. 西北农林科技大学学报（自然科学版）, (4)：34-38.

王盛, 李文静, 王金凤. 2020. 滹沱河上游径流演变及其影响因素分析. 甘肃农业大学学报, (3)：162-169.

王守春. 1994. 历史时期黄土高原的植被及其变迁. 人民黄河, (2)：9-12.

王伟凯. 2003. 海河干流史研究. 天津：天津人民出版社.

王渭泾. 2003. 黄河下游河南段"二级悬河"的形成和治理问题//黄河水利委员会. 黄河下游"二级悬河"成因及治理对策. 郑州：黄河水利出版社.

王先达. 2018. 南水北调工程前期工作简述. 治淮, (11)：14-16.

王学良, 李洪源, 陈仁升, 等. 2022. 变化环境下1956—2020年黄河兰州站以上干支流径流演变特征及驱动因素研究. 地球科学进展, 37 (7)：726-741.

王学鲁, 杨启祥, 丁双跃. 2002. 黄河万家寨水利枢纽. 北京：中国水利水电出版社.

王延恩, 孔凡亮. 2008. 莱芜市水环境质量保障措施. 水科学与工程技术, (5)：59-61.

王彦君, 吴保生, 申冠卿. 2019. 1986—2015年小浪底水库运行前后黄河下游主槽调整规律. 地理学报, 74 (11)：2411-2427.

王有恒, 谭丹, 韩兰英, 等. 2021. 黄河流域气候变化研究综述. 中国沙漠, 41 (4)：235-246.

王煜，等．2015．黄河水沙调控体系建设规划关键技术研究．郑州：黄河水利出版社．

王煜，彭少明，武见，等．2019．黄河"八七"分水方案实施30年回顾与展望．人民黄河，41（9）：6-13，19．

王政友．2011．山西省地下水超采问题及其治理对策．中国水利，（11）：28-30．

王志强，刘宝元，路炳军．2002．黄土高原半干旱区土壤干层水分恢复研究．生态学报，23（9）：1944-1950．

王忠静，郑航．2019．黄河"八七"分水方案过程点滴及现实意义．人民黄河，41（10）：109-112，127．

魏胜玮．2023．2021年黄河中游秋汛的成因分析．农业灾害研究，13（8）：187-189，263．

温善章，赵业安．1996．黄河碛口巨型水库在兴利除害中的战略作用．水利规划，（1）：30-33．

吴萍，丁一汇，柳艳菊．2017．厄尔尼诺事件对中国夏季水汽输送和降水分布影响的新研究．气象学报，75（3）：371-383．

吴勇．2018．蔚汾河河道洪水计算分析．水科学与工程技术，（5）：14-16．

席光超．2008．山西岚漪河河岸缓冲带恢复重建研究．北京：北京林业大学硕士学位论文．

席家治．1996．黄河水资源．郑州：黄河水利出版社．

鲜肖威．1983．关于历史上黄土高原的环境和森林变迁．兰州大学学报：社会科学版，（4）：17-20．

肖强，张东升．2012．西霞院电站软基处理实践．郑州：黄河水利出版社．

邢广军，田景丽．2017．桑干河最小生态环境需水量分析．海河水利，（4）：15-16，23．

熊美杰．2009．渭河的明天 渭河流域综合治理专集．西安：陕西人民出版社．

徐家隆，张云，张雪兵，等．2014．仕望河流域水土保持措施的减水减沙效益研究．水土保持研究，21（6）：140-143，147．

徐建华，高亚军，李晓宇，等．2007．黄河中游多沙粗沙区治理对黄河水资源的影响．水土保持学报，21（6）：47-50．

许登霞，张雁．2017．黄河水利工程档案资料概览．郑州：黄河水利出版社．

薛源，覃超，吴保生，等．2023．基于多源遥感数据的黄河数字流域模型改进．水利学报，（8）：930-941．

颜济奎．1981．黄河上中游连续枯水段的研究．天津：水利部天津勘测设计院．

杨波，王全九，郝姗姗．2017．佳芦河流域1988—2013年土壤侵蚀时空变化特征．水土保持学报，31（5）：87-92．

杨波，王玉杰，陈亚安．2019．石川河流域土壤侵蚀时空变化研究．地理空间信息，（5）：19-22，4．

杨春学，李剑锋．2011．对北洛河洪水资源利用的几点思考．中国水利，（3）：31-33．

杨吉山，许炯心，廖建华．2006．不同水沙条件下黄河下游二级悬河的发展过程．地理学报，61：66-76．

杨杰，胡德秀，关文海．2005．李家峡拱坝左岸高边坡岩体变位与安全性态分析．岩石力学与工程学报，（19）：153-162．

杨树清．2004．21世纪中国和世界水危机及对策．天津：天津大学出版社．

杨特群，饶素秋，张勇，等．2007．厄尔尼诺与黄河流域汛期降雨洪水的关系分析．人民黄河，（8）：20-21，79-80．

杨文治，邵明安．2000．黄土高原土壤水分研究．北京：科学出版社．

杨武学．2008．陕西省三门峡库区河道演变及库区治理研究．西安：西安地图出版社．

杨云辉，陈永志，傅志刚．2003．黄河碛口水库环境工程地质问题．人民黄河，（4）：27-29．

姚文艺，侯素珍，丁赟．2017．龙羊峡、刘家峡水库运用对黄河上游水沙关系的调控机制．水科学进展，28（1）：1-13．

易浪，任志远，张翀，等．2014．黄土高原植被覆盖变化与气候和人类活动的关系．资源科学，36（1）：

166-174.

殷方圆，殷淑燕. 2015. 近51a长江中下游与黄河中下游地区夏季降水变化对比. 水土保持通报，35，
（1）：317-322.

尹学良. 1995. 黄河下游的河性. 北京：中国水利水电出版社.

雍正江. 2024. 工业革命时期英国运河修建的条件. 史学月刊，（5）：89-98.

于海超，张扬，马金珠，等. 2020. 1969—2018年黄河实测径流与天然径流的变化. 水土保持通报，（5）：
1-7.

于澎涛. 2008. 南水北调中线穿黄隧洞盾构始发技术. 南水北调与水利科技，6（4）：54-57.

余欣. 1995. 黄河中游近期修建碛口水库的必要性//开封：河南省首届泥沙研究讨论会论文集.

俞亚勋，王式功，钱正安，等. 2013. 夏半年西太副高位置与东亚季风雨带（区）的气候联系. 高原气
象，32（5）：1510-1525.

负杰，布禾. 2022. 巴图湾水库库区边坡分析. 内蒙古水利，（2）：35-36.

袁帅，徐建军，潘裕山. 2019. 超强El Nino事件的多样性及其对东亚夏季风降水的影响. 热带气象学报，
35（3）：379-389.

袁媛，杨辉，李崇银. 2012. 不同分布型厄尔尼诺事件及对中国次年夏季降水的可能影响. 气象学报，70
（3）：467-478.

云亦. 2018. 北京的水. 北京：北京出版社.

曾庆华，曾卫. 2004. 黄河下游"二级悬河"治理途径的探讨. 泥沙研究，（2）：1-4.

张宝庆，吴普特，赵西宁. 2011. 近30a黄土高原植被覆盖时空演变监测与分析. 农业工程学报，27
（4）：287-293，400.

张彩华，余殿，张维军，等. 2019. 宁夏哈巴湖国家级自然保护区湿地植物群落特征与生态需水量. 天津
师范大学学报（自然科学版），39：50-55.

张帆. 2014. 汾川河"13·7"暴雨洪水分析. 陕西水利，（6）：134-136.

张国胜，李林，时兴合，等. 2000. 黄河上游地区气候变化及其对黄河水资源的影响. 水科学进展，11
（3）.

张基尧，李树泉，谢文雄. 2015. 南水北调工程的一些深层次思考. 百年潮，（2）：4-14，2.

张基尧. 2016. 南水北调回顾与思考. 北京：中共党史出版社.

张建兴，马孝义，赵文举，等. 2008. 黄土高原地区重点流域生态环境需水量研究. 西北林学院学报，
（6）：8-13.

张江汀. 2007. 山西水资源. 太原：山西经济出版社.

张金良. 2016. 黄河古贤水利枢纽的战略地位和作用研究. 人民黄河，38（10）：119-121.

张金良，李岩，白玉川，等. 2021. 黄河下游花园口—高村河段泥沙时空分布及地貌演变. 水利学报，
（7）：259-769.

张金良，刘继祥，万占伟，等. 2018. 黄河下游河道形态变化及应对策略——"黄河下游滩区生态再造与
治理研究"之一. 人民黄河，40：1-6.

张君伟，万超，杜国志，等. 2020. 官厅水库生态节点规划建设的探索与思考. 水利发展研究，20：
24-27.

张琳琳，徐春燕，张俊，等. 2021. 陕西省北洛河水质状况及供水能力分析. 陕西水利（1）：109-
110，114.

张人禾，闵庆烨，苏京志. 2017. 厄尔尼诺对东亚大气环流和中国降水年际变异的影响：西北太平洋异常
反气旋的作用. 中国科学：地球科学，47（5）：544-553.

张润平，张志强，余金龙，等. 2023. 陕西省北洛河综合治理思路浅谈. 陕西水利，（6）：164-166.

张少文，丁晶，廖杰，等．2004. 基于小波的黄河上游天然年径流变化特性分析．四川大学学报（工程科学版），36（3）：32-37.

张少文，张学成，德格吉玛，等．2007. 黄河上游天然年径流长期变化趋势预测．人民黄河，29（1）：27-29.

张锁成，王红声．2000. 古贤水利枢纽开发的必要性及其作用分析．人民黄河，（12）：36-38，45.

张扬，赵世伟，梁向锋，等．2009. 黄土高原土壤水库及其影响因子研究评述．水土保持研究，16（2）：147-151.

张一，曲敏，张书光．2003. 黄河古贤水库诱发地震的环境条件分析．人民黄河，（2）：36-37.

张营营，胡亚朋，张范平．2017. 黄河上游天然径流变化特性分析．干旱区资源与环境，31（2）：104-109.

张豫生，莫耀升．1992. 引大入秦灌溉工程简介．人民黄河，（6）：43-45.

张嫄，张盼红，王雪真．2022. 石川河干流生态需水量确定及保障措施初探．水利技术监督，（8）：104-108.

赵芬，庞爱萍，李春晖，等．2021. 黄河干流与河口湿地生态需水研究进展．生态学报，（15）：6289-6301.

赵广举，穆兴民，田鹏，等．2012. 近60年黄河中游水沙变化趋势及其影响因素分析．资源科学，34（6）：1070-1078.

赵海燕，范志宣，任玉欢，等．2022. 黄土高原山洪风险评估方法探讨——以屈产河流域为例．气候与环境研究，27（1）：147-156.

赵红，赵伯友．2001. 新世纪陕西五大水源工程．陕西水利，（3）：18-19.

赵麦换，张新海，张晓华．2011. 黄河河道内生态环境需水量分析．人民黄河，（11）：58-60.

赵润花．2005. 万家寨引黄一期工程成本水价分析及探讨．山西水利科技，（4）：84-85，90.

赵天义．2003. 黄河下游"二级悬河"成因及治理对策//黄河水利委员会．黄河下游"二级悬河"成因及治理对策．郑州：黄河水利委员会．

赵文林，程秀文，侯素珍，等．1999. 黄河上游宁蒙河道冲淤变化分析．人民黄河，21（6）：11-14.

赵文林．1996. 黄河泥沙．郑州：黄河水利出版社．

赵雪雁．2005. 水资源约束下的河西走廊农业结构优化与调整研究．干旱区资源与环境，（4）：7-12.

赵业安，张红武．2002. 论黄河大柳树水利枢纽工程的战略地位与作用．人民黄河，24（2）：1-4.

赵振国．1996. 厄尔尼诺现象对北半球大气环流和中国降水的影响．大气科学，（4）：422-425，406，427-428.

赵宗慈，罗勇，黄建斌．2023. 全球变暖和厄尔尼诺事件．气候变化研究进展，19（5）：663-666.

郑宝明．2003. 黄土丘陵沟壑区淤地坝建设效益与存在问题．水土保持通报，23（6）：32-35.

郑景云，郝志新，葛全胜．2005. 黄河中下游地区过去300年降水变化．中国科学（D辑），（8）：765-774.

郑晏武．1982. 中国黄土的湿陷性．北京：地质出版社．

仲志余，刘国强，吴泽宇．2018. 南水北调中线工程水量调度实践及分析．南水北调与水利科技．16（1）：95-99，143.

周德宏，王英，赵奕兵，等．2019. 羊毛湾水库流域气温和降水变化特征分析．中国农学通报，35（17）：81-89.

周丽艳，崔振华，廖晓芳．2012. 黄河上游西柳沟流域水土保持治理及水沙置换初步探讨．泥沙研究，（1）：63-67.

周涛．2016. 加快黑山峡河段开发及大柳树工程步伐保障区域水资源可持续利用．银川：2016中国（宁夏）国际水资源高效利用论坛论文集．

周晓红，赵景波. 2005. 黄土高原气候变化与植被恢复. 干旱区研究，22（1）：116-119.

朱春耀，李江深. 2003. 万家寨引黄一期工程水价分析. 人民黄河，(6)：1-2，46.

朱士光. 2013. 试论我国黄土高原历史时期森林变迁及其对生态环境的影响. 黄河文明与可持续发展，(3)：85-104.

朱显谟. 2006. 维护土壤水库确保黄土高原山川秀美. 中国水土保持，(1)：6-7.

朱秀磊. 2012. 关于光明水库旅游综合开发的设想. 科技视界，(18)：318，321.

朱正全，冯绍元，王娟，等. 2016. 内蒙古河套灌区农业灌溉资源型节水潜力分析. 中国农村水利水电，(9)：77-80.

朱志诚. 1982. 对黄土地层古植被研究中困难问题的探讨. 科学通报，27（24）：1515.

Damkjaer S, Taylor R. 2017. The measurement of water scarcity: Defining a meaningful indicator. Ambio, 46 (5): 513-531.

Gao P, Deng J C, Chai X K, et al. 2017. Dynamic sediment discharge in the Hekou-Longmen region of Yellow River and soil and water conservation implications. Science of The Total Environment, 578: 56-66.

Hadfield C. 1950. British Canals: An Illustrated History. London: Phoenix House.

Thacker F S. 1968. The Thames Highway (Reprint edition). Exeter: David & Charles.